U0368628

乍得邦戈尔盆地钻完井及试修技术

Drilling, Testing and Workover Techniques in Bongor Basin, Chad

罗淮东　文光耀　石李保　曲兆峰　主编

科学出版社

北　京

内 容 简 介

本书详细、系统地总结了非洲乍得项目开展 10 年来取得的邦戈尔盆地钻井完井与试修作业成果、经验及认识。全书以理论知识为基础，以技术应用实践为目标，主要分为绪论、钻井篇和试修篇。钻井篇主要内容包括井身结构、钻井液技术、固井技术、钻头及提速技术、花岗岩潜山安全钻井技术、工厂化钻井技术等；试修篇主要内容包括试油作业、油井检泵作业、注水作业、酸化作业、封堵封隔作业等。

本书可供乍得项目及非洲其他区域项目的油气钻井工程技术人员与管理人员使用，也可供相关专业技术人员、科研人员参考。

图书在版编目(CIP)数据

乍得邦戈尔盆地钻完井及试修技术= Drilling, Testing and Workover Techniques in Bongor Basin, Chad/罗淮东等主编. —北京：科学出版社，2017

ISBN 978-7-03-056391-0

Ⅰ. ①乍⋯　Ⅱ. ①罗⋯　Ⅲ. ①盆地–油气钻井–完井–乍得　Ⅳ. ①TE257

中国版本图书馆 CIP 数据核字(2018)第 012413 号

责任编辑：吴凡洁　冯晓利/责任校对：桂伟利
责任印制：张克忠/封面设计：铭轩堂

科 学 出 版 社 出版
北京东黄城根北街16号
邮政编码：100717
http://www.sciencep.com

北京印匠彩色印刷有限公司 印刷

科学出版社发行　各地新华书店经销
*

2017 年 12 月第 一 版　开本：787×1092　1/16
2017 年 12 月第一次印刷　印张：19 3/4
字数：446 000

定价：298.00 元

(如有印装质量问题，我社负责调换)

序

　　非洲一直是中国石油发展海外油气战略的重点地区之一。乍得项目位于非洲中西部的邦戈尔盆地，由于非洲板块与欧亚板块的碰撞，形成的近南北向挤压应力使近东西走向的盆地发生了强烈反转，令该盆地具有显著的被动裂谷特点。盆地内沉积了巨厚的陆源湖相碎屑岩地层与潜山带地层，开发目的层主要包括白垩系砂岩储层及寒武系的花岗岩潜山储层，但白垩系地层倾角大、井壁稳定性差，花岗岩潜山地层可钻性差、溢漏问题突出，给钻井、试油带来诸多挑战。

　　自 2007 年中国石油全面接管乍得项目以来，经过 10 年的发展，在素有非洲死亡之心的乍得邦戈尔盆地，完成 380 余口实钻井，从勘探初期到建成年产 300 万 t、规划产能 $800 \times 10^4 t$ 的中大型油田，倾注了中国石油众多专家及技术工作人员的大量心血。

　　《乍得邦戈尔盆地钻完井及试修技术》一书是乍得项目全体参战人员在完成油田产能建设的同时形成的又一项重要成果，是目前乍得邦戈尔盆地钻完井与试修工艺应用实践较为详细和系统的论著。全书包括绪论、钻井篇、试修篇共 15 章，全面总结了项目运行过程中，针对存在的钻井和试修技术难点研究形成的，以丛式井工厂化钻井、井身结构优化、钻头及工具优选、泥页岩井壁稳定、欠平衡与控压钻井、储层保护、钻井废弃物处理、注水、酸化、长裸眼段分层测试等为代表的油田高效开发钻井和试修技术理论成果，为践行"创新、绿色、共享、协调、开放"新发展观，加快科技成果转化为生产力，促进中国石油乍得项目优质、高效、稳健发展，不断做出新的贡献。

2017 年 12 月 20 日

i

前言

　　非洲一直是中国石油天然气股份有限公司(以下简称中石油)(CNPC)发展海外油气战略的重点地区之一,近年已在乍得发现 Ronier 等八个油田,合计原油 2P 地质储量(最佳估算量)$4.8×10^8$t(3477.4MMstb),2P 可采储量 $1.3×10^8$t(976.7MMstb)。“十三五”期间有望进一步建成年产原油 $600×10^4$t 油田规模,将使乍得成为中石油在非洲除苏丹外又一重要原油生产区,这对中石油进一步扩大在非洲的油气业务与海外份额油产量、保障我国能源安全具有重大的战略意义。

　　中油国际乍得项目位于非洲西部,气候条件恶劣,当地工业基础薄弱。具有代表性的邦戈尔(Bongor)盆地有上、下两套构造层,下构造层为白垩系,上构造层为古近系,主体结构类型是南断北超的箕状断陷,经历了反复的构造变化,构造面貌复杂。主要开发白垩系砂岩及寒武系的花岗岩潜山储层,钻完井主要难点为井斜难控制、井壁易失稳、可钻性差、溢漏问题。

　　本书较为详细地总结了中油国际乍得项目产能建设过程中形成的钻井、试油、修井配套技术及应用实践,由中油国际(乍得)有限责任公司(CNPCIC)作业部和中石油勘探开发研究院工程技术研究所共同组织编写,全书分为钻井篇与试修篇,共十五章内容:绪论主要介绍项目史、社会状况、基础石油工业现状、地理位置、地理环境、地层特点和储层特征等,由石李保、张小宁等编写;第一章主要介绍乍得项目钻井概况,包括自开发以来的钻井技术发展、相关指标和主要钻井难点等,由罗淮东、石李保、张小宁等编写;第二章介绍乍得项目地层压力与地层岩性特征、井身结构优化设计及应用,由张绍辉、滕新兴、方慧等编写;第三章介绍乍得项目钻井液设计难点、井壁稳定技术、潜山钻井液技术和储层保护技术,由张艳娜、黄宏军、罗淮东等编写;第四章主要介绍各层级套管的固井工艺,由王希雄、王治中等编写;第五章主要介绍可钻性研究、钻头优选与应用和基岩钻井提速技术,由张小宁、石李保等编写;第六章主要介绍花岗岩储层特征、欠平衡钻井技术和控压钻井技术,由石李保、罗淮东、张小宁等编写;第七章主要介绍丛式井可行性分析、丛式井整体方案设计、丛式井钻井装备和丛式井快速钻井技术,由王治中、贺振国等编写;第八章主要介绍试修作业概况,自勘探、开发以来的试修技术发展、相关指标和试修作业难点等,由王文广、文光耀等编写;第九章主要介绍完井及试油作业,包含射孔工艺、常规试油工艺、地层测试技术和试油作业程序,由孙云鹏、温军严、王东平等编写；第十章主要介绍油井检泵作业，常规作业工序、螺杆泵井作业和电潜泵井作业，由文光耀、孙云鹏、王东烁等编写；第十一章主要介绍注水井作业、注水工艺原理、注水管柱和试注与转注，由文光耀、孙云鹏、王东烁等编写；第十二章主要介绍酸化工艺，包含酸化机理、酸液及添加剂、酸化工艺及设计、酸化施工，由曲兆峰、文光耀等编写；第十三章主要介绍封堵作业、挤水泥封层、打水泥塞、打桥塞、钻塞，由孙云鹏、王东烁等编写；第十四章主要介绍典型试修作业井案例，由孙云鹏、孙锦光、王东烁、秦海滨等编写。

本书的编写与出版得到了中石油、中油国际(乍得)有限责任公司作业部和中石油勘探开发研究院、长城钻探工程公司乍得项目部等单位领导和专家的大力支持与关注，在此一并表示感谢！

本书收集多方资料，汇集多个学科，构思与编写耗时 12 个月，组织四次审稿修改，意在真实记录乍得项目开始以来所取得的成绩与突破，铭记现场作业人员为项目的顺利实施所付出的辛勤汗水，向乍得项目开展十周年致敬、献礼！

由于乍得项目区块地层构造复杂，涉及的钻井与试修应用技术领域广、数据资料庞大复杂，加之编者水平有限，本书难免存在缺陷，敬请广大读者批评指正！

作 者

2017 年 12 月

目录

第二篇　试　修　篇

绪　论

第一节　项目概况

乍得项目分位于非洲中部乍得共和国境内。乍得共和国是位于非洲中部的内陆国家，国土面积 $128.4 \times 10^4 km^2$。周边国家包括利比亚、苏丹、中非、喀麦隆、尼日利亚及尼日尔(图 0-1-1)，气候分三个带(14～44℃)，北部为热带沙漠，中部为热带草原(降雨小于 500mm)，南部的热带大草原，植被丰富，雨季为 6～10 月份，人口约 900 万，共有大小部族 256 个，居民中 52％信奉伊斯兰教，法语和阿拉伯语同为官方语言。

1999 年，以 Trinity Gas Corporation 为首的财团取得了包括 EEPCI 财团在乍得退出的区块以及 Erdis 盆地的勘探权，即为乍得 H 石油勘探区块的主体。

随后 Trinity Gas Corporation 公司股权几经变动，Cliveden 石油有限公司(以下简称 Cliveden)最终掌控了乍得 H 石油勘探区块的全部股份。1999 年 2 月，Cliveden 与乍得共和国政府签署了乍得 H 区块石油勘探作业项目。

2002 年 1 月，由于资金和技术等问题，Cliveden 将在 H 区块 50％的权益和作业权转售给加拿大 EnCana 公司，EnCana 公司在百慕大注册成立了 EnCana(乍得)公司，负责 H 区块的作业。

2003 年 12 月，Cliveden 将公司股份的一半转售给 Betgold 和中信(香港)能源公司 (CITIC)，标志着中石油正式进入乍得 H 勘探作业区块，为非作业者。

2006 年 3 月，Betgold 购买 Cliveden 公司 50％的股份，使得中方拥有的 H 区块权益相应增至 37.5％。

2006 年 6 月，Betgold 再次购买中信(香港)能源公司持有的 Cliveden 公司 25％的股份，使中方间接持有乍得 H 区块权益增至 50％(非作业者)，与作业者 EnCana(乍得)公司拥有相同的权益。

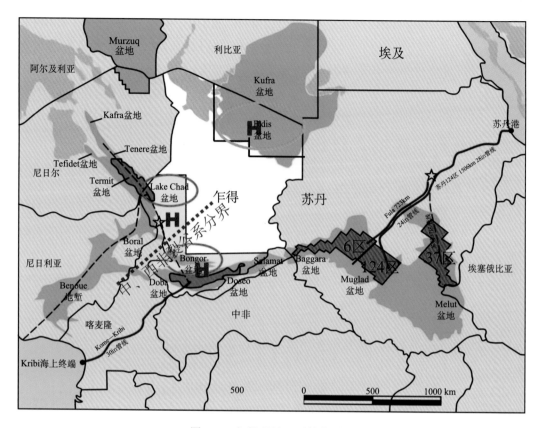

图 0-1-1 乍得项目 H 区块位置图

2006 年 12 月，中石油与 EnCana 公司签订了购买协议，收购 EnCana（乍得）公司的全部股份，2007 年 1 月完成项目交割，中石油最终成为乍得 H 区块的全资股东，并正式接管了区块的作业权，开始加快 H 区块勘探开发的步伐。此后，Betgold 和 EnCnana（乍得）公司分别改名为 CNPCIC BVI 和 CNPCIC Bermuda。

中石油自 2007 年接管 H 区块后，经过七年多的勘探，先后在乍得 Bongor 盆地获得 Ronier、Mimosa、Prosopis、Great Baobab、Raphia、Daniela、Lanea 七个油田的开发许可。开发期均为 25 年，可申请延期 25 年。

2014 年 10 月以后，乍得 H 区块勘探开发项目分成 H 区块开发项目和新 H 区块勘探开发项目两个项目。H 区块开发项目即原 H 区块在 Bongor 盆地获得开发许可的部分；新 H 区块勘探开发项目即原 H 区块剔除上述已获开发许可的油田面积（828.68km²）之后的剩余区域所构成，分布在六个沉积盆地的全部或部分，包括西部的 Lake Chad 盆地和 Madiago 盆地，中部的 Bongor 盆地及南部的 W.Doba 盆地、Doseo 盆地和 Salamat 盆地，面积 68034.32km²（图 0-1-2）。

图 0-1-2　乍得新 H 区块平面分布图

　　非洲一直是中石油发展海外油气战略的重点地区之一，近年来，H 区块开发项目，已经发现了 Ronier、Mimosa、Prosopis、Great Baobab、Phoenix、Raphia、Daniela、Lanea 等多个油田；新 H 区块已完成探井数量为 70 口，评价井 16 口，共采集二维地震 31787km，三维地震约 6445.2km^2。乍得项目合计发现原油 2P 地质储量 4.8×10^8t(3477.4MMstb)，2P 可采储量 1.3×10^8t(976.7MMstb)。经初步研究，"十三五"期间有望建成年产原油 600×10^4t 油田规模，将使乍得成为中石油在非洲除苏丹之外一个重要的原油生产区，对中石油进一步扩大在非洲的油气业务，扩大海外份额油产量，保障我国能源安全具有重大的战略意义。

第二节　地　质　概　况

一、油田地质特征

乍得 H 区块位于中非裂谷系东段,沿中非剪切带及其两侧发育多个中—新生代裂谷盆地,被统称为中非裂谷系,包括南北苏丹的 Muglad 盆地、Melut 盆地和乍得 Bongor 等盆地。Bongor 盆地位于西非裂谷系和中非裂谷系交汇部位。沿着这个裂谷系分布着一系列冈瓦纳大陆解体的过程中形成的盆地群。侏罗纪末冈瓦纳大陆解体,南大西洋和印度洋开始张开,其中南大西洋的张开以"三叉裂谷"的形式进行,"三叉裂谷"中的两支最终拉开形成洋壳,剩下的一支深入非洲大陆,形成拗拉谷,产生了中、西非裂谷系的雏形。

中非和西非裂谷系盆地都属于陆内裂谷盆地,二者最大的区别是西非裂谷系的大部分盆地在晚白垩世和始新世有海相沉积地层,而中非裂谷系盆地白垩纪和古近纪基本不发育海相地层,它是由中—新生代陆相地层组成的、在中非剪切带右旋走滑诱导背景之上发育起来的裂谷盆地。

二、构造特征

Bongor 盆地基本构造单元以箕状断陷为主,盆地断陷早期快速充填粗碎屑,沉积局限于盆地九个凹陷的中心,有多个沉积中心。Mango 凹陷沉积较深、规模最大,沿盆地南部边界断层呈近东西向展布,其他沉积中心很小,面积近数十至数百平方千米。盆地早白垩世断陷作用强烈,下白垩统最大厚度超过 6000m,沉积了巨厚的湖相泥岩。下白垩统可划分为 P 组、M 组、K 组、R 组和 B 组,上白垩统由于构造反转被剥蚀殆尽。上覆 200~500m 厚的古近系—第四系,发育三个区域性不整合面。

Doba-Doseo-Salamat 盆地在早白垩世为古隆起所分隔,推测至晚白垩世中晚期三者水体才相互连通。下白垩统沉积了巨厚的湖相、河流相及冲积扇碎屑岩沉积。晚白垩世 Doba-Doseo-Salamat 盆地进入断拗期,盆地水体逐渐连通,沉积范围较早白垩世明显增大,发育 2000~3000m 厚的陆源碎屑岩。白垩世末期的区域构造抬升作用,在 Doba 盆地要弱于 Doseo 和 Salamat 盆地,古近系 Doba-Doseo-Salamat 拗陷的伸展作用再次加强,Gongo 隆起消失,盆地由 Doba、Doseo、Salamat 三个拗陷变成 Doba 和 Doseo-Salamat 两个拗陷。与早、晚白垩世相比,古近纪早期盆地南部的沉积范围进一步增大、厚度减小。

Lake Chad 盆地早白垩世晚期形成快速充填断陷沉积,发育湖相、河流相碎屑岩,盆地发育东、西两个沉积中心,被南部低凸起分隔,其中北部沉积中心具有面积大、沉降幅度大的特点,占据了整个盆地面积的三分之二。目前尚无井钻遇该套地层。早白垩世未发生构造反转,形成上、下白垩统间不整合面。晚白垩世 Lake Chad 盆地进入伸展拗陷期,由于大西洋海水侵入,形成了巨厚的浅海相-滨海相砂、页岩为主的拗陷沉积,是盆地最主要的沉积地层，白垩世末期的区域构造抬升作用在 Lake Chad 盆地较弱，仅缺失 Maestrichtian 阶部分地层。古近系在 Lake Chad 盆地非常发育。盆地再次进入伸展拗陷期，但其沉降速度略小于晚白垩世，沉积了 500～1600m 厚的河-湖相地层，盆地总体上南浅北深，地层向南逐渐减薄。

Bongor 盆地可以划分出三个一级构造单元：陡坡带、凹陷带和斜坡带(图 0-2-1)。

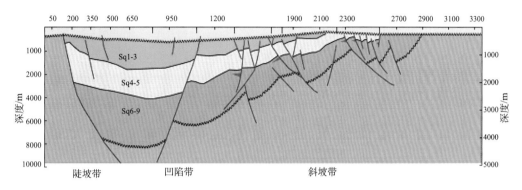

图 0-2-1　Bongor 盆地构造单元划分剖面

1) 陡坡带

陡坡带主要位于盆地南部，依傍南部控盆大断层 F1，产状陡，断距从西向东横向变化较大，反映了断裂活动强度的差异性。由于局部北断南超的结构变化，在盆地东部和中部形成次一级陡坡带，分别受二级断层 F3 和 F4 控制。理论上讲，在陡坡带大断层根部，沉积异常体较发育，但在该区，这种地质现象却不多见，局部可以看到水下扇，但规模小，这可能表明陡坡带缺乏形成快速沉积的物源条件。

2) 凹陷带

位于南部陡坡带和北部斜坡带之间，是盆地沉降和沉积中心，因而也是地层厚度最大的单元，白垩系沉积厚度为 6000～8000m。凹陷带由东次凹和西次凹两个次级凹陷组成，其中东次凹规模要大得多，位于盆地东部，面积为 3500km²，沉积地层最大厚度约 8000m，是盆地东部的主要供油凹陷。西次凹位于盆地最西端，工区内所见面积和规模远不及东次凹，区内面积约 700km²，沉积厚度最大可达 5000m。这两个次凹是在基底古构造背景上发育、并被后期构造部分分隔而形成的，其形成时间和区内主要构造形成期次相当。因此，东、西次凹虽有一定程度的连通性，从油气运移的角度看，西次凹应该是盆地西部尤其是西北坡的主要油源供给区。

南部凸起带位于盆地西南部，是由断层 F5 和 F6 夹持的一个大型地垒构造，呈北西西向狭长带状展布，东西延伸数十千米。凸起上缺失白垩系，基底地层直接与古近系地层呈不整合接触，向东倾伏被白垩系地层所覆盖。南部凸起带分隔了南次凹与盆地主体，使得南次凹成为一个相对独立的凹陷。南次凹不属于盆地的主凹带，受南部凸起带分隔，呈狭长条状分布，面积约 1400km²，长宽比约 1：10，是一个相对独立的次级凹陷。

3）斜坡带

主斜坡带位于盆地北部，属古构造斜坡部位，沉积厚度呈减薄趋势，晚白垩世末该部位又因构造抬升，遭受剥蚀，使地层厚度减薄。另外由于盆地局部北断南超，在盆地南部也存在次级斜坡带。北部斜坡带断层发育，构造样式复杂，因而也是圈闭发育的主要构造部位。

二级构造单元大多分布在盆地北斜坡带上，它们是 Ronier 构造带、Mimosa 构造带、Prosopis 构造带、Baobab 构造带、Raphia 构造带、Phoenix 构造带、Danela 构造带和 Lanea 构造带等。

由于 Bongor 盆地不单纯是一个拉张盆地，盆地的形成也受到扭应力的作用，因此，使前述构造带多呈北西西向斜列展布，与盆地轴向平行或小角度相交，仅西部调节构造带呈北西向延伸，可能由东、西次凹构造转换过程中形成。在这九个构造带中，大部分构造带分布在盆地斜坡带，即位于油气运移的长期指向区，在这些构造带上，断层和圈闭十分发育，因此从构造的角度看，盆地的油气聚集条件优越。

Bongor 盆地普遍发育正断层，有正断层 100 余条，断层总体走向主要有三个，以北西向为主；其次是北西西向（图 0-2-2）；也有北东向断层，但不发育。其中北西向断层展布方向与盆地轴向基本一致。

不同级别正断层构成 Bongor 盆地断裂系统。根据断层规模及其所起的作用，可将 Bongor 盆地内的断层分为三个级别（图 0-2-2）：

（1）一级断层或边界断层（F1、F2）。控制盆地或构造单元边界的大断层，对沉积有强烈的控制作用，有些断层同时控制了构造带的形成与展布。

（2）二级断层（F3～F7）。控制盆地的次级凹陷、凸起和构造带展布的大断层，有些断层在某一时期对沉积也有一定的控制作用。

（3）三级断层。控制局部构造或圈闭的形态、完整性和复杂程度。

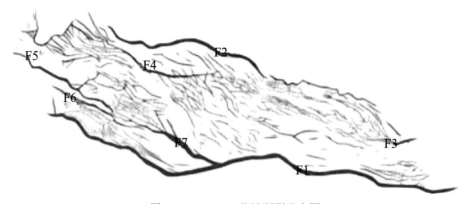

图 0-2-2　Bongor 盆地断裂分布图

F1、F2 两条一级断裂（图 0-2-2），分布在盆地南北两侧，其中，F1 断层是盆地南缘的主要控制断层，盆内延伸 290km，北倾。从深到浅断层具有明显继承性，受这条断裂活动的影响，盆地南断北超，沿该断层形成了盆地主要沉降带，因此沉积厚度大，平行 F1 断层形成近东西向主要生油凹陷；F2 与 F1 近平行，控制了盆地的北缘。

如果说一级断裂 F1 和 F2 控制盆地的范围和总体走向，而 F3、F4、F5、F6 和 F7 这几条断层则控制着盆地结构的局部变化。

F3、F4 断层是分别位于盆地西北和东北部的二级断裂，是盆地局部北断南超的控凹断层(图 0-2-2)，F3 为南倾正断层，断距由东向西逐渐变小并向盆内倾没，盆内延伸距离约 50km；由于它的存在，造成盆地东部北断南超，使得沉积和沉降中心局部向北移。F4 南倾，向东西两侧断距变小，盆内延伸距离约 100km。由于它的存在，造成盆地西部北断南超，使得沉积和沉降中心局部向北移迁移。

F5 和 F6 是分布在盆地西南部的二级断层(图 0-2-2)，倾向相背，构成一条与盆地轴向平行展布的地垒构造，即南部凸起带，分隔南次凹和盆地主体。其中 F5 呈北西向延伸约 86km，向东断距变小并与 F7 相连。F5 向西断距加大，控制西次凹的形成和展布。F6 则与 F1 控制了南次凹的形成和展布。

F7 是分布在盆地中部的二级断层(图 0-2-2)，呈北西向延伸约 80km，向东延伸断距加大，与 F1 断层合并，共同控制东次凹的形成和展布。

不同层系断裂系统有差别。由于基底老断层、新生断层及继承性断层并存，新老断层相互利用和叠加，形成了盆地复杂的断裂系统。

盆地斜坡带是断层发育的主要构造部位。在盆地三个一级构造单元陡坡带、凹陷带和斜坡带中，斜坡带是二级、三级断层最发育构造部位，因而也是与断层相关圈闭形成较多的部位。

三、储层特征

下白垩统烃源岩主要发育于 Bongor 盆地、Doba 盆地和 Doseo 盆地。Doba 盆地的烃源岩主要发育于下白垩统的 Mimosa 组，局部泥岩有机质丰度高，最高可达 5.11%，可溶有机质也较高，最高可达 2645ppm①。据镜质体反射率和孢粉颜色指数及最大古地温资料，推测该盆地生油岩成熟深度较深，Belanga 1 井和 Beboni 1 井为 3000m，Kassi 1 井为 2400m。Doseo 盆地勘探程度低，地球化学分析资料有限。Kedeni 1 井泥岩岩屑有机碳测定结果表明该井下白垩统(2000～3100m)发育好的烃源岩，总有机碳(TOC)含量大多大于 2%，通常高达 3%～5%，最高可达 9.27%；但可溶有机质(氯仿沥青"A")含量很低，特别是烃含量低，表明原始有机质类型较差，生烃潜力有限。古地温资料分析表明，该井古地温梯度较高，但实测的镜质体反射率值偏低，与古地温、孢粉色变指数的变化不一致，推测该井有机质成熟深度应在 2700m 左右。Bongor 盆地是强烈反转的裂谷盆地。勘探表明，该盆地湖相泥质烃源岩非常发育，在下白垩统裂谷阶段全盆地发育三段好-极好烃源岩，上段以Ⅰ型(生油)干酪根为主，中、下段以Ⅰ型和Ⅱ$_1$型(生油和

---

① ppm 表示百万分之一。

气)为主。

上白垩统烃源岩主要发育于 Lake Chad 盆地。该盆地勘探程度低，地球化学资料少。邻近区块的 Sedigui 1 井的有机碳资料和区块内完钻的 Acacia 1 井泥岩岩屑热解资料表明，上白垩统烃源岩有机质丰度较高，多数达到好烃源岩的标准(TOC>1%)，有机质类型以 II_2 型和 III 型为主。

在 Bongor 盆地主要发育两类储层：一类为基底的花岗岩储层，主要储集空间为裂缝和溶孔；另一类为下白垩统的砂岩，在 R 组、K 组、M 组和 P 组均不同程度发育。R 组为砂泥岩互层，主要为高孔、中渗储集层，在缓坡带局部可达高孔、高渗储层。K 组一般为大套砂岩为主的砂泥互层，以中孔、中渗储层为主。P 组为 Bongor 盆地的主要勘探目的层，缓坡带是以泥岩为主的砂泥互层，主要发育中孔、中渗储层，陡坡带多为低孔低渗储层。M 组岩性以泥岩为主，该层广泛发育，为区域盖层，局部发育储层。除区域盖层 M 组外，各套地层内部发育的泥岩夹层局部能起到有效封堵的作用。在 Bongor 盆地由下及上主要发育三套生储盖组合，第一套为新生古储型：P 组生油，基岩潜山储油，M 组为盖层；第二套为 P 组自生自储型；第三套为下生上储型，P 组生油，K 组及 R 组储油。油气以垂向运移为主，横向主要沿渗透性较好的砂层及不整合面、潜山面运移。

Lake Chad 盆地发育两套成藏组合：第一套为始新统 Sokor 1 砂岩储层，Sokor 2 泥岩盖层。Sokor 2 泥岩厚度大于 300m，全区稳定分布，Sokor 1 砂岩储层孔隙度大于 25%，渗透率 500mD；第二套为上白垩统 Sedigui 砂岩储层，Yogou 组泥岩盖层。Yogou 组泥岩厚度大于 500m，分布广，Sedigui 砂岩孔隙度为 15%～20%，渗透率小于 80mD。

Doba 盆地主体已证实，上白垩统和下白垩统两套成藏组合，烃源岩主要发育于下白垩统，局部泥岩有机质丰度高。根据 Nere 1 井下白垩统泥岩岩屑有机碳和热解分析，表明泥岩较为发育，有机质丰度高，生烃潜力大，主要油源在 W Doba 东部的 Doba 盆地主凹陷。泥岩盖层向西逐渐减薄，在盆地边缘上白垩统有效泥岩盖层全部剥蚀，保存条件是主要风险。

Doseo、Salamat 盆地下白垩统烃源岩(2000～3100m)TOC 普遍大于 2%，通常为 3%～5%；干酪根以 I 型和 II 型为主；依据古地温资料推测该井有机质成熟深度应在 2700m 左右。Doseo 盆地主体发育两套成藏组合：上白垩统组合由上白垩统大套陆(湖)相砂岩储层和上白垩统湖相泥岩盖层组成，埋深相对浅，物性较好，但盆地边缘泥岩盖层不发育，推测盆地内部物性变好；下白垩统组合为下白垩统自生自储，区域盖层为下白垩统顶部的湖相泥岩，为盆地的主要勘探目的层。Salamat 盆地下白垩统只发育薄层泥岩，储层极为发育，储盖配置不佳。

乍得项目开发区块主要位于 Bongor 盆地北斜坡的中央隆起区带，其西北部为基底构造隆起带，油田紧邻物源区，该隆起坡度较大，达 15°～20°，具有形成冲积扇、扇三角洲或沉积物重力流的构造条件。

第一篇

钻 井 篇

第一章

钻井概况

20 世纪 70 年代中期到 2007 年，Conoco、Exxon、EnCana 等国际油公司就开始在 H 区块进行石油勘探，共完成 17 口井，其中 EnCana 公司共完钻 11 口井，平均井深 1946m，平均建井周期为 44.7 天。2007 年中方接管乍得项目后，至 2016 年年底，共完钻 350 口井，平均井深 883m，平均完井周期 10.9 天。

第一节 中石油接管前 EnCana 钻井指标

从 20 世纪 70 年代中期到中石油国际勘探开发公司(CNODC)接管前，先后有 Conoco、Exxon、EnCana 等国际油公司就开始在 H 区块进行石油勘探，共完成 17 口井，EnCana 公司所钻 11 口井中 7 口井采用二开井身结构(图 1-1-1)，4 口井采用三开井身结构(图 1-1-2，部分钻井指标见表 1-1-1)，主井眼为 311.2mm 或 215.9mm 井眼，泥浆主要采用贝克休斯的低固相聚合物钻井液体系，有 8 口井未下油层套管，采用打水泥塞弃井。

EnCana 公司所钻的二开井表层较深，最深达到 594m，有两口井采用 444.5mm 大钻头打表层，311.2mm 钻头钻主井眼，造成大尺寸钻头机械钻速低，钻进周期长，消耗材料多，成本高。三开结构多一层技术套管，增加一次固井时间，有两口井采用 660.4mm 钻头钻表层，444.5mm 钻头二开，311.2mm 钻头钻主井眼，大钻头钻进井段长，机械钻速低，多一次完井，钻进周期长、消耗材料多、成本高。

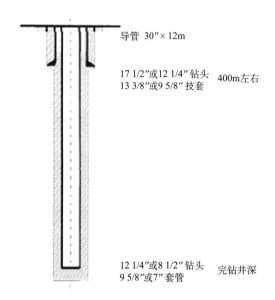

导管 30″×12m

17 1/2″或12 1/4″钻头　400m左右
13 3/8″或9 5/8″技套

12 1/4″或8 1/2″钻头　完钻井深
9 5/8″或7″套管

图 1-1-1　EnCana 二开开井井身结构

图中 17 1/2″表示 17.5in(1in=2.54cm)，为尊重行业习惯，全书未进行修改

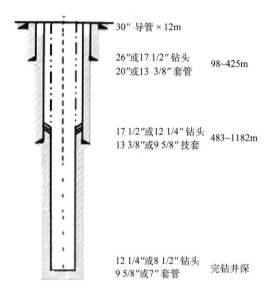

30″ 导管 ×12m

26″或17 1/2″钻头　98~425m
20″或13 3/8″套管

17 1/2″或12 1/4″钻头　483~1182m
13 3/8″或9 5/8″技套

12 1/4″或8 1/2″钻头　完钻井深
9 5/8″或7″套管

图 1-1-2　EnCana 三开井井身结构

表 1-1-1　EnCana 公司钻井主要技术指标

序号	井号	开钻时间	完钻井深/m	机械钻速/(m/h)	完井周期/天	井身结构	泥浆类型	泥浆公司
1	Mimosa 1	2003-12-27	1564	5.46	42.17	三开	低固相聚合物体系	贝克休斯
2	Mimosa 2	2004-4-4	1871	10.80	22.66	二开	低固相聚合物体系	贝克休斯

续表

序号	井号	开钻时间	完钻井深/m	机械钻速/(m/h)	完井周期/天	井身结构	泥浆类型	泥浆公司
3	Ronier 1	2006-12-6	2150	8.27	36.88	二开	低固相聚合物体系	贝克休斯
4	Kubla 1	2004-05-94	1427	13.85	17.6	二开	低固相聚合物体系	贝克休斯
5	Bersey -1	2004-2-19	2307	9.03	33.6	三开	低固相聚合物体系	贝克休斯
6	Baobab-1	2006-01-24	1465	5.45	34.77	三开	低固相聚合物体系	贝克休斯
7	Calatropis-1	2006-3-6	2499.2	9.58	28.2	二开	低固相聚合物体系	贝克休斯

第二节 中石油接管后钻井指标

CNODC 获得 H 区块 100%作业权后，2007～2016 年共完成 350 口井，包括 301 口砂岩井和 49 口潜山井，平均井深 1776m，平均完井周期 21.2 天。从 2007～2008 年年底共完成 21 口井，勘探中先后发现了 Baobab、Ronier、Kubla、Mimosa 四个含油气构造。平均机械钻速 7.95m/h，平均完井周期 25.41 天。其中 2007 年完成 6 口井，平均机械钻速 9.78m/h，2008 年完成 15 口井，年平均机械钻速 7.6m/h。

CNODC 所钻井砂岩井都采用二开井身结构(图 1-2-1)，表层采用 311.2mm 套管封固古近系、Baobab 层，主井眼采用 177.8mm(井眼)/139.7mm(套管)下到目的层。

244.5mm 表层套管封固古近系，177.8mm 套管封固目的层，井身结构工艺比较简单，油层套管尺寸比较大，可同时满足稀稠油开发，便于今后的老井再利用(开窗侧钻)。但是由于 177.8mm 套管与 139.7mm 井眼换空间隙小，存在下套管及开泵困难、固井存在小间隙、憋压、固井质量难以得到保证等问题，所钻井表层较深；177.8mm 油层套管与 215.9mm 井眼间隙小，仅有约 19mm，下套管困难，循环泵压高，固井质量难以得到保证。如在 Ronier 1 井下套管困难，固井前循环泵压高，高达 24MPa。RonierCN-1 井固井质量非常差，尤其上部的 Ronier 储层井段，声波幅度测井(CBL)检测结果声幅值最高达 100%，后期主要采用 139.7mm 油层套管。

截至 2016 年，共完成 49 口潜山井，潜山段总进尺 13468m，平均完井周期 35 天，主要采用三开井身结构。

为降低成本和钻井周期，兼探潜山井采用开井身结构(图 1-2-2、表 1-2-1)，即 7″技术套管下至潜山顶面 1～2m，潜山段换低密度泥浆用 6 1/8″钻头钻至设计井深(TD)后裸眼完井。

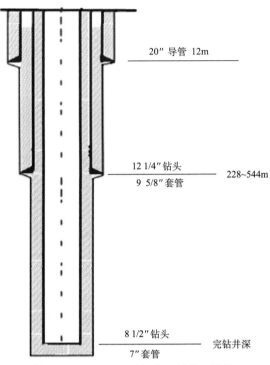

图 1-2-1　CNODC 已钻砂岩井井身结构

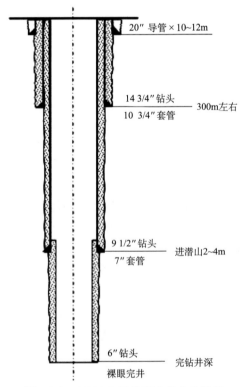

图 1-2-2　CNODC 已钻潜山井井身结构

表 1-2-1　CNODC 潜山井井身结构

方案	开钻次序	井眼尺寸	套管尺寸	套管下入深度	备注
方案一(大三开井身结构)	导管		30″	10～12m	避免地表土层的污染
	一开	17 1/2″	13 3/8″	300m 左右	一开完井封住胶结疏松的表层,进入稳定泥岩层,固井水泥返至地面
	二开	12 1/4″	9 5/8″		套管下至进潜山 2～4m
	三开	8 1/2″		设计井深(TD)	裸眼完井
方案二(小三开井身结构)	导管		20″	10～12m	避免地表土层的污染
	一开	12 1/4″	9 5/8″	300m 左右	一开完井封住胶结疏松的表层,进入稳定泥岩层,固井水泥返至地面
	二开	8 3/4″ 或 8 1/2″	7″		套管下至进潜山 2～4m
	三开	6 1/8″		设计井深	裸眼完井
方案三(补充小三开井身结构)	导管		20″	10～12m	避免地表土层的污染
	一开	12 1/4″	9 5/8″	300m 左右	一开完井封住胶结疏松的表层,进入稳定泥岩层,固井水泥返至地面
	二开	8 1/2″	5 1/2″		套管下至进潜山 2～4m
	三开	4 5/8″		TD	裸眼完井
方案四(2.2期开发阶段)	导管			10～12m	避免地表土层的污染
	一开	14 3/4″	10 3/4″	300m 左右	一开完井封住胶结疏松的表层,进入稳定泥岩层,固井水泥返至地面
	二开	9 1/2″	7″		套管下至进潜山 2～4m
	三开	6″		TD	裸眼完井

第三节　钻井难点

一、井眼缩径

在已完钻井的钻井报告中记载,钻进泥页岩井段时部分井发生井眼缩径现象,导致起下钻遇阻。Ronier 1 井在 1150～1500m 井段井眼缩径,起下钻发生多点阻卡现象;Mimosa 3 井在 920～1100m 及 1350～1619m 井段起下钻多次遇阻,最大超拉载荷达到 70klb[①];Ronier 6 井完井下入 Φ177.8mm 套管后不能建立循环,被迫起出套管下钻划眼,发现多处遇阻。

在钻进过程中,由于地层应力的改变及泥页岩水化膨胀的作用,致使井壁失稳,造成井眼缩径或坍塌。缩径的井眼形成小间隙环空,由于环空间隙小,就增大了套管下入

① 1lb=0.453592kg。

过程的摩擦阻力，同时增大了黏附卡套管的危险性，严重时将导致套管不能下到设计位置，造成下套管失败。

二、井壁坍塌

Ronier 1 井：该井在上部 Kubla 层 780～1060m、下部 Cailcedra 层 1650～1800m 段出现严重的井壁坍塌。

Ronier S-1 井：井壁坍塌现象严重，其主要井段 600～860m、1080～1220m 的平均井径分别为 305mm 和 303mm，井径扩大率达到 41%左右。

Mimosa 3 井：电测井径资料表明，390～410m、1010～1160m 及 1350m 至井底段出现严重的井壁坍塌，钻进和完钻通井过程中返出大量的薄片状或长条状页岩及不规则泥岩大掉块。下电测仪器困难，起下钻过程中多次严重阻卡，最大超拉载荷达到 70klb（311.5kN），为稳定井壁最大钻井液密度提至 11ppg[①]，仍无法抑制坍塌掉块。

从 Ronier 3 井岩心黏土矿物相对含量测定得知，地层中绿泥石-蒙皂石混层含量最高，平均为 61.0%，绿泥石、伊利石含量次之，分别为 23.7%、9.8%，其中绿泥石、蒙皂石都是水敏性矿物，是易导致化学井壁失稳的主要成分。因此，Ronier、Mimosa 油田的地层都存在力学、化学及力学与化学耦合形式井壁不稳定的因素。

三、井斜问题

Mimosa 区块由于地理位置与地质结构运动的差异，地层层系深度比 Ronier 油田浅，从 Mimosa 2 井和 Mimosa 3 井的井斜变化看，也呈现出与 Ronier 油田相同之处，只是井斜增大的位置提前，一般从 Kubla 层就开始变大，通过已钻井的资料来看，Mimosa 区块地层造斜率相对 Ronier 区块小，井斜较 Ronier 区块容易控制。两个油田部分已完成井井斜数据统计详如表 1-3-1 所示。

表 1-3-1　部分井单点测斜数据

Mimosa 区块						Ronier 区块					
Mimosa 2		Mimosa 3		Mimosa NE-1		Ronier 1		Ronier S-1		Ronier CN-1	
测深/m	井斜角/(°)	测深/m	井斜角/(°)	测深/m	井斜角/(°)	测深/m	井斜角/(°)	测深/m	井斜角/(°)	测深/m	井斜角/(°)
46	0.13	46	0.25	251	0.12	37	0.50	28	0.25	652	1.00
318	0.38	482	0.25	703	0.88	269	0.25	271	0	1185	0.50
580	0.75	686	0.50	1135	2.06	462	0.25	484	0.25	1380	6.50
750	1.5	783	0.75	1243	2.72	609	0.50	523	0.25	1408	6.25
895	3.00	880	0.75	1348	1.94	716	0.50	635	0.50	1428	6.00
1011	2.50	977	1.50	1541	3.67	861	1.00	975	0.50	1467	5.00

---

① 1ppg=0.1198g/cm³。

Mimosa 区块						Ronier 区块					
Mimosa 2		Mimosa 3		Mimosa NE-1		Ronier 1		Ronier S-1		Ronier CN-1	
测深/m	井斜角/(°)	测深/m	井斜角/(°)	测深/m	井斜角/(°)	测深/m	井斜角/(°)	测深/m	井斜角/(°)	测深/m	井斜角/(°)
1156	1.75	1074	3.50	1628	4.53	1017	1.75	1227	1.75		
1302	3.00	1132	3.75	1724	1.61	1163	1.00	1304	1.50		
1438	4.00	1229	4.25	1830	4.91	1589	2.00	1420	2.00		
1583	3.88	1326	5.75	1898	4.95	1676	2.75	1518	2.00		
1738	7.50	1423	5.25	1973	7.14	1774	5.00	1594	1.25		
		1520	4.00	2156	8.87	1813	5.75	1692	1.75		
		1599	2.00			1832	6.25	1789	2.50		
						1893	7.75	1990	4.00		
						1990	7.00	2076	7.00		

从 Bongor 盆地 Ronier 1 井区地震剖面解释图不难看出,该区从井深 1439m 以前,地层倾斜平缓(地层倾角小于 4°),而钻至下部 F 层序和 G 层序(即 1439～2500m)由于地层倾角陡增(4°上升到 12°),其岩性为大套厚泥页岩夹薄层砂岩及粉砂岩,岩性软硬交替,导致在该井段的井斜角大幅度增加。综上所述,井斜原因如下:1100m 以后层段薄硬夹层增多,地层软硬交替频繁,钻头受力不均匀,使钻头有垂直层面钻进的趋势,从而导致井斜。

四、个别井存在活跃气层,有异常高压现象

Prosopis NE-1 井为探井,GW184 承钻,设计深度 2200m,实钻深度 2052m。2009 年 4 月 23 日开钻,5 月 8 日凌晨 1:00 二开钻至 1712m 时(钻井液密度 MW10.5ppg),突遇活跃气层,气测值上升至 80%,泥浆出现气侵,停钻循环排气正常后,加重泥浆(10.9ppg)继续钻进,期间多次溢流观察和循环排气,降低气侵。5 月 10 日 21:45 钻至 1858m,起钻换钻头。下钻至 1751m(600m 和 1200m 处循环),气测值突升至 89%,井口发生溢流,返出泥浆严重气侵(MW 降至 9.5ppg)。司钻立即软关井,按井控程序通过液气分离器节流循环排气,气量较大,远程点火,火焰燃烧 25min 气量渐小自然熄灭。节流排气过程中逐渐提高泥浆密度至 11.1ppg 以压制气层。该井气层活跃,在以后钻进中仍出现严重气侵两次。完钻钻井液密度 11.3ppg,由于气层活跃,该井取消耗时长的模块式地层动态测试(MDT)。

Baobab S-1 该井为探井,是 GW86 抵乍承钻的第一口井,设计深度 1700m,实钻深度 1743m。2009 年 5 月 24 日开钻,6 月 2 日凌晨 6:30 二开钻至 1391m 时,录井显示气测值迅速从 56%攀升到 100%,停钻发现溢流,关井检测压力,15min 后压力关井立压

（SIDPP）= 150psi[①]，关井套压（SICP）= 320 psi，开始压井作业，泥浆密度提至 10.8 ppg，循环 3705 冲，关井检测压力， SIDPP = 130psi，SICP=75psi，计算新泥浆密度 11.45ppg，循环 11.40ppg 泥浆 3705 冲，关井测压 SICP = 10psi，循环，进口泥浆 11.4ppg，出口泥浆 11.1ppg，为压稳地层，泥浆密度提至 11.8ppg，恢复正常钻进。在后面钻进中，又出现录井气测值升高，泥浆气侵问题，至完井电测，泥浆密度逐渐提升至 12.2ppg（1.46g/cm³）。该井是 Bongor 盆地是目前发现的唯一一口异常高压井。

五、R—P 层含燧石及难钻页岩

由于燧石结合强度高，很容易崩掉切削齿，导致钻速急剧下降，进而将切削齿磨平，机械钻速仅为 3～5m/h。各断块燧石层层位统计如表 1-3-2 所示。

表 1-3-2　各断块燧石层层位统计

区块	井号	含燧石地层	
		地层	井深
Ronier C-4	Ronier C-4	K	1158～1236.5m，100%燧石
	Ronier C-6	R—K	1224～1329m，15%～100%燧石
Ronier D-1	Ronier D-1	K 和 P	1223～1332m，35%～70%燧石 2451～2465m，100%燧石
Ronier CN-1	Ronier CN-1	K	1082～1134m，35%燧石 1134～1162m，15%燧石 1220～1248m， 95%燧石
	Ronier 4-4	K	1400～1450m，燧石层
Ronier S-1	Ronier S-1	K 和 M	1330～1360m，60%～90%燧石 1555～2100m，夹少量燧石
	Ronier S-2		
Cassia N-1	Cassia N-1		
	Cassia N-2	M	2100～2530m，夹少量燧石

六、潜山基岩难钻

潜山主要为花岗岩，具有岩石致密、可钻性差、研磨性高、破碎困难等特征。常规钻具钻基岩时，易憋跳，导致钻头先期失效。

岩性分析：一类为花岗片麻岩，颜色为红色夹暗色矿物，白色夹暗色矿物；二类似石英岩，颗粒纯白色或深灰色。其物性成分包括长石和石英，以及少量的附矿，地层硬度比较高，具有很强的研磨性、硬脆性。其地层特点更适合用以冲击破岩为主的牙轮钻头。

---

① 1psi=6.895kPa。

岩石力学测试：评价潜山岩石样的可钻性、硬度、塑性系数、研磨性、抗压强度等。测试结果表明（表1-3-3），潜山地层是硬脆性、高抗压强度的中硬地层，其中可钻性为7级，硬度为6级，塑性级别为2级，强度级别为7级。

表 1-3-3　花岗岩可钻性评价

岩性类型	试验内容	试验次数						平均值
		1	2	3	4	5	6	
花岗岩泥岩	硬度/MPa	326	308	326	3.3	168	232	277
	可钻性终值	6.4	7.1	7.4	6.8	6.8	6.9	6.9
	塑性系数	3.16	3.64	2.36	1.33	1.55	2.02	2.34

普通牙轮钻头在硬地层中容易出现磨损严重、断齿、掉齿、钻头缩径及轴承失效等情况，最后导致钻头报废，表现出钻头进尺短、钻速低的特点（图1-3-1）。主要采用江钻的 537 牙轮钻头，大部分出井钻头牙齿磨光、断齿，导致机速降低，平均进尺 171m，平均钻速 2.30m/h。钻头磨损严重：外排齿基本磨平，个别钻头因为外排齿和保径齿的过度磨损而缩径，少量断齿、掉齿。

图 1-3-1　牙轮钻头出井照片磨损情况

聚晶金刚石复合片（PDC）钻头在钻进强研磨性硬地层时，按照常规钻进参数很难吃入地层，需要不断增加钻压、提高转速，这也增加了钻头与岩石之间的摩擦力，加速钻头磨损，造成破岩效率下降，进尺 11m，钻速 0.83m/h。

七、潜山基岩裂缝发育、压力系统复杂、溢漏频发

从图 1-3-2 岩心照片和成像测井解释结果来看，基岩储层裂缝非常发育。压力窗口甚至存在负值的情况（图1-3-3）。

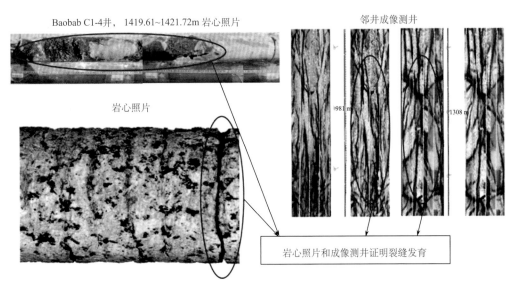

图 1-3-2　岩心照片及成像测井数据

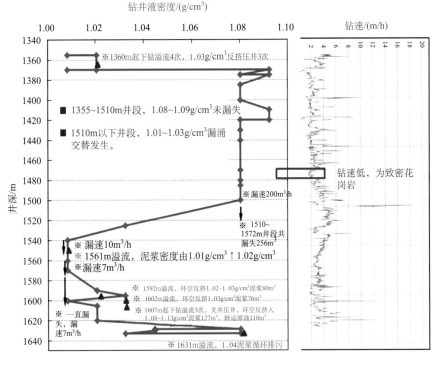

图 1-3-3　Baobab C1-4 溢漏情况

1355～1510m 井段密度为 1.08g/cm³ 时未漏失，1510m 以下井段密度为 1.02～1.03g/cm³ 时漏涌交替出现；1470～1480m 有一持续低钻时井段，为致密花岗岩层夹层。

推断：该井段存在两个压力系统：1510m 以上压力系数为 1.08g/cm³ 左右，1510m 以下井段压力系数为 1.01g/cm³；密度窗口约为–0.07g/cm³，钻井时出现"上吐下泻"，表现为漏涌交替。

测试结果显示压力复杂，基岩内有油、气、水层，油气层压力系数 0.96～1.16g/cm³，钻遇部分低压水层、干层，压力系数最低为 0.35g/cm³（干层未见漏失）。

第二章

井身结构

乍得 Bongor 盆地构造相对复杂，断层发育，主要发育白垩系砂岩储层和寒武系花岗岩潜山储层，储层埋深一般在 2000m 以内，最浅的仅 700m 左右，第四系—白垩系发育大段泥页岩，地层倾角大，易井壁失稳、井斜，花岗岩潜山地层裂缝发育，地层压力系数复杂，表现为易漏失、溢流，钻速低。总体而言，乍得 Bongor 盆地钻井难度不是很大，经过多年的研究和实践，不断优化井身结构，形成了砂岩油藏直井、潜山油藏直井和砂岩油藏丛式井井身结构设计方案，满足了该油田高效勘探开发的需求。

第一节 井身结构技术发展概况

在中石油接手开发乍得 H 区块前，该区块先后有 Conoco、Exxon、EnCana 等国际油公司进行过石油钻探，共完成 17 口井，其中 EnCana 公司共完钻 11 口井。EnCana 钻井的井身结构主要有两种，分别为三开井和二开井，主井眼采用 12 1/4″ 或 8 1/2″ 井眼，平均井深 1946m，平均完井周期为 44.7 天。在所钻的 11 口井中，4 口三开井，有 8 口井未下油层套管，采用打水泥塞弃井。EnCana 钻井处于勘探期，井身结构明显保守，不利于提速降本和提高钻完井效率。2007 年中石油接手开发后，通过对地层压力和地层特点的研究分析，在泥浆性能优化设计的基础上，多次对砂岩油藏井身结构进行优化，具体如下：

（1）2007～2009 年，主要采用二开井身结构，12 1/4″ 井眼（9 5/8″ 套管）+8 1/2″ 井眼（5 1/2″ 套管），由于泥页岩发育且油气活跃，二开环空间隙窄，固井质量不易得到保证，影响后期油气生产。

（2）2010～2016 年，为保证生产套管固井质量，增加二开井眼与套管之间的间隙，根据采油工程要求，井身结构调整为 12 1/4″ 井眼（9 5/8″ 套管）+8 1/2″ 井眼（5 1/2″ 套管）。

（3）2013 年初，在 Lanea E-2 和 Baobab C-1 等井潜山油气大发现后，勘探重点转向潜山。潜山井采用三开井身结构：在潜山顶部以上用技术套管封隔上部高压、易坍塌砂泥岩地层，潜山段采用低密度钻井液进行储层专打，保证潜山地层顺利施工。

（4）2017 年以来，为降低勘探开发成本，Bongor 盆地部分油田采用丛式井进行开发，井身结构调整为 14 3/4″ 井眼（10 3/4″ 套管）＋9 1/2″ 井眼（7″ 套管）。

基于勘探开发需求，随着对乍得 Bongor 盆地地质条件认识的不断深入，钻井应对复杂的施工能力逐步增强，钻井井身结构由繁到简，由单一变为多元化，逐渐形成了砂岩直井、潜山直井、砂岩丛式井等井身结构系列，实现了钻井安全、提速、提效的目标，为乍得 Bongor 盆地勘探开发做出了重要贡献。

第二节 乍得 Bongor 盆地地层岩性及地层压力特征

一、Bongor 盆地地质岩性特征

Bongor 盆地基底为前寒武系，之上沉积了中—新生界陆相碎屑岩地层，包括下白垩统、古近系、新近系和第四系（图 2-2-1）。由下及上主要发育三套成藏组合：第一套成藏组合为新生古储型，P 组生油，基岩潜山储油，M 组为盖层；第二套成藏组合为自生自储型，是 Bongor 盆地主力成藏组合，以轻质油藏、凝析油气藏或气藏为主，油气分布受构造和储层双重控制，原油物性好，油气比高，产量也高，局部发育异常高压；第三套成藏组合为下生上储型，以 R 组下部的厚层泥岩为区域盖层，油气主要来自下部的 M 组和 P 组烃源岩，主要油层分布在 R 组和 K 组中，以稠油或正常偏稠油为主。

Bongor 盆地从下到上地层岩性特征分别描述如下。

（1）前寒武系：岩性为花岗岩，花岗闪长岩和花岗闪长质片麻岩。

（2）P 组：岩性为棕黑色、绿黑色页岩，灰绿色泥岩夹薄层灰白色粉砂岩，细-中砂岩。电性上，自然伽马曲线呈齿形，电阻率泥岩段表现为平滑低阻，在砂砾岩段为钟形、箱形高阻。地震剖面上，地震反射波组由几个强相位组成，具有强振幅、中低频率，同相轴连续性好，砂体发育部位呈空白反射结构特征。

（3）M 组：岩性为浅灰色细、粉砂岩与灰绿色泥岩互层。自然伽马曲线呈齿形，电阻率曲线整体上呈直线形低阻，局部微齿，幅度不大。上部和下部地震反射波组为空白反射，中部地震反射波组由几个强相位组成，具有强振幅、中低频率、连续性好的特点。

（4）K 组：岩性为浅灰色、灰色粉砂岩，细砂岩，中砂岩，粗砂岩，夹灰绿色泥岩。自然伽马呈紧密齿形，电阻率曲线呈两段式，下部紧密齿形、上部稀疏齿形。地震发射波组具有弱振幅，中、低频率，连续性差，局部空白反射的结构特征。

（5）R 组：岩性以黄棕色中砂岩，粗砂岩，细砾岩为主，夹灰绿色、灰色泥岩。自然伽马曲线呈齿形，电阻率曲线呈微齿形，跳跃幅度不大，两种曲线形态在该组底界面突

变明显。地震反射波组具有强振幅、连续性好的特征，顶部具有明显的削蚀现象。

(6)B组：岩性为砂岩夹泥岩层或砂泥互层，砂岩均为中到粗粒。

(7)古近系、新近系(E+N)：古近系岩性为浅黄色、深棕色中-粗砂岩和浅绿色、深灰色黏土岩，新近系岩性为灰黄色砂砾层夹黏土层。

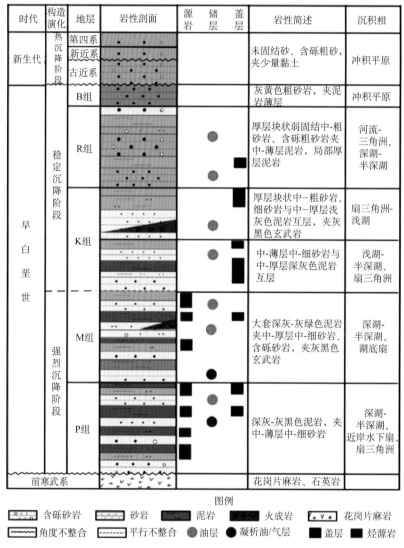

图 2-2-1　Bongor 盆地地层综合柱状图

二、Bongor 盆地地层压力特征

地层三压力预测，即地层孔隙压力、坍塌压力和破裂压力，是确定合理钻井液及水泥浆密度的重要参考依据，可为实现安全快速钻井提供保障。

表 2-2-1 给出了 Bongor 盆地实测地层破裂压力及孔隙压力,实测破裂压力当量密度为 1.92～2.47g/cm³,B—P 实测孔隙压力当量密度为 0.94～1.14g/cm³,表 2-2-2 为 Bongor 盆地各区块最高压力统计表。

表 2-2-1　已钻井实测地层压力及破裂压力

断块名称	井号	地层完整性试验(FIT)		钻井液密度/(g/cm³)	地层测试	
		密度/(g/cm³)	深度/m		地层	孔隙压力当量密度/(g/cm³)
Ronier C-1	Ronier C-1	1.92	367	1.18～1.27		
	Ronier C-2			1.18～1.22	B、R	0.97～0.98
	Ronier C-3			1.15～1.30		
Ronier C-4	Ronier C-4	2.47	286	1.18～1.30		
	Ronier C-6			1.15～1.33		
Ronier D-1	Ronier D-1	1.94	290	1.16～1.34	P	1.04～1.10
Ronier CN-1	Ronier CN-1	1.92	461	1.15～1.26	R、K、M	0.94～1.02
	Ronier 4-4			1.15～1.30	K—M	0.95～0.99
Ronier S-1	Ronier S-1	1.92	549	1.20～1.38	K	0.96
	Ronier S-2			1.15～1.37		
Cassia N-1	Cassia N-1	1.93	458	1.18～1.34	M	0.99～1.01
	Cassia N-2			1.15～1.38	M	0.98～1.14
Delo-1	Viterx 1					0.96～1.01
	Delo 1	2.16	455	1.25～1.34	K	0.97～0.99
Baobab C-2	Baobab C-2	2.16	230	1.15～1.25		
	Baobab C-4	1.85	249	1.15～1.25		

表 2-2-2　Bongor 盆地各区块最高压力统计表　　　(单位:g/cm³)

区块名称	孔隙压力当量密度	坍塌压力当量密度	破裂压力当量密度
Ronier	1.13	1.30	>2.0
Mimosa	1.11	1.30	>2.0
Prosopis	1.06	1.32	>1.90
Baobab	1.47	1.40	>1.90
Cassia	1.18	1.31	>1.90

由于各断块深度变化比较大,按照地层汇总起来的三压力预测数据如表 2-2-3 所示。

表 2-2-3　地层三压力预测表　　　　　　　（单位：g/cm³）

地层	孔隙压力当量密度	坍塌压力当量密度	破裂压力当量密度
B 组	1.02～1.03	0.7～0.95	1.92～2.16
R 组	1.02～1.07	0.73～1.22	2.04～2.07
K 组	1.02～1.06	0.7～1.26	2.04～2.12
M 组	1.03～1.16	0.7～1.28	2.04～2.16
P 组	1.06～1.12	0.7～1.23	2.07～2.16

　　基于以上数据分析，上部砂泥岩地层密度窗口比较宽，地层为正常地层压力系统，地层孔隙压力当量密度为 0.94～1.16g/cm³，二开井段地层坍塌压力相对于地层孔隙压力来说较高，部分井段坍塌压力当量密度高达 1.28g/cm³，易引起该地区井壁失稳，地层破裂压力当量密度为 1.92～2.16g/cm³。

　　已钻井压力数据分析及地层三压力预测结果表明，Bongor 盆地地层孔隙压力整体上以常压为主、局部存在高压：Mimosa、Ronier、Prosopis、Cassia、Raphia、Daniela、Phoenix等区块为正常地层压力系统，Baobab 区块南部构造显示异常高压，并具活跃气层，其最大地层压力当量密度达到 1.47g/cm³。Bongor 盆地地层坍塌压力较高，其随井深变化很大。对于井深大于 2000m 的井，需要 1.30g/cm³ 以上钻井液才能稳定地层，近平衡钻井比较困难，其中 Daniela 区块坍塌压力当量密度更高达 1.50g/cm³，稳定井壁是钻进过程中的重中之重。Bongor 盆地地层破裂压力较高，随着地层的加深，破裂压力逐步上升。地层坍塌压力和破裂压力之间有足够的安全窗口。

　　对于基岩地层，由于花岗岩不是沉积类岩石，无法采用基于压实理论的传统方法预测地层压力，主要考虑临井实测数据确定地层压力。基岩内有油、气、水层，油气层地层压力系数为 0.96～1.16，干层地层压力低至 0.35，如表 2-2-4 所示。

表 2-2-4　基岩地层实测地层压力

区块名称	井号	测试地层中部深度/m	解释结果	地层压力系数
Baobab	Baobab C-1	1163	油层	1.16
	Baobab C-5	1428	油层	0.96
		1499.77	干层	0.85
		1529.29	油层	0.97
		1607	干层	0.96
		1694	干层	0.96
	Baobab E-2	1674	油层	1.04
	Baobab NE-3	1683	干层	0.48
	Baobab C-3	1719.5	油层	1.01

区块名称	井号	测试地层中部深度/m	解释结果	地层压力系数
Baobab	Baobab C-3	1897	干层	0.44
	Baobab 1-8	1845	油层	1.01
	Baobab S1-4	1898	干层	0.35
	Baobab NE-14	1927	水层	0.98
	Baobab NE-5	1989.5	干层	0.52
	Baobab S1-7	2209.5	水层	1
	Baobab SE-3	2221	干层	0.81
Cassia	Cassia-1	2084	水层	
		2109	水层	0.8
Lanea	Lanea SE-1	834	气层	1.09
		983	干层	0.48
		1109	水层	
		1124	水层	0.97
		1175	水层	0.59
		1274	水层	0.57
	Lanea E-2	1005	油层	1.05
Mimosa	Mimosa 10	1271	低产油层	0.76
	Mimosa E-1	1605	油层	1.08
	Mimosa E-2	1589	干层	0.59
		1681	水层	0.92
	Mimosa 9	1546	水层	1.03
		1630	干层	0.66
		1766	水层	1.03
Phoenix	Phoenix S-3	1464	油层	1.08
	Phoenix 2	1531	水层	1.01
Prosopis	Prosopis N-1	1239	水层	0.38
		1273	水层	1
Raphia	Raphia S-10	1522	油层	1.03
	Raphia S-11	1443	油层	0.99
		1588	水层	0.99
	Raphia S-6	1549	水层	
		1575	水层	1
	Raphia S-8A	1624	干层	0.99
	Raphia S-9	1665	水层	1

第三节　井身结构优化设计及应用

井身结构的优化与调整是油田勘探开发过程中至关重要的环节。随着对乍得 Bongor 盆地地质特征的深入认识，钻井装备的日益改善，钻井工艺技术的不断发展，通过井身结构简化、套管直径及下深优化、丛式井井身结构设计等手段，乍得 Bongor 盆地钻井井身结构得以不断优化，逐渐形成了砂岩油藏直井、潜山油藏直井、砂岩油藏丛式井等井身结构系列。

一、砂岩油藏直井井身结构优化

EnCana 公司共完钻 11 口井，井身结构主要有两种：方案一为三开井，方案二为二开井(表 2-3-1)，二开及三开井眼采用 Baker 泥浆体系，完钻 11 口井(三开井 4 口)平均井深 1946m，平均建井周期为 44.7 天，8 口井未下油层套管，采用打水泥塞弃井。

由于处于勘探阶段，EnCana 公司前期主要采用 26″ +17 1/2″ +12 1/4″ 三开井身结构，大井眼钻进周期长、消耗材料多、成本高；随后采用二开结构，其中两口井采用 17 1/2″ +12 1/4″ 大井眼，表层下深达到 594m。EnCana 公司井身结构明显保守，不利于提速降本和提高钻完井效率。

表 2-3-1　EnCana 井身结构方案

方案	开钻次序	井眼尺寸	套管尺寸	套管下入深度	备注
方案一	导管		30″	12m	封固地表软土层
	一开	26″ 或 17 1/2″	20″ 或 13 3/8″	98～425m	
	二开	17 1/2″ 或 12 1/4″	13 3/8″ 或 9 5/8″	483～1182m	
	三开	12 1/4″ 或 8 1/2″	9 5/8″ 或 7″	TD	TD 及油层套管其下深按地质要求
方案二	导管		30″	12m	封固地表软土层
	一开	17 1/2″ 或 12 1/4″	13 3/8″ 或 9 5/8″	400m 左右	
	二开	12 1/4″ 或 8 1/2″	9 5/8″ 或 7″	TD	TD 及油层套管尺寸下深按地质要求

2007 年中石油接手开发后，在对乍得地区地质特点、地层压力、已钻井资料进行深入分析研究，同时优化泥浆性能，并对井身结构进行进一步优化。对于开发井，主要采用二开井身结构，并根据生产需要调整井眼尺寸(表 2-3-2 中的方案一、方案二、方案四)。对于井深超过 2500m 以上的砂岩勘探评价井，为避免二开井眼过长，发生井壁坍塌，仍采用三开井身结构(表 2-3-2 中的方案三)。

2007～2008 年共钻井 21 口，勘探中先后发现了 Baobab、Ronier、Kubla、Mimosa 四个含油气构造。平均机械钻速 7.95m/h，平均完井周期 25.41 天。其中，2007 年完成 6 口井，平均机械钻速 9.78m/h；2008 年完成 15 口井，年平均机械钻速 7.6m/h，主要采用

表 2-3-2 中方案一二开井身结构。与 EnCana 公司钻井相比,提高了钻进速度,降低了钻井完钻井成本,油层套管尺寸比较大,可同时满足稀稠油开发,便于今后的老井再利用(开窗侧钻)。

表 2-3-2 中石油砂岩油藏井身结构方案

方案	开钻次序	井眼尺寸	套管尺寸	套管下入深度	备注
方案一	导管		20″	12m	预埋导管 12m,封固地表软土层
	一开	12 1/4″	9 5/8″	300m 左右	封固古近系,进 Baobab 层 10~20m
	二开	8 1/2″	7″	TD	TD 及油层套管其下深按地质要求
方案二	导管		20″	12m	预埋导管 12m,封固地表软土层
	一开	14 3/4″	10 3/4″	300m 左右	封固古近系,进 Baobab 层 10~20m
	二开	9 1/2″	7″	TD	TD 及油层套管其下深按地质要求
方案三	导管		20″	12m	预埋导管 12m,封固地表软土层
	一开	17 1/2″	13 3/8″	300m 左右	封固古近系,进 Baobab 层 10m
	二开	12 1/4″	9 5/8″	1500m 左右	封到 Mimosa 层的合适位置
	三开	8 1/2″	7″或 5 1/2″	TD	TD 及生产尾管其下深按地质要求
方案四	导管		20″	10~12m	按照当地环保要求,避免地表土层的污染
	一开	12 1/4″	9 5/8″	240~450m	一开完井封住胶结疏松的表层,进入稳定泥岩层,固井水泥返至地面
	二开	8 1/2″	5 1/2″	TD	下深根据地质开发方案和采油注采技术要求确定,水泥返深要求返至上层套管鞋以上

但是,由于 8 1/2″ 井眼+7″ 套管属于小间隙固井,在易坍塌地层固井过程中经常出现泵压不稳、循环漏失等复杂情况,固井质量难以保证。例如,在 Ronier 1 井下套管困难,固井前循环泵压高,高达 24MPa。Ronier CN-1 井固井质量非常差,尤其上部的 Ronier 储层井段,CBL 检测结果声幅值最高达 100%。

为克服小间隙固井质量难以保证,2010 年,部分相对较深(小于 2500m)的二开井引入新的井身结构(表 2-3-2 中的方案二),克服了小间隙油层固井质量难以保证的问题。该井身结构因为井眼较大,钻井速度略慢,造成成本略高,周期略长。

对于超过 2500m 的少数区域深探井,采用三开井身结构(表 2-3-2 中的方案三)。对于 Ronier 和 Mimosa 区块,由于 Ronier 和 Mimosa 层是油田井下复杂发生的主要层段,Kubla 层夹在其中,而下部为气层且油气十分活跃,一旦发生气侵,现场需要及时提高钻井液密度来控制气侵,若仍采用二开结构,在提高钻井液密度控制气侵的同时,钻井液会对上部的 Kubla 主力油层直接造成污染。为此,增下一层技术套管封固复杂井段,为三开的安全钻进和下部气层专打创造有利条件,同时保护上部 Kubla 主力层油层。三开悬挂尾管完井,尾管下深根据地质设计要求来确定。

为提高固井质量和作业效率,将探井、评价井的 7″ 完井套管体系逐渐过渡到开发井的 5 1/2″ 完井套管体系(表 2-3-2 中的方案四),完井套管系统统一为一种体系,该井身结构最简单,有利于提速和完钻固井。通过不断完善和优化井身结构,砂岩油藏直井井身结构如下(图 2-3-1)。

(1)导管。按照当地环保要求,为避免地表土层的污染,一开钻井液不允许直接走地表循环,要求井场钻前工程时在井场井口位置预埋 20″ 导管(10~12m)。建议导管长度以下一根套管长较适宜(10~12m),注意确保井口导管牢固。

(2)表层套管。表层套管下深以封隔上部疏松、不稳定地层和满足井控要求为目的。Bongor 盆地古近系、新近系、第四系主要为欠压实砂岩、泥岩,一开完井封住胶结疏松的表层,进入稳定泥岩层。9 5/8″ 表层套管下深根据钻遇稳定泥岩段实际深度确定,方案设计为 240~450m。表层套管固井水泥返至地面,满足二开井控需要。

(3)油层套管。下深根据地质开发方案和采油注采技术要求确定。5 1/2″ 油层套管下深根据地质开发方案和采油注采技术要求确定。油层套管阻位定在油底以下 10m,水泥返深要求返至上层套管鞋以上。

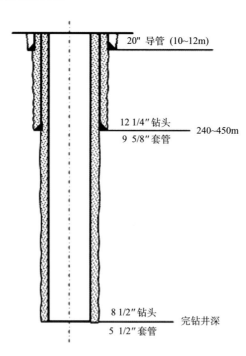

图 2-3-1　砂岩油藏直井优化井身结构

二、潜山油藏直井井身结构优化

2013 年初,在 Lanea E-2 和 Baobab C-1 等井潜山油气大发现后,勘探重点转向潜山。Bongor 盆地基底潜山属于裂缝性花岗岩地层,地层承压能力低,钻井过程中易出现井漏、井涌等复杂情况。为确保安全钻井,需要采用三开井身结构,如表 2-3-3 所示。技术套管下至进潜山 1~2m，潜山段采用低密度钻井液专钻。与普通砂泥岩的固井完井不同，所有潜山井潜山段都是裸眼完井，为确保井控安全，一律下油管安装采油树后交井。

表 2-3-3 潜山油藏井身结构方案

方案	开钻次序	井眼尺寸	套管尺寸	套管下入深度	说明
方案一(大三开井身结构)	导管		30″	10~12m	避免地表土层的污染
	一开	17 1/2″	13 3/8″	300m 左右	一开完井封住胶结疏松的表层，进入稳定泥岩层，固井水泥返至地面
	二开	12 1/4″	9 5/8″		套管下至进潜山 1~2m
	三开	8 1/2″		TD	裸眼完井
方案二(小三开井身结构)	导管		20″	10~12m	避免地表土层的污染
	一开	12 1/4″	9 5/8″	300m 左右	一开完井封住胶结疏松的表层，进入稳定泥岩层，固井水泥返至地面
	二开	8 3/4″ 或 8 1/2″	7″		套管下至进潜山 1~2m
	三开	6 1/8″		TD	裸眼完井
方案三(补充小三开井身结构)	导管		20″	10~12m	避免地表土层的污染
	一开	12 1/4″	9 5/8″	300m 左右	一开完井封住胶结疏松的表层，进入稳定泥岩层，固井水泥返至地面
	二开	8 1/2″	5 1/2″		套管下至进潜山 1~2m
	三开	4 5/8″		TD	裸眼完井
方案四(开发井)	导管		20″	10~12 m	避免地表土层的污染
	一开	17 1/2″	13 3/8″	300m 左右	一开完井封住胶结疏松的表层，进入稳定泥岩层，固井水泥返至地面
	二开	12 1/4″	9 5/8″		套管下至进潜山 1~2m
	三开	8 1/2″		TD	裸眼完井
方案五(兼探井)	导管		20″	10~12m	避免地表土层的污染
	一开	14 3/4″	10 3/4″	300m 左右	一开完井封住胶结疏松的表层，进入稳定泥岩层，固井水泥返至地面
	二开	9 1/2″	7″		套管下至进潜山 1~2m
	三开	6″		TD	裸眼完井

根据材料库存情况，部分井采用大三开井身结构(表 2-3-3 中的方案一)，用 8 1/2″ 大井眼专探潜山油藏。

为降低成本和钻井周期，兼探潜山井采用小三开井身结构(表 2-3-3 中的方案二)，即 7″ 技术套管下至潜山顶面 1～2m，潜山段换低密度泥浆用 6 1/8″ 钻头钻至 TD 后裸眼完井。

在开展老井复查过程中，部分 5 1/2″ 完井的砂岩井采用小钻头进行加深，形成表 2-3-2 中方案三井身结构。

通过不断完善和优化，潜山油藏直井井身结构如下（表 2-3-3 中的方案四、方案五，图 2-3-2、图 2-3-3）。

（1）导管。按照当地环保要求，避免地表土层的污染，一开钻井液不允许直接走地表循环，要求井场钻前工程时在井场井口位置预埋 20″ 导管（10～12m）。建议导管长度以下一根套管长较适宜（10～12m），注意确保井口导管牢固。

（2）表层套管。表层套管下深以封隔上部疏松、不稳定地层和满足井控要求为目的。Bongor 盆地古近系、新近系、第四系主要为欠压实砂岩、泥岩，一开完井封住胶结疏松的表层，进入稳定泥岩层。13 3/8″（潜山开发井）或 10 3/4″（潜山兼探井）表层套管下深根据钻遇稳定泥岩段实际深度确定，方案设计为 240～450m。表层套管固井水泥返至地面，满足二开井控需要。

（3）技术套管。9 5/8″（潜山开发井）或 7″（潜山兼探井）技术套管下至进潜山 1～2m，水泥返深要求返至上层套管鞋以上。

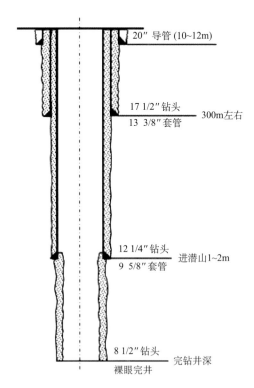

图 2-3-2 潜山油藏开发井优化井身结构

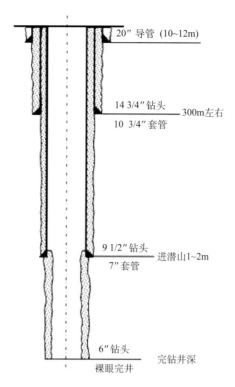

20″导管（10~12m）

14 3/4″钻头
10 3/4″套管 —— 300m左右

9 1/2″钻头 进潜山1~2m
7″套管

6″钻头
裸眼完井 完钻井深

图 2-3-3 潜山油藏兼探井优化井身结构

（4）潜山段。8 1/2″（潜山开发井）或 6″（潜山兼探井）钻头钻至设计井深，根据储层特点，潜山井段采用裸眼完井。为保证井控安全，要求下油管安装采油树后交井。

三、砂岩油藏丛式井井身结构

2014 年，为降低勘探开发成本，2.2 期部分油田采用丛式井进行开发。根据单井产量，确定采用 7″生产套管完井，考虑到井壁稳定对固井的影响，7″油层套管段采用 9 1/2″钻头。砂岩油藏丛式定向井和直井采用同一井身结构如下（表 2-3-4，图 2-3-4）。

（1）导管。按照当地环保要求，避免地表土层的污染，一开钻井液不允许直接走地表循环，要求井场钻前工程时在井场井口位置预埋 20″导管（10～12m）。

（2）表层套管。10 3/4″表层套管下深以封隔上部疏松、不稳定地层和满足井控要求为目的。一开完井封住胶结疏松的表层，钻穿第四系，进入 R 组稳定泥岩层。各井根据钻遇稳定泥岩段实际深度确定，方案按照 300m 进行设计。表层套管固井水泥返至地面，满足二开井控需要。

（3）油层套管。7″油层套管下深根据地质开发方案和采油注采技术要求确定。一般油层套管阻位定在油底以下 10m，水泥返深要求返至油顶 200m 以上。

砂岩油藏丛式井钻井方案总建设费用要比全直井钻井方案低，作业周期短，采用丛式平台井组也能够为后期井的巡查和地面管理提供方便，减少人力投入。

表 2-3-4 砂岩油藏丛式定向井及直井井身结构方案

方案	开钻次序	井眼尺寸	套管尺寸	套管下入深度	说明
2.2 期丛式井井身结构方案	导管		20″	10~12m	避免地表土层的污染
	一开	14 3/4″	10 3/4″	300m 左右	套管下深满足封隔上部疏松、不稳定地层和井控要求
	二开	9 1/2″	7″	TD	套管下深满足地质开发方案和采油注采技术要求

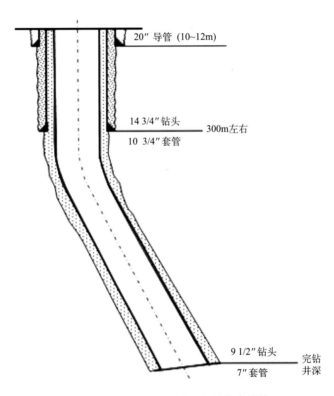

图 2-3-4 砂岩油藏丛式定向井井身结构

现场钻井实践证明，通过深入认识乍得 Bongor 盆地地质特征，不断优化和完善钻井井身结构设计，形成了砂岩油藏直井、潜山油藏直井、砂岩油藏丛式井等井身结构系列，能够满足乍得 Bongor 盆地钻井安全钻进及提速提效的需要，实现了乍得 Bongor 盆地的经济、高效开发。

第三章

钻井液技术

乍得地区钻井主要采用二开和三开井身结构，一开主要采用膨润土浆加黄原胶等常用聚合物来提高钻井液的黏切和悬浮能力，即可满足一开钻井的需求。二开井段钻遇大段泥页岩地层，井壁稳定性差，是乍得钻井液技术的难点和重点。三开井段钻遇潜山储层，安全密度窗口窄，溢漏同层，也对钻井液提出了挑战。因此，自 2007 年以来，乍得钻井液技术为了解决现场钻井液难题，不断进行技术攻关和探索，基本形成了适用于乍得地区的钻井液技术。本章从乍得钻井液发展概况、钻井液设计难点、井壁稳定钻井液技术、潜山钻井液技术、储层保护五个方面详细阐述乍得钻井液技术发展历程。

第一节　钻井液技术发展概况

2007 年 1 月 12 日，CNPC 正式获得乍得 Bongor 盆地 H 区块 100% 股权和作业权，长城钻井液有限公司提供钻井液服务。二开钻井液体系经历了以下演变过程：2007 年前采用贝克休斯公司提供的 Clay-trol 聚合物体系，2007 年采用无黏土相 Bio-pro 聚合物体系，2009 年采用低黏土相 Bio-pro 聚合物体系，之后又在该体系中添加了磺化类处理剂，以增加体系的封堵性，并试验过硅酸盐体系，下面将详细介绍每种钻井液体系配方、性能及使用情况。

一、无黏土相 Bio-pro 聚合物钻井液体系

2008 年钻井作业中一开采用膨润土浆钻井液体系，二开采用无黏土相 Bio-Pro 聚合物钻井液体系，体系配方为：水 +1% GWJ（硅稳剂）+ 2% Polycol-1（聚合醇）+0.2%KPAM（聚丙烯酰胺钾盐）+ 0.2%XC（黄原胶）+ 2%PAC（聚阴离子纤维素）+重晶石。该钻井液体系通过有机硅和聚合醇来提高钻井液体系的抑制、防塌作用，提高井眼的稳

定性,但实钻过程中经常出现井壁坍塌掉块、卡钻、电测遇阻等井壁失稳问题,如图 3-1-1、图 3-1-2 和表 3-1-1 所示。

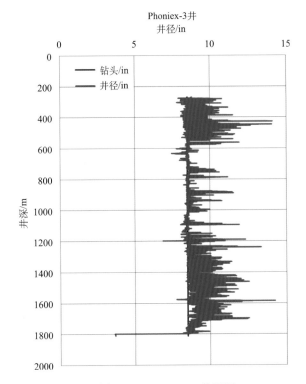

图 3-1-1　Phoniex-3 井径图　　　　　图 3-1-2　井壁掉块情况

表 3-1-1　2008 年部分井阻卡复杂统计

井号	井段/m	现象
Ronier 6	1892～1968, 2115～2124	遇卡 23t
	2790～2785	遇卡 27t
Ronier 1	1405	缩径卡钻
Ronier 2	875	电测遇阻
	850～1000	遇卡 14～18t
Ronier 5	1398, 1345, 1505, 1524	遇卡 14～23t
Ronier S-1	974～1066	遇卡 15～24t
	1600	遇卡 27t
Ronier C-1	1307～1475	遇卡 18t
Ronier CN-1	1099～1911	遇卡 18t 以上
Mimosa 4	205～851	多次遇卡,最大 17t

从实钻资料分析，地层泥页岩发育，水敏性强，上部软泥岩地层吸水膨胀，且形成的泥饼厚，钻井过程中需要频繁地进行短起下钻来保证井眼通畅；下部井段坍塌掉块严重，起下钻频繁遇阻卡，电测一次成功率低。为了提高钻井液体系的泥饼质量，提高封堵造壁能力，采用了低黏土 Bio-pro 聚合物钻井液体系。

二、低黏土相 Bio-pro 聚合物体系

2009 年，针对钻井出现的问题，改进钻井液体系配方，一开采用膨润土加聚合物钻井液体系，通过在膨润土浆中添加 PAC-LV、CMC 或 XC，漏斗黏度控制在 80～100s，使之能够快速在井壁上形成封固上部井段流沙的泥饼，起到保护井壁、防止坍塌的作用。

下部地层含泥岩、泥页岩成分较多，造浆严重，因此将一开钻井液转换成低黏土相 Bio-pro 聚合物体系时，采用聚合物胶液直接稀释井浆，并保持较低浓度的膨润土含量，保持较大排量，有利于虚泥饼的去除，减少钻头泥包及起下钻阻卡。通过增加黏土相，虽然提高了钻井液泥饼质量，降低了滤失量，但是仍然没有很好地解决井壁坍塌掉块的问题，因此在 Bio-pro 钻井液体系中增加了封堵、防塌处理剂，以期提高钻井液的防塌性能。

三、Bio-pro 钻井液体系的优化

添加了黏土相的 Bio-pro 聚合物，钻井液体系的封堵性比无固相体系提高了不少，但是体系中缺乏针对泥页岩的抑制防塌处理剂，井下复杂情况较多，井壁失稳问题仍然没有得到很好地解决，因此再次对低固相的 Bio-pro 体系进行了改进，具体措施如下。

1. 防塌处理剂的补充

Bio-pro 钻井液体系，缺少封堵泥页岩微裂缝的处理剂及有效抑制泥页岩水化膨胀材料和改善泥饼质量，降低滤失的非聚合物类降失水剂。为改善 Bio-pro 钻井液体系，提高防塌能力引进了如下钻井液处理剂。

(1)封堵材料：磺化沥青、白沥青。

(2)降滤失剂：磺化酚醛树脂(SMP-1)、褐煤树脂(SPNH)。

2. 改进后钻井液施工工艺及技术措施

(1)针对乍得 H 区块地层泥岩含量高、地层造浆严重的特点，采用大小分子聚合物合理搭配，适当控制地层造浆技术。

(2)在钻进过程中，钻井液中固相含量随着井深增加而逐渐升高，钻井液流动性变差，甚至黏切失控。为了避免采用大量补充新浆稀释，既浪费钻井液材料，又给井下安全增加不稳定因素的处理方法，引进了稀释剂——磺化单宁(SMT)。

根据需要配制适量、低浓度的 SMT 稀释剂碱液，按循环周加入，既可有效降低钻井液黏切，使钻井液性能恢复正常，便于下一步钻井液的维护处理。

（3）减少储层砂岩段泥饼过厚形成假缩径，有效清洗井眼，避免形成虚假泥饼，采用低黏切钻进技术，漏斗黏度为 45～60s，PV 小于 25cp[①]。

3. 现场使用效果

通过对比 Baobab SE-2 井、Baobab 5 井、Baobab S-5 井的起下钻情况、钻井周期和井径扩大率三个指标(图 3-1-3)，分析调整后的 Bio-pro 体系的使用效果。其中 Baobab SE-2 井使用的是添加了 SPNH、SMP-1、白沥青的 Bio-pro 钻井液体系，Baobab S-5 井二开使用的是添加了 SMP-1、SPNH 的 Bio-pro 体系，而 Baobab 5 井使用的是原 Bio-pro 体系。

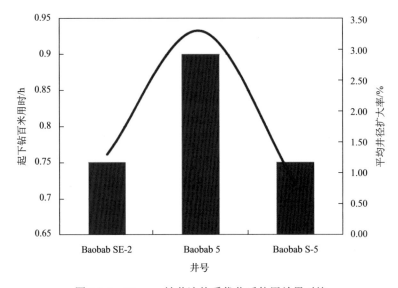

图 3-1-3　Bio-pro 钻井液体系优化后使用效果对比

从三口井起下钻百米用时和平均井径扩大率对比，Baobab S 5 井、Baobab SE-2 井起下钻百米用时和平均井径扩大率均小于 Baobab 5 井，说明体系中添加了 SMP-1、SPNH 能有效增强体系封堵造壁性能，改善井眼。但 Baobab SE-2 井与 Baobab S-5 井的起下钻百米用时和平均井径扩大率大致相同，这就说明了添加白沥青对改善井眼程度没有明显的影响。

四、K_2SO_4/硅酸盐钻井液体系

K_2SO_4/硅酸盐钻井液是一种以无机硅酸盐(Na_2SiO_3 或 K_2SiO_3)作为主要处理剂，并配合使用 K_2SO_4、高分子聚合物、降滤失剂等组成的一种新型强抑制性、低成本和环保型水基钻井液体系，它是利用硅酸钠和钾盐来抑制黏土水化膨胀，可以很好地解决泥页

---

① 1cp=1mPa·s。

岩井壁稳定问题。2010年采用该体系在 Prosopis E1-1 井中进行实验(图3-1-4)。实钻过程中该体系表现出较强的抑制能力,页岩钻屑水化分散较少,钻屑带有钻头切削痕迹,且钻井液过筛容易。

图 3-1-4   Prosopis E1-1 井钻屑照片

但是由于该体系的 pH 高(11~12.5),加入的聚合物包被剂 KPAM 被降解(现场有很重的氨气味),因此控制地层造浆能力较弱。形成虚厚泥饼,起下钻过程中出现多次的超拉现象,如表3-1-2所示,且发生了电测遇阻。硫酸钾的加入使钻井液起泡,尤其是在冲击后,泡沫会更多,并且 K_2SO_4/硅酸盐钻井液体系相对于 Bio-pro 钻井液体系成本较高。

表 3-1-2   Prosopis E1-1 井二开起下钻记录

序号	用时/h	井段/m	段长/m	备注
1	2.75	553m 至地面	53	起钻换钻头,起下钻顺利
2	2.75	845~650m	195	起下钻顺利
3	9.0	1080m 至地面	1080	起钻换钻头,有超拉现象
4	2.0	1300~915m	385	短起下多次超拉,多次活动方能起出
5	2.25	1444~1100m	344	超拉 40klb
6	5.0	1660~930m	730	超拉 30~50klb

五、Bio-pro+ SIAT 钻井液体系

胺基抑制剂(SIAT)是一种新型泥页岩抑制剂,它通过嵌入黏土片层,减小黏土片层的间距,阻止水分子渗入,降低黏土膨胀的水化作用起到良好的抑制效果。因此将此抑制剂添加到 Bio-pro 体系中提高体系的抑制性。

钻井液现场配方为:一开预留膨润浆 200bbl+清水 500bbl+1%PAC-LV(聚阴离子纤维素)+0.5%KPAM(聚丙烯酰胺钾盐)+1%SIAT(胺基抑制剂)+2%SMP(磺化酚醛树脂)+2%SPNH(褐煤树脂)+重晶石。其中该体系应用在 Baobab N-10 井中,全井平均井径扩大率为 0.035%(图3-1-5)。该井全井平均井径 8.503in,平均扩大率为 0.035%。与该区

块使用 Bio-pro 体系的 Baobab N-4 井对比来看(图 3-1-6)，井径扩大率明显减小，说明胺基抑制剂在 Baobab N-10 井应用起到了很好的稳定井壁效果，并且提高了抑制性，改善了井眼不规则现象。

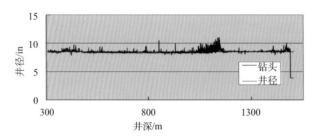

图 3-1-5　Baobab N-10 井井径图

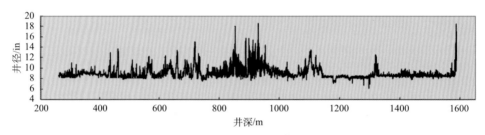

图 3-1-6　Baobab N-4 井井径图

　　钻进过程中返出岩屑规则、清晰且可见切削齿痕(图 3-1-7)，全井可实现低黏切钻进，有利于固控设备使用和有害固相清除。

图 3-1-7　Baobab N-10 井现场钻屑

第二节 钻井液设计难点

一、地质分层及地层特征

乍得 Bongor 盆地的地层主要是由古近系和白垩系组成,古近系由胶结差的粗粒砂岩组成,夹少量砾岩、粉砂岩及泥岩,压实性差,钻井过程中易发生水化分散,增加钻井液体系中的固相含量,形成虚厚泥饼,发生过拉、阻卡等井下复杂。白垩系主要包括 Ronier、Kubla、Mimosa、Prosopis 四个地层,Ronier 主要岩性为粗-细粒砂岩,夹少量页岩;Kubla 和 Mimosa 地层主要岩性为泥页岩,局部有泥灰岩,夹泥岩、砂岩,这两个地层在钻井过程中稳定性差,多次出现过拉、阻卡等复杂,井径不规则,电测遇阻,甚至发生断钻具、侧钻等严重井下事故。Prosopis 地层主要沉积泥页岩、页岩、粉砂岩,该地层的稳定性较 Mimosa 地层稍好,不稳定因素主要来源于地层中黏土矿物的种类和含量。Basement 地层岩性为火成岩,裂缝发育,承压能力差,安全密度窗口窄,易发生溢漏复杂,但井壁稳定性好,不发生坍塌,具体如表 3-2-1~表 3-2-4 所示。

表 3-2-1 Ronier 构造地质分层及其岩性描述

地层		分层顶深/m	地层分层描述
古近系	Basal 砂岩层底		胶结差的粗粒砂岩,夹少量砾岩、粉砂岩及泥岩
白垩系	Baobab	253	主要为细粒到粗粒砂岩
	Ronier	381	主要沉积大套细粒到粗粒砂岩,夹少量页岩
	Kubla	825	该层上部主要为页岩,其次为粉细砂岩,局部见泥灰岩;下部主要为砂岩和页岩互层,钙质胶结
	Mimosa	1207	主要沉积大套细粒到粗粒砂岩,沉积泥岩和页岩
	Prosopis	1655	主要沉积泥岩、页岩、粉砂岩和细砂岩
	潜山基岩段	2150	为寒武系—前寒武系基底火成岩

表 3-2-2 Mimosa 构造地质分层及其岩性描述

地层		分层顶深/m	地层分层描述
第三系	Basal 砂岩层底		以砂岩为主,为大套厚层块状砂砾岩
白垩系	Baobab	302	砂岩夹泥岩层或砂泥互层,常见沥青;砂岩均为中到粗粒
	Ronier	600	可细分为 Ronier 砂层和 Ronier 页(泥)岩层。泥岩段为大套泥岩或灰质泥岩,砂岩段为中-厚层砂岩夹泥岩层
	Kubla	848	以砂岩夹泥岩层及砂泥互层为主
	Mimosa	1042	为砂泥岩互层段,厚层块状砂岩主要分布于中部
	Prosopis	1441	地层以泥质岩为主,夹砂岩,含碳质
	潜山基岩段	1543	为寒武系—前寒武系基底火成岩

表 3-2-3 Prosopis 构造地质分层及其岩性描述

地层		分层顶深/m	地层分层描述
第三系	Basal 砂岩层底		胶结差的粉砂岩到粗粒砂岩,夹粉砂岩及泥岩
白垩系	Baobab	240	主要为细粒到粗粒砂岩
	Ronier	557	分可细分为 Ronier 砂层和 Ronier 页(泥)岩层。泥岩段为大套泥岩或灰质泥岩,砂岩段为中-厚层砂岩夹泥岩层
	Kubla	1010	该层上部主要为页岩,其次为粉细砂岩,局部见泥灰岩;下部主要为砂岩和页岩互层,钙质胶结
	Mimosa	1395	主要沉积大套细粒到粗粒砂岩,沉积泥岩和页岩
	Prosopis	1785	主要沉积泥岩、页岩、粉砂岩和细砂岩
	潜山基岩段	2133	为寒武系—前寒武系基底火成岩

表 3-2-4 Baobab 构造地质分层及其岩性描述

地层		分层顶深/m	地层分层描述
第三系	Basal 砂岩层底		胶结差的粉砂岩到粗粒砂岩,夹粉砂岩及泥岩
白垩系	Baobab	250	主要为细粒到粗粒砂岩
	Ronier	279	分可细分为 Ronier 砂层和 Ronier 页(泥)岩层。泥岩段为大套泥岩或灰质泥岩,砂岩段为中-厚层砂岩夹泥岩层
	Kubla	563	该层上部主要为页岩,其次为粉细砂岩,局部见泥灰岩;下部主要为砂岩和页岩互层,钙质胶结
	Mimosa	876	主要沉积大套细粒到粗粒砂岩,沉积泥岩和页岩
	Prosopis	998	主要沉积泥岩、页岩、粉砂岩和细砂岩
	潜山基岩段		为寒武系—前寒武系基底火成岩

二、钻井液设计难点及要点

二开上部地层,主要为砂岩,夹杂泥岩,主要表现为缩径、超拉、反复划眼,应该提高钻井液体系的抑制能力,抑制泥岩的水化膨胀,控制钻井液体系的 MBT 值(当量膨润土含量,单位为 kg/m^3),防止虚厚泥饼的形成和缩径。同时要提高钻井液体系的封堵造壁性能,在井壁上形成有效保护层,在此基础上适当提高钻井液密度,从力学上抑制井眼缩径。

二开中下部地层,主要岩性为泥页岩,夹杂砂泥岩,井壁失稳主要表现为坍塌掉块和垮塌。以 Mimosa 地层最为典型,该地层岩石中伊-蒙混层含量高,遇水基钻井液之后内部产生膨胀压差造成岩石的崩塌脱落,同时页岩的纹理发育,层间多以钙质胶结或无胶结,稳定性差,而且钻井过程中的钻具撞击也是造成井壁失稳的一个因素。因此建议该层段使用的钻井液体系具有对硬脆性页岩的强抑制防塌性能,宏观微观封堵并重,降低滤失量，减少压力传递，提高钻井液密度，从力学上平衡地层坍塌压力。

因此，乍得地区二开钻井液体系设计要点如下。

(1)中黏度高切力，保证携砂能力。

(2)强化抑制性，减少页岩垮塌。

(3)添加强抑制包被处理剂，防止水敏性泥页岩的水化分散造浆。

(4)封堵剂尺寸、类型多样化，提高封堵效率，保证井壁稳定。

(5)进入易垮塌层段，根据压力预测系统随时调整钻井液密度，以平衡地层应力。

(6)潜山地层采用微泡钻井液体系或控压钻井技术，以减少漏失。

第三节　井壁稳定钻井液技术

乍得 H 区块地层含有多套、大段泥页岩层，缩径、井壁垮塌等井壁失稳问题非常突出。尤其是在 Mimosa 层段钻井过程中经常遇到严重缩径、井壁坍塌、垮塌等复杂情况，导致起下钻遇阻卡、电测遇阻，被迫多次进行划眼处理，严重影响该地区油气资源勘探开发进度。另一方面，乍得政府采用欧洲环保标准，油气钻井明确禁止使用油基钻井液及高浓度盐水钻井液，要求排放水氯离子浓度小于 600mg/L，因此，可供选择的钻井液体系范围很小，导致乍得 H 区块井壁失稳问题多年来一直未能得到有效解决。

为了减少井下复杂，保证安全快速钻井，降低钻井综合成本，中油国际(乍得)有限责任公司和中石油集团钻井工程技术研究院开展了"乍得项目 H 区块强抑制封堵防塌胺基钻井液技术研究与应用"，在 2013 年进入现场试验 26 口井取得成功，于 2015 年 10 月钻机复工后全面推广应用于直井和丛式平台井。

一、井壁失稳机理研究

通过对出现复杂井的统计，发现坍塌层位主要位于 Mimosa 层段。Mimosa 层段井壁坍塌，导致起下钻、电测遇阻，被迫进行多次重复划眼处理。此外，随着勘探区域的扩大，钻井多样性、复杂性的增加，特别是对于钻井周期长的深井、边缘井，井壁稳定问题更是突出和棘手。因此，Mimosa 层段井壁稳定问题，严重制约该地区油气资源勘探开发，如表 3-3-1 所示。

表 3-3-1　Mimosa 层段井段垮塌复杂情况统计

井号	设计井深/m	复杂井段/m	复杂描述	损失时间/天	ρ/ppg	FV/s
Baobab N-8	2000	2000	完井电测遇阻通井，出现严重的井垮，划眼处理	8.17	11	68
Baobab N-11	2300	2140.8，2206	完钻阶段，出现井垮，两次划眼处理	6	12 12.3	68 98

续表

井号	设计井深/m	复杂井段/m	复杂描述	损失时间/天	ρ/ppg	FV/s
Baobab N-12	1850	1850	完钻电测前通井遇阻，被迫划眼处理	1.67	11.6	57
Tectona 1	2285	2285	完钻阶段，出现井垮，划眼处理	3.71	12	74
Phoenix W-1	2250	2186	完钻阶段，出现井垮，划眼处理	3.96	12	90
Daniela S-1	2900	2333	起钻换钻头，下钻井塌划眼	5.73	12.4	84

注：FV 表示漏斗黏度。

1. Mimosa 泥页岩矿物组成分析

对不同深度的 Mimosa 层段岩心进行了全岩矿物分析（表 3-3-2）、黏土矿物分析（表 3-3-3）和电镜扫描（图 3-3-1）。

表 3-3-2　Mimosa 地层全岩矿物分析　　（单位：%）

岩心号	矿物种类和含量										黏土矿物总量
	石英	钾长石	斜长石	方解石	白云石	方沸石	黄铁矿	菱铁矿	赤铁矿	重晶石	
Mimosa-1	19.3	5.9	29.9	8.9							36.0
Mimosa-2	29.4	16.2	26	3.4		4.8	3.8				16.4
Mimosa-3	16.3	12.3	24.7	5.9	6.6			5.1		3.2	25.9
Mimosa-4	15.0	4.1	20.4	6.5	11.5	5.9		12.1	2.5		22.0
Mimosa-5	21.0	21.7	41.5	1.7		0.5					13.6
Mimosa-6	25.1	23.8	34.8	3.3		0.7					12.3

表 3-3-3　Mimosa 地层黏土矿物分析

岩心号	黏土矿物相对含量/%						混层比/%S	
	蒙脱石	伊-蒙混层	伊利石	高岭石	绿泥石	绿-高混层	I/S	C/S
Mimosa-1		61	6	5	28		25	
Mimosa-2		10	8	12	37	33	25	30
Mimosa-3		77	13	7	3		35	
Mimosa-4		70	21	6	3		20	
Mimosa-5		60	17	19	4		40	
Mimosa-6		76	9	7	8		45	

由表 3-3-2 和表 3-3-3 可以看出，Mimosa 地层黏土矿物总量为 12.3%～36%，黏土类型以伊-蒙混层为主，占 60%～77%。伊-蒙混层含量高，伊-蒙混层膨胀程度层间差异大，伊-蒙混层吸水膨胀是引起地层垮塌的主要原因。

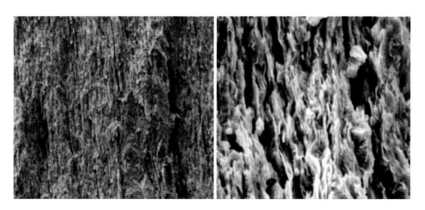

图 3-3-1 Mimosa 地层岩样扫描电镜照片

由图 3-3-1 可知，岩样微裂缝发育，且呈平行排列分布，这些连接弱的面是良好的毛细通道，滤液极易沿裂缝侵入地层深部，引起地层孔隙压力升高和产生水化应力，对整个近井壁地带的岩石进行网状分割，造成岩石破碎、强度降低，导致井眼不稳定。

2. Mimosa 泥页岩理化性能分析

对岩样处理后，进行阳离子交换容量的试验，试验参照 SY/T 5613—2000 泥页岩理化性能试验方法进行。同时利用马尔文仪器有限公司 Zetasizer 电位仪测定了 Baobab N-8 井易坍塌地层过 200 目筛岩样分散后上部清液的 Zeta 电位，结果如表 3-3-4 所示。

表 3-3-4 乍得 Baobab N-8 井泥页岩理化性能实验

分析号	井段/m	岩性	土壤阳离子交换量 CEC/(mmol/100g)	坂土含量 MBT	清水岩屑回收率/%	清水线性膨胀率/%	Zeta 电位 /mV
2011-4165	1050	泥页岩	13.5	192.8	38.5	54.38	−40.4
2011-4166	1350	泥页岩	11.2	160	24.9	36.3	−32.4
2011-4167	1995	泥页岩	10.7	152.8	30.8	45.7	−51.2

从以上试验结果可知：乍得 H 区块 Mimosa、Prosopis 地层泥页岩交换容量为 10.7～13.5mmol/100g，蒸馏水的岩屑回收率在 30% 左右，线性膨胀率在 45% 左右。Zeta 电位为 −51.2～−32.4mV，泥页岩负电位较高，分散性较强。结合全岩矿物和黏土矿物分析结果，根据易坍塌页岩分类，可知乍得 H 区块 Mimosa、Prosopis 地层泥页岩属于易坍塌页岩的 E 类。E 类的易坍塌页岩具有遇水非均匀膨胀，孔隙压力异常高，容易沿裂缝断裂，遇淡水严重垮塌等特点，这与乍得 H 区块现场实际情况相互吻合。

综合以上研究认为 Mimosa 地层微裂缝发育，表明在地层中存在较大的构造应力。井眼的形成使原有的应力平衡遭到破坏，失去平衡的构造应力为达到新的平衡会将应力向最薄弱的井眼释放而导致井塌，而且丰富的裂隙为钻井液滤液的快速、大量侵入提供了客观条件。黏土矿物中伊–蒙混层含量较高，钻井液滤液侵入伊–蒙混层后，因水化能不同产生不同的膨胀压，不均匀膨胀压力使泥页岩产生裂缝，降低泥岩胶结强度，导致泥页岩剥落掉块。

二、防塌钻井液体系配方设计

根据井壁失稳机理分析，要求乍得地区防塌钻井液体系需要具有以下几个特点：①要具有很强的抑制性，能很好地抑制泥页岩水化分散；②由于地层层理、微裂缝发育，应加强钻井液封堵微裂缝和胶结的能力；③钻井液体系含有适量的高分子包被剂，使聚合物能够包裹住钻屑和黏土，避免钻屑分散或黏附在井壁上；④API 滤失量严格控制在 5mL 以内，阻缓滤液侵入为主，减小水化作用，尽可能减缓由于水化作用造成的井壁岩石强度降低；⑤维持钻井液密度在合理范围，用合理的钻井液密度(静液压力)平衡地层应力，防止由应力失衡引起坍塌。因此，防塌钻井液体系配方应该含有强抑制剂、封堵剂和包被剂。

1. 抑制剂优选

室内通过对比常用的氯化钾抑制剂(KCl)、小阳离子抑制剂(CSW)与胺基抑制剂(SIAT)的最大黏土容量来优选抑制剂。实验条件：所有体系的 pH 调至 9，在中等剪切速率下不断添加 2.5%的膨润土，搅拌 30min 后，于 70℃下热滚 16h，样品经冷却后，测试并记录其流变性能。体系抑制性能越强，添加膨润土对体系的流变性能影响越小，体系的膨润土容量越大。各体系每次添加 2.5%的膨润土，实验步骤相同，直到体系黏度太大无法测出数据为止，测试结果如表 3-3-5 所示。

表 3-3-5 每次添加膨润土后不同转速下各体系的最大读数(70℃下热滚 16h)

膨润土加量/%	清水				2% KCl 溶液				2% CSW 溶液				2% SIAT 溶液			
	ϕ_{600}	ϕ_{300}	ϕ_3	$G_{10'}$/Pa	ϕ_{600}	ϕ_{300}	ϕ_3	$G_{10'}$/Pa	ϕ_{600}	ϕ_{300}	ϕ_3	$G_{10'}$/Pa	ϕ_{600}	ϕ_{300}	ϕ_3	$G_{10'}$/Pa
2.5	2.5	1.4	0	0	2	1	0	0	2	1	0	0	1	1	0	0
5.0	18	13.5	5	13	2.5	1.5	0	0	2.5	1.5	0	0	1.5	1	0	0
7.5	43.5	34.5	20	46	3	2	0	0	4	2.5	0	0	2	1	0	0
10.0	104.5	86.5	54	77	5	3	2	2	4	3	0.5	0.5	2.5	1.5	0	0
12.5	—	—	—	—	12	9.5	5	4	6	4	1	0.5	3	2	0	0
15.0	—	—	—	—	24	20	12	20	10	7	3.5	4	3	2	0	0
17.5	—	—	—	—	59	54	36	42	25	20	8	11	3.5	3	0	1
20.0	—	—	—	—	138	130	65	86	40	32	11	14	4	3.5	0	0
22.5	—	—	—	—	—	—	—	—	82	68	30	32	5	4	1	1
25.0	—	—	—	—	—	—	—	—	236	220	106	144	6	5	2	2
27.5	—	—	—	—	—	—	—	—	—	—	—	—	10	7	4	5

注：—表示超出读数范围；$\phi600$ 指旋转黏度计转速为 600r/min 时的刻度盘读数，无单位；$G_{10'}$ 表示初切，单位为 Pa。

实验结果表明，体系中添加 KCl、CSW 或 SIAT 后，体系均对膨润土的分散显示出了不同程度的抑制性能，其中添加泥页岩抑制剂 SIAT 的体系测得的流变性能参数值小且前后非常接近，表明泥页岩抑制剂 SIAT 有良好的抑制性能，且在所评价的抑制剂当中抑制性能最佳。

2. 封堵剂优选

通过实验对比微球封堵剂(ISP-1)与磺化沥青封堵性能，用 CL-Ⅱ高温高压岩心滤失实验仪测定同一中等渗透率的岩心分别被 ISP-1 和磺化沥青污染前后的进口压力变化情况。钻井液配方如下：蒸馏水+3%ISP-1(或磺化沥青 FT-1)。简要流程如图 3-3-2 所示，岩心参数见表 3-3-6，实验结果如图 3-3-3 所示。

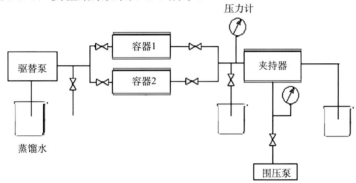

图 3-3-2　仪器简要流程示意图

表 3-3-6　岩心参数表

编号	渗透率/$10^{-3}\mu m^2$	长度/cm	直径/cm	干重/g	湿重/g	孔隙度/%
65	84.39	5.130	2.500	53.7732	57.9125	16.44
79	82.49	5.074	2.508	54.5183	58.6570	16.51

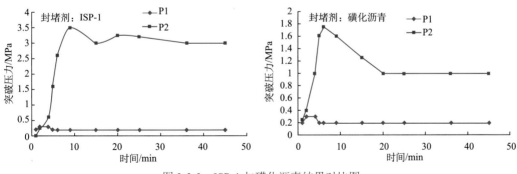

图 3-3-3　ISP-1 与磺化沥青结果对比图

由图 3-3-3 而知，磺化沥青能提高突破压力 1.7MPa，而同等条件下微球封堵聚合物 ISP-1 可提高 3.5MPa。结果表明，微球封堵聚合物比磺化沥青能更有效阻止或减缓液相通过储层，从而稳定井壁、保护储层。

3. 包被剂优选

目前，现场使用的包被剂 KPAM 效果一般，因此，考虑更换为一种溶解性、包被性更好的高分子聚合物(如高分子乳液)，逐步解决阻卡问题。

通过考虑以上三个方面，使得处理剂相互兼顾、相互协作，最终达到稳定井壁的目的，即钻井液需具有优良的包被能力、足够的抑制性，并加强封堵能力，强化整体防塌能力。

4. 强抑制封堵防塌胺基钻井液配方及性能

经过大量的室内研究，最终确定强抑制封堵防塌胺基钻井液配方体系为：2.5%般土+0.4%NaOH+0.8%DSP-2(抗盐降滤失剂)+0.3%PAC-LV(聚阴、离子纤维素)+1.0%铵盐+0.2%EMP+2%ISP-1(微球聚合物封堵剂)+3% 无荧光防塌剂 YLA 乳化石母蜡+8%KCOOH+1.5%SIAT(胺基抑制剂)+重晶石。

根据 Mimosa 地层实际情况，钻井液密度由基浆 1.04g/cm^3，分别加重至 1.23g/cm^3、1.40g/cm^3 进行性能评价(表 3-3-7)。其中，钻井液老化试验条件为 100℃温度下热滚 16h，回收率使用岩屑选用易坍塌 Mimosa 地层泥页岩掉块粉碎制备。将强抑制封堵防塌胺基钻井液密度加重至 1.40g/cm^3 进行抑制防塌能力评价。实验条件：选用 Mimosa 地层泥页岩岩屑，在 120℃热滚 16h 后测回收率，膨胀性连续测试 16h。

表 3-3-7　强抑制封堵防塌胺基钻井液体系性能

密度 /(g/cm^3)	FV /S	AV /(mPa·s)	PV /(mPa·s)	YP /Pa	pH	API$_{FL}$ /mL	T /℃	FL$_{HTHP}$ /mL	Kf	岩屑回收率 /%
1.04	82	34.5	27	6.5	11	5.0	26			
1.23	66	32.5	23	9.5	10	5.0	28			
	65	32	20	12	10	5.0	45			
1.40	66	38.5	25	13.5	10	4.4	30		0.11	
热滚后	56	33.5	24	9.5	9	4.0	50	15.4		97.32

注：FV 为漏斗黏度；AV 为表观黏度；PV 为塑性黏度；YP 为动切力；API$_{FL}$ 为常温中压滤失量；FL$_{HTHP}$ 为高温高压滤失量；Kf 为极压润滑系数，无单位。

由表 3-3-7 可得，在密度分别为 1.04g/cm^3、1.23g/cm^3、1.40g/cm^3 时，强抑制封堵防塌胺基钻井液流变性均良好，说明钻井液具有较好的流型，能有效地悬浮各种固相颗粒及岩屑，又不至于冲刷井壁，而且钻井液 API 滤失量都可控制在 5.0mL 以下，HTHP 滤失量为 15.4mL，说明钻井液生成了薄而致密的滤饼，能够有效减少钻井液滤失，减少滤液向井壁及地层深处的渗透，防止滤液侵入伊-蒙混层后，因水化能不同产生不同的膨胀压，从而减少泥页岩裂缝的产生或扩大，防止泥页岩剥落掉块。

三、防塌钻井液体系应用效果

2013 年 1 月至 2014 年 4 月，在 Mango W-1 井、Baobab SE-3 井、Ricinus 1 井、Celtis 1 井、Xeminia 1 井中进行深井试验，并在 Pavetta 1 等 26 口井成功进行了推广应用。该技术取得了预期的技术成果，得到了甲乙双方的好评。在总部和项目领导支持下，该钻井液体系目前已全面推广使用，并应用于 2.2 期丛式井钻井，目前已经完成三个平台井的工厂化作业。至今已应用 83 口井，取得以下技术效果：①通过现场试验和推广应用，成功解决了复杂泥页岩井壁稳定技术难题；②简化了井身结构，大幅降低钻井成本；③钻井液成本降低，可大幅提高钻井速度；④胺基钻井液安全环保，不发黑、无异味，可实现无坑作业重复使用 2～3 口井，可大幅降低钻井液成本，并相应降低后期废弃钻井液处理费用；⑤经济效益和社会效益显著，试验与推广应用 83 口井以来，累计减少钻井投资约 2000 万美元。

四、其他防塌钻井液技术

防塌钻井液技术的发展与井壁稳定机理研究是同时进行的。20 世纪六七十年代防塌钻井液以钙基和 KCl/聚合物钻井液为主。八十年代以后，随着井壁稳定机理研究逐渐深入，结合油气层保护和环境保护的要求，相继开发出多种防塌钻井液体系。

1. 油基/合成基钻井液

油基钻井液的滤液为油，极性低，因而具有优异的井壁稳定能力。油基钻井液能够在井壁表面形成半透膜，同时其自身的油包水乳液也具有半透膜特征。油基钻井液中高盐度水相活度低于泥岩地层水活度，诱发地层孔隙水通过半透膜渗透回流进入钻井液，导致泥岩脱水硬化，强度增加。油基钻井液还可通过增大泥岩的毛细管力阻止钻井液中的水进入地层。

油基钻井液虽然抑制性优异，但其成本较高，且对环境有一定的影响。合成基钻井液一般采用人工合成或改性有机物(酯类、醚类、聚 α-烯烃类、线性石蜡、线性 α-烯烃和异构烯烃等)作为基液，保留了油基钻井液的特点，同时符合环保要求，近年来发展较快。

2. 正电胶钻井液

正电胶钻井液的核心处理剂是混合金属层状氢氧化物，统称为 MMH 正电胶。MMH 正电胶通过静电引力与黏土颗粒作用形成空间连续结构，起到稳定钻井液的作用。同时，MMH 正电胶吸附在井壁和钻屑上，抑制钻屑分散，稳定井壁，解决了钻井液稳定与井壁稳定的矛盾。MMH 正电胶钻井液的作用机理主要包括以下几个方面：①正电胶钻井液的"固-液"双重性使其易形成"滞留层"，保护井壁，阻止岩屑分散；②正电胶与黏土形成复合体，排挤吸附在黏土表面的阳离子，降低黏土表面离子活度，削弱黏土渗透水化；③正电胶钻井液复合体结构束缚大量自由水，降低水分子向地层渗透的趋势，有利于井壁稳定。

3. 阳离子和两性离子聚合物钻井液

阳离子聚合物钻井液采用高分子阳离子聚合物作为包被抑制剂，小分子阳离子作为水化抑制剂。小分子阳离子吸附在黏土表面后，交换出黏土层间水化阳离子并吸附在层间。由于静电作用很强，脱附比较困难。此外，小分子阳离子的碳氢疏水端覆盖在黏土表面，形成疏水屏障。高分子阳离子聚合物通过静电引力絮凝岩屑。二者协同作用，能有效抑制黏土水化膨胀和岩屑分散，提高井壁稳定。室内实验及现场实践表明，阳离子聚合物钻井液抑制性优于传统水基钻井液，接近油基钻井液。阳离子聚合物钻井液虽然抑制性强，但其阳离子特性易引起黏土颗粒絮凝，且与阴离子处理剂配伍性较差，导致体系流变性难以调控。此外，阳离子聚合物生物毒性大，不符合环保要求。

两性离子聚合物自身分子结构决定了其具有如下优点：①阳离子吸附基团通过静电作用中和黏土表面负电荷，降低黏土水化斥力；②两性离子聚合物分子间易缔合形成链束，当吸附在黏土表面时，链束中的网状结构可对黏土实现完整的包被；③水化基团(如羧基)能在黏土颗粒周围形成致密水化膜，阻缓黏土与水分子接触，防止黏土水化膨胀；④黏土表面吸附两性离子聚合物后形成溶剂化层，颗粒之间的静电排斥减弱了絮凝作用，提高了体系的稳定性；⑤反聚电解质效应，通常聚合物在盐溶液中会发生盐析现象，但是无机盐对处于等电点的两性离子聚合物的影响正好相反，此时分子链在离子间的相互排斥下伸展，聚合物溶解性和黏度都增大。

4. 聚合醇钻井液

钻井液中使用的聚合醇主要是聚乙二醇、聚丙二醇、聚丙三醇、聚乙烯乙二醇或者乙二醇/丙二醇共聚物等。聚合醇钻井液具有优良的抑制性、润滑性，同时能保护储层和环境。近年来人们对聚合醇钻井液的作用机理进行了大量研究，取得的主要认识如下：①浊点效应。聚合醇在溶液中表现出随温度变化可逆的浊点效应。当温度低于浊点时，聚合醇溶于水中作为连续相，降低钻井液滤液的化学活性，减少钻井液滤液侵入；当温度高于浊点时，聚合醇从溶液中析出，形成不溶的乳状液，吸附在钻屑及井壁泥岩表面，防止泥岩与水接触，降低泥岩的渗透率，提高井壁稳定。同时，该憎水膜吸附在固体颗粒和钻具表面，降低钻具的摩阻和扭矩，防止卡钻，起到润滑作用。②与无机盐的协同效应。聚合醇分子中醚键与水分子抢夺吸附点，吸附在黏土表面，形成体积较大的复合物。当存在钾离子时，聚合醇与钾离子之间存在较强的作用，压缩黏土扩散双电层，使黏土表面水化膜变薄，复合物的致密性和有序性提高，排挤出黏土层间吸附的水分子，降低黏土水化趋势。③渗透机理。聚合醇通过提高钻井液滤液的黏度，增加流动阻力，降低滤失量，实现抑制泥岩水化的目的。此外，聚合醇还能够平衡地层孔隙水渗透进入井眼，进一步提高井壁稳定性。

5. 甲酸盐钻井液

甲酸盐钻井液对泥岩的抑制作用主要体现在以下几个方面：①甲酸盐钻井液水活度低于地层岩石孔隙流体水活度，由此产生的渗透压导致地层水渗透回流进入钻井液；②甲酸盐的羧基易与水分子形成氢键，具有很强的束缚自由水的能力。因而甲酸盐能够减弱泥岩的水化膨胀，降低储层损害。甲酸盐水溶性较好，与地层流体和地层矿物具有非常好的相容性。此外，甲酸盐还能缓解一些聚合物类增黏剂和降滤失剂在高温下的降解，提高聚合物抗温性和长期稳定性。

6. 甲基葡萄糖苷钻井液

甲基葡萄糖苷(MEG)钻井液主要由甲基葡萄糖苷、流型调节剂、降滤失剂和无机盐等组成。该体系具有抑制性强、毒性低、润滑性能突出、易生物降解的特点，被称为仿油基钻井液。MEG 钻井液体系作用机理如下：①半透膜效应。MEG 为高分子聚糖类的单体衍生物，是一种具有表面活性的弱极性物质，其分子结构单元上含有四个亲水性羟基和一个亲油性甲氧基。羟基通过氢键吸附在钻屑或井壁岩石表面，而亲油基则向外，在钻屑表面或井壁上形成一层憎水膜。该憎水膜具有半透膜特征，通过调节 MEG 钻井液的活度可以控制地层水和钻井液水的运移，防止泥岩水化膨胀和分散，提高井壁稳定。②封堵作用。MEG 母液中含有的悬浮胶状物可有效封堵泥岩孔隙和裂缝。当没有暂堵剂和膨润土时，采用 MEG 母液配制的钻井液能迅速形成渗透率低的致密泥饼，阻止滤液侵入，降低泥岩水化趋势，同时也有利于保护储层。③去水化作用。当 MEG 钻井液滤液进入地层后，MEG 环状分子上的羟基与水分子结合导致泥岩去水化。④渗透作用。MEG 一方面能够增加钻井液滤液黏度，提高渗透阻力，降低滤失量，抑制泥岩水化；另一方面能够降低钻井液的水活度，阻缓钻井液滤液进入泥岩，进一步稳定泥岩。⑤MEG 与无机盐尤其是与 KCl 配合使用时，能显著提高抑制效果。

7. 硅酸盐钻井液

硅酸盐在钻井液中能够分散形成不同尺寸大小的胶体甚至纳米级颗粒，通过吸附、扩散或者压差作用进入地层井壁的细微孔隙和裂缝中。与地层水接触后，硅酸根离子与地层水中的钙、镁离子发生反应，生成的不溶性沉淀物覆盖在岩石表面，起到封堵作用。一般地层水 pH 较低，钻井液滤液侵入地层后与地层水接触，滤液 pH 随之下降，硅酸盐随之形成凝胶。当温度高于 80℃时，黏土矿物的硅醇基和硅酸盐硅醇基发生缩合反应，形成胶结物。该胶结物将黏土矿物胶结在一起，形成牢固的整体。硅酸盐钻井液与泥岩地层作用形成的上述沉淀物、凝胶和胶结物可有效封堵泥岩细微孔隙和裂缝，在井壁附近形成内泥饼，阻止滤液进入地层，提高泥岩半透膜膜效率。硅酸盐钻井液的膜效率在所有的水基钻井液中最高。

然而，硅酸盐钻井液在使用过程中也存在一些问题，如硅酸盐凝胶和沉淀堵塞油气层孔隙且不易清除，造成储层伤害，体系流变性能调控困难，对 pH 比较敏感，与其他处理剂配伍性差，且钻井液摩擦系数大等。

8. 铝基钻井液

一般情况下，当 pH 为 9～12 时，铝的无机化合物极难溶解。为了增加溶解态铝在钻井液中的溶解度以提高其有效浓度，可将铝离子与灰黄霉酸、腐殖酸复合形成螯合物，称为铝复合物(AHC)。当 pH 高于 10 时，铝复合物能够稳定存在于钻井液中。随着钻井液进入地层孔隙，遇到地层流体后滤液 pH 下降，铝复合物析出沉淀，形成封堵，阻止滤液进一步侵入。铝酸钠由于其碱性更高，有时也被使用，其加量一般为 0.5%～3%，且可与浓度为 3%～15%的纸浆废液一起使用。其作用方式也是溶解态铝在进入地层孔隙后因介质 pH 下降形成沉淀从而发挥封堵作用，但是铝酸钠钻井液的高碱度使得钻井液性能难以调控，不利于其推广应用。近年来，铝化合物与聚胺抑制剂配合使用于高性能水基钻井液中，有效降低了泥岩水化分散，提高了泥岩膜效率，达到了良好的应用效果。

9. 低自由水钻井液

张岩等[12]分析了钻井液中水分子的存在形式，研制出一种适度交联的聚电解质聚合物作为自由水络合剂，能有效束缚体系中自由水，降低钻井液滤失量。优选的润湿转相剂能增大水分子进入地层的毛细管阻力，减少滤液侵入。以自由水络合剂和润湿转相剂为基础，同时辅以流型调节剂，优化出低自由水钻井液体系。该体系与传统钻井液的防塌原理不同，通过限制自由水的流动、降低滤液侵入来提高井壁稳定，目前已在现场取得了较好的应用效果。

10. 聚胺高性能钻井液

近年来，国外不少公司和研究机构分别研究开发出了一类新型的具有强抑制性的聚胺型水基钻井液，可以取代油基钻井液钻遇强水敏性地层，取得了优异的应用效果；中国石油大学(华东)已研制开发出聚胺的同类产品 SDJA，并已在现场应用，取得了较好的应用效果。聚胺钻井液体系具有超强抑制性、良好的流变性和高温稳定性等特点。

11. 纳米硅醇钻井液

该体系是哈里伯顿公司设计的针对美国 Fayetteville 页岩气区域，该地区页岩埋深为 1232～2464m，评估天然气储量达 $11886×10^{12}m^3$，井底温度为 49～104℃。虽然 Fayetteville 页岩地区埋深浅，井温也不高，但地层水敏性很强，这是由于 Fayetteville 地区页岩矿物中伊-蒙混层矿物比达 24%，因此哈里伯顿公司研究出纳米硅和聚合醇二元封堵技术，并加入硅酸钾抑制页岩水化分散，和磺化沥青改善泥饼质量，最终形成了一套对硬脆性页岩有效抑制的钻井液体系，具体配方：水+1.42%硅酸钾+1.71%磺化沥青+2.29%改性褐煤+0.57%聚阴离子纤维素+0.57%改性淀粉+0.14%黄原胶+2.85%钠微米封堵材料+2.85%乙二醇+4.28%重晶石($1.08g/cm^3$)在斜深为 1952～3230m 的 7 口井的钻井液体系的钻井过程中，与常规水基钻井液相比，钻井周期减少约 50%，平均机械钻速提高近 80%，固控效率提高近 80%，摩擦系数平均为 0.20，页岩地层没有发生坍塌，起到了很好的稳定地层效果。

12. 高性能水基钻井液

中石油钻井院基于中国页岩气地质条件，偏重于高密度、表面抑制、纳米封堵、超低摩阻的思路，研制了高性能水基钻井液体系，基本配方为：基浆+(0.6%～1%)JS-1+3%JS-2+(2%～3%)NBG+(3%～4%)FD+(3%～6%)FTYZ-1+(3%～6%)复合无机盐+(3%～5%)TRH-1+(1%～3%)TRH-2+(0.4%～0.6%)TXS-1+(0.2%～0.5%)WD+重晶石，其性能如表 3-3-8 所示。

表 3-3-8　高性能水基钻井液性能

$\rho/(g/cm^3)$	AV/(mPa·s)	PV/(mPa·s)	Yp/Pa	Gel/Pa	FL_{API}/mL	FL_{HTHP}/mL
1.51	55	42	13	2.5/4.5	0	3.0
1.82	64	52	12	3.0/5.5	0	3.6
2.02	71	58	13	3.5/6.0	0.4	4.0
2.21	83	68	15	3.5/7.0	0.6	4.0

注：Gel 为切力，前后两数据分别表示初切力和终切力。

该体系于 2015 年 6 月 24 日在 YS108H 4-2 井三开水平井段进行现场试验，最终完钻井深为 4020m，水平段长 1460m。该钻井液在钻进过程中性能稳定，流变性良好，携岩返砂正常，润滑性良好，无掉块，起下钻、下套管和固井施工作业均比较顺利，电测一次成功，井径规则，平均井径扩大率为 5.71%。

随着技术的发展，目前各种防塌钻井液体系均是建立在对泥岩井壁稳定的力学-化学耦合机理认识之上的，利用抑制剂与其他处理剂之间的协同效应实现井壁稳定。

第四节　潜山钻井液技术

乍得 Bongor 盆地基底是由早寒武纪及更老的花岗岩、混合花岗岩和片麻岩等构成，经历了古生代至中生代侏罗纪长期的风化剥蚀夷平作用。早白垩世受中非剪切带走滑-拉张作用影响形成拉分盆地，同时在基底形成大量的构造裂缝；晚白垩世强烈反转，古近纪发育成为统一的盆地。2007 年以来实施多层系立体勘探，不仅在下白垩统沉积地层发现一系列大中型油气田，而且还在花岗质基岩潜山获得高产油气流，证实了五个潜山油藏带。根据储集空间的特征将基岩储层划分为孔隙型和裂缝型两类。综合地震、测井、地层成像、元素测井和岩心分析等资料，垂向自上而下将潜山的储层序列划分为风化淋滤带、缝洞发育带、半充填裂缝发育带和致密带。

一、基岩潜山特征

1. 岩石学特征

大量岩心和井壁取心分析资料揭示，Bongor 盆地基岩主要由花岗岩、正长岩、闪长岩和二长岩等岩浆岩及混合花岗岩和片麻岩类等正变质岩构成。根据 322 个基岩样品的岩石密度、放射性、矿物组成和元素构成特征，可以将基岩划分为长英质和铁镁质岩石两大类。其中 2/3 岩心样品为长英质岩石，其石英含量平均为 21.2%，长石含量平均 75.0%，角闪石和云母等暗色矿物含量小于 9%、平均仅 3.6%，岩石类型包括花岗岩、混合花岗岩、正长岩、二长岩、花岗质角砾岩等。1/3 岩心样品为铁镁质岩石，其石英含量平均为 11.6%，长石含量平均为 64.0%，角闪石和云母等铁镁质暗色矿物含量大于 9%、平均达到 23.5%，主要为闪长岩和片麻岩类。

2. 储层特征

在系统进行岩心观察、岩性分析、毛细管压力曲线特征、常规测井和地层微电阻率扫描成像(FMI)资料研究的基础上，将乍得基岩潜山储层划分为孔隙型和裂缝型(图 3-4-1)。

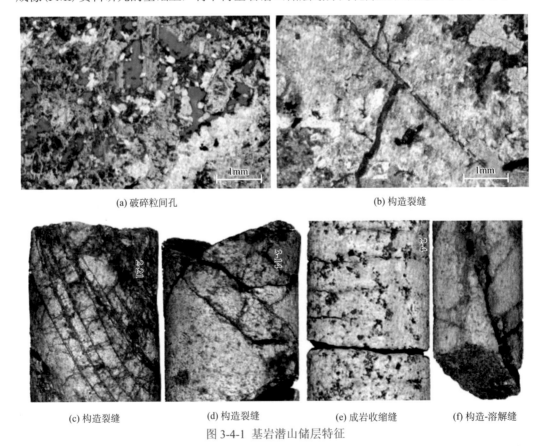

(a) 破碎粒间孔   (b) 构造裂缝

(c) 构造裂缝 (d) 构造裂缝 (e) 成岩收缩缝 (f) 构造-溶解缝

图 3-4-1 基岩潜山储层特征

1）孔隙型储层

孔隙型储层岩石破碎，结构非均质性强，风化现象明显，主要发育在潜山顶部，储集空间以破碎粒间孔为主，裂缝中存在泥质充填。同时，溶蚀形成的晶间孔隙也是重要的储集空间。在钻井过程中扩径明显，钻井液漏失严重。

2）裂缝型储层

裂缝型储层岩石结构完整，天然裂缝发育，以张开的网状或高角度裂缝群为主。裂缝中有时被方解石、绿泥石和铁质充填。沿裂缝(隙)周围的矿物(主要为角闪石和长石)有溶蚀现象，在岩心及薄片中可以见到孔洞呈串珠状和裂缝共存，储集空间包括裂缝和溶蚀孔洞。在钻井过程中有一定扩径，有钻井液漏失。

二、基岩潜山钻井难点

近年来，随着乍得潜山油藏的发现和潜山开发规模的逐年壮大，基于乍得潜山油藏的低压特性、密度窗口窄和裂缝发育等特征，在潜山钻井作业中频频遭遇井漏、井涌等难题(图 3-4-2)。2015 年 11 月，Baobab C1-4 井三开潜山段发生 13 次井涌，中途伴随多次井漏，共漏失约 3931bbl，出原油约 3140bbl。2015 年 12 月，Baobab C1-5 井、Baobab C1-6 井阶段性渗漏，分别漏失 5306bbl、3146bbl。2016 年 8～10 月份，Baobab C2-1 井、Baobab C1-16 井和 Baobab C1-12 井连续三口井在潜山段发生严重漏失以致井口完全失返，三开潜山段漏失量分别高达 5583bbl、20120bbl 和 20316bbl，导致无法正常录井，不能捞砂取样，影响潜山油藏信息的发现，也存在井控安全隐患，同时还存在岩屑无法带出井眼导致下钻遇阻、影响取心作业、影响钻井效率等问题。

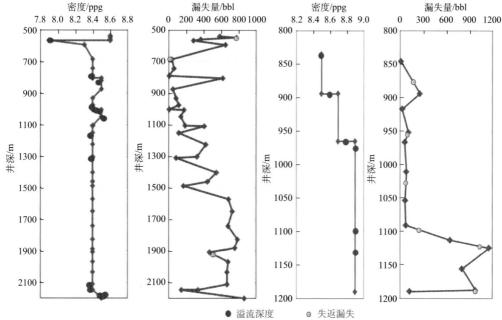

图 3-4-2　Baobab 区块两口井的实钻密度和漏失量

1bbl=0.159m³

三、潜山钻井液技术

潜山地层前期主要采用无固相聚合物钻井液体系或清水强钻，但是均没有很好解决溢漏同层的问题，漏失量大，对储层造成污染，影响潜山储层的油气藏勘探。

目前，国内针对低压力、窄密度窗口、溢漏同层的主要钻井液技术有可循环微泡沫钻井液体系和绒囊钻井液技术。2016年，乍得项目开始针对潜山溢漏同层、井口失返难题，研究出可循环微泡沫钻井液技术并应用于现场，使大多数井可建立循环，满足潜山安全钻井、地质录取资料等需求。

1. 可循环微泡沫钻井液体系特征

可循环泡沫钻井液是为勘探开发低压易漏油气藏而开发的一种钻井液技术。采用生物聚合物 XC、改性淀粉、发泡剂和稳泡剂来配制，再根据不同地层的需要，添加增黏剂、降滤失剂、黏土抑制剂、加重剂和其他添加剂，如膨润土、正电胶等。体系具有良好的抑制性、储层保护性能，防漏、堵漏的性能尤其突出。通过加入固相调整可循环泡沫钻井液的密度，改善其性能，得到更适用于地层的钻井液体系。

可循环泡沫钻井液的独特之处就是该体系里面有大量结构特殊的微泡，这种微泡的结构不同于普通的泡沫，微泡由两部分组成，即空气内核和水基外壁。水基外壁内外两侧各有一层表面活性剂，内侧表面活性剂亲油端伸向气体，亲水端溶入水层，外侧表面活性剂亲水端溶入水层，亲油端伸向体相。包裹气体的水层，其黏度远远高于体相，高黏水层内侧表面活性剂主要用于降低气-液界面张力，外侧表面活性剂主要用于维持高黏水层的局部高黏度特性，并且使微泡具有良好的水溶性。聚合物高分子和表面活性剂浓度从膜外侧逐渐向体相降低，是一个没有确定厚度的松散层，再向外就是基液，是有良好发泡性能黏稠的半透明胶体。微泡的结构和尺寸是稳定的，多数微泡经过细目振动筛和清洁器后不会被清除，在经过水力旋流器和高速离心机后仍能保持原状。微泡可以视为桥塞材料，与普通固相材料不同，它还能堵塞裂缝和孔穴，当水力压力释放后，气泡消失，不需要除滤饼技术。

可循环泡沫钻井液基本配制方法是向蒸馏水(海水或油)中加入增黏剂，高速搅拌均匀，制成胶体；向胶体中加入发泡剂(一般加量为0.4%～1.0%)，高速搅拌起泡；加入稳泡剂(一般加量为0.1%～0.3%)，高速搅拌均匀；将各辅助用剂加入，高速搅拌均匀。室内试验得到的体系的性能特点为滤失量低、稳定性好、抑制性强。

2. 绒囊复合堵漏钻井液技术

绒囊复合堵漏钻井液技术利用表面活性剂和高分子助剂形成一种含特殊"绒囊"结构的钻井液，并在其中加入了吸水性膨体颗粒，形成绒囊复合堵漏钻井液体系。绒囊钻井液在高温下具有较好的稳定性，抗污染能力。并且可以根据油气储集渗透空间变形，自动封堵合适的孔隙通道，实现对不同尺寸漏失通道全面封堵的效果。绒囊复合堵漏钻井液的使用成本较低，运用方便，不需要停钻处理，这样就大大地降低了处理井漏的时间和成本，在降低成本和提高钻井速度方面特性明显。绒囊复合堵漏钻井液技术还具有以下三个方面的优势。

1）提高地层承压能力

绒囊钻井液可以对低压层位的漏失通道进行自动搜索并实施封堵。在处理微裂缝油气藏和煤层气钻井过程中遇到的复杂漏失情况、井壁坍塌事故时，通常采用套管封隔，有的则受到井身结构限制无法进行封隔，造成同一裸眼井段同时存在两个以上具有不同压力的地层，导致安全密度窗口变窄。通过分析普通膨润土钻井液完成同一裸眼中不同压力共存的油气藏实验，数据表明，钻井液顺利钻穿高压地层的前提条件是提高出水层和坍塌层钻井液的密度，然而可能同时造成低压层漏失问题的产生。绒囊钻井液通过自动搜寻低压漏失地层进行封堵，提高地层承压能力，解决了动态窄安全密度窗口问题。

2）可作为欠平衡钻井流体

绒囊钻井液通过物理化学作用，利用表面活性剂和高分子聚合物，在空气中形成包裹气囊，有效地降低了钻井液密度。实施作业过程中通过搅拌、剪切等作用，钻井液密度可在 $0.8\sim1.0$ g/cm^3 范围内调整，而且可以循环使用。绒囊钻井液在满足近或欠平衡钻井施工要求的同时，可以在安全作业和确保地层不发生作用力波动的条件下，降低钻井液密度及液柱压力与地层压力间压差。更重要的是不需要使用昂贵的专用设备，可以同常规钻井液一样，配制、处理工艺简单方便，满足目前煤层气钻井设备比较简单的实际条件。

3）提高钻速

绒囊钻井液具有低剪切速率下的高黏度和高剪切速率下的低黏度特性，对井眼清洁效率较高，水马力发挥较好，有利于提高机械钻速。在钻进复杂结构井的过程中，易造成井眼不完全净化处理，产生岩屑床，从而降低机械钻速，甚至还会造成卡钻现象。绒囊钻井液的动塑比可以在黏度低的条件下，调整至合适数值，使钻井液具有高效水力破岩和携带悬浮岩屑的能力，从而保证了钻井施工的顺利进行。

第五节　储层保护技术

钻完井液是石油工程中最先与油气层相接触的工作液，其类型和性能好坏直接关系到对油气层的损害程度，因而保护油气层的钻井完井液是搞好保护油气层工作的首要技术环节。目前保护储层的钻井液技术有以下几类。

一、水基钻完井液

1. 无膨润土相暂堵型聚合物钻完井液

无膨润土暂堵型聚合物钻井完井液由水相、聚合物和暂堵剂固相粒子组成。其密度由可溶性盐来调节(但需注意不会诱发盐敏)。其流变性能通过加入低损害聚合物和高价金属离子来调控,滤失量以各种与油气层孔喉直径相匹配的暂堵剂来控制。这些暂堵剂在油气层井壁上形成内外滤饼,阻止钻完井液中固相或滤液继续侵入。

该种钻完井液只宜使用在技术套管下至油气层顶部,而且油气层为单一压力系统的井,且该钻井完井液尽管有许多优点,但成本高,使用条件较为苛刻,故在实际钻进过程中使用不多。

2. 无固相/无黏土相弱凝胶钻完井液

凝胶是近期发展起来的胶态分散体系。常规凝胶的形成条件主要是依赖于交联剂,聚合物通过与交联剂的作用在一定的温度和一定的时间下成胶。弱凝胶钻完井液是利用天然高分子流型调节剂之间的协同效应,而不加交联剂,成交温度和成交时间要求低,所形成的弱凝胶具有无固相和快速形成弱凝胶的特点。它具有独特的流变性,表观黏度低、动塑比高、低剪切速率黏度高,油气在井壁附近低剪切状态下形成高黏弹性区域,其黏度高达 50000~100000mPa·s,具有很好的动态携砂能力,能有效地克服水平井或大斜度井段携砂难,易形成沉砂床等问题,能保证井眼清洁,防止井下复杂事故的发生。

弱凝胶无固相钻井液是由抑制剂、增黏剂、降滤失剂、润滑剂、防水锁剂、加重剂等组成。常用的增黏剂为生物聚合物,降滤失剂为改性淀粉类,抑制剂采用氯化钾、甲酸钾、聚铵、聚合醇等,加重剂采用氯化钾、甲酸钾等无机盐或有机盐。

3. 正电胶钻完井液

正电胶钻完井液是一类用混合金属氢氧化物处理的钻完井液,其保护油气层的作用是在生产实践中被发现的,它保护储层的机理有以下几个方面。

(1)正电胶具有特殊的结构与流变学特性。正电胶通过正负胶粒极化水分子形成复合体,在毛细管中呈整体流动,容易返排。

(2)正电胶对岩性中黏土微粒膨胀具有强抑制作用,正电胶具有相当强的抑制黏土膨胀的能力。这有利于稳定岩心中孔喉的形态,有利于液体的排出。

(3)整个钻完井体系中分散相粒子的负电性减弱。正电胶含量越高,体系越接近中性,惰性增强,有利于岩性中孔喉的稳定。目前这种钻井液体系已在钻各类水平井、大位移井中应用。

4. 甲酸盐钻井完井液

甲酸盐钻完井液是指甲酸钾、甲酸钠、甲酸铯为主要材料所配制的钻井完井液，其基液的最高密度可达 2.37g/cm^3，可根据油气层的压力和钻完井液的设计要求予以调节，并且在高密度条件下，可以方便地实现低固相、低黏度。高矿化度的盐水能预防大多数油气层的黏土水化膨胀，分散运移，同时，以甲酸盐配制的盐水不含卤化物，腐蚀速率极低，不需要缓蚀剂。由于能有效地实现低固相、低黏度、低损害、低腐蚀速率和低环境污染，是最近几年发展较快的一种钻完井液体系。

5. 聚合醇钻完井液

聚合醇钻井液因体系中使用聚合醇而得名，聚合醇保护油气层的作用机理是：在浊点温度以下，聚合醇与水完全互溶，呈溶解态；当体系温度高于浊点温度时，聚合醇以游离态分散在水中，这种分散相就可作为油溶性可变形离子起封堵作用。由于聚合醇的浊点温度与体系的矿化度、聚合醇的相对分子质量有关，将浊点温度调节到低于油气层的温度，就可以借助聚合醇在水中有浊点的特点而实现保护油气层的目的。

二、气基类钻完井液流体

对于低压裂缝油气田、稠油油田、低压强水敏或易发生严重井漏的油气田及枯竭油气田，其油气层压力系数往往低于 0.8，为了降低压差的损害，需实现近平衡压力钻进或负压差钻进。气基类钻完井流体以气体为主要组分来实现低密度，该类钻井液可分为以下五种。

1. 单一气体类钻完井流体

气体钻井的循环流体由空气或天然气、防腐剂、干燥剂等组成。由于空气密度最低，常用来钻已下过技术套管的下部漏失地层，强敏感性油气层和低压油气层。气体密度低，无固相和液相，从而减少对油气层的损害。使用气体钻进，机械钻速高，并能有效预防井漏对油气层的损害。

2. 气-液两相类钻完井流体

当地层条件不能满足干气体钻井时(如地层出水)，若需要继续保持无液相固相对含油气地层的侵入，通过在注干气的同时注入含表面活性剂的基液，使钻井用循环流体由原先的单一气相流转化为气-液两相流体，并保持欠平衡钻井作业状态。

3. 微泡沫钻完井液

微泡沫钻完井液是把某些表面活性剂和聚合物结合在一起产生的一种微泡钻完井液体系。这种微泡沫钻完井液在开发枯竭油层中起到了重要作用。

微泡不是聚集在一起的单气泡，而是形成了一种可以阻止或延缓钻井液侵入地层的微泡网络，所以微泡钻完井也主要用于钻漏失严重的油气层。微泡钻完井液特有的黏度结构对钻井液侵入和钻井液穿过地层产生了一种阻抗，因此产生了在平衡状态下的无侵入钻井。

4. 绒囊钻井液

绒囊钻井液是研究和应用石油天然气微泡类钻井液过程中发展起来的一种高效封堵体系。整个球形绒囊的中心包裹着气体，就像绒囊的核，称为"气核"。在气核外壁聚集着一层表面活性剂，该膜可以降低气液界面张力，使气核聚集能量，称为"表面张力降低膜"。在气核外包裹着一个水层，是由于表面张力降低膜上的表面活性剂亲水端的水化作用及亲水端间的缔合作用形成的，黏度远远高于连续相，称为"高黏水层"。高黏水层外表面在极性作用下吸附表面活性剂，形成维持高黏水层高黏状态的表面活性剂膜，称为"高黏水层固定膜"。

含绒囊结构的水基钻井液由定位剂、成层剂及成膜剂等处理剂配制而成。含绒囊结构钻井液具有良好的流变性、滤失性、润滑性和强剪切稀释性。绒囊可按漏失通道空间变形或改变性能，含绒囊结构钻井液可利用这种外部为绒毛、内部为气囊、粒径尺寸不等的绒囊，以其低剪切速率高黏度特性，最大限度地占据漏失通道初级和渗透空间或在井壁内侧形成黏膜层，封堵不同尺寸渗流通道。

5. 充气钻完井液

充气钻完井液是由不溶性气体分散在液体中所形成的一种极不稳定的分散体系，不同于泡沫的就是充气流体极不稳定，气泡尺寸通常在厘米级以上，流体密度靠注入系统的气液比控制。最大的特点是流体返到地面后的气液分离非常容易，这就为地面处理泡沫基液带来了方便——脱气后的基液可以使用常规的固控系统进行净化处理，无需复配种类繁多的稳泡剂，使基液的维护工艺更加简便，为基液的长期反复使用提供基础。

充气钻井液以气体为分散相、液体为连续相，并加入稳定剂使之成为气-液混合均匀而相对较稳定的体系，用来进行充气钻进。该类钻完井液经过地面除气器后，气体从充气钻完井液中脱出，液相再进入钻井泵继续循环。

第四章

固井技术

乍得邦戈尔盆地地质条件复杂，呈断块分布，气层多且活跃，地层压力体系复杂，裂缝发育等，特别是简化井身结构的成功推广，对于水泥浆体系性能和固井质量技术措施提出了更高的要求。

第一节 固 井 难 点

一、地层压力较高，油气层相对活跃，特别是浅气层的存在，给固井施工带来风险

1. Daniela 2 井

2011 年 10 月 10 日 20:30 钻至井深 1121m，泥浆密度为 10.6 ppg，漏斗黏度 55s。停泵接单根，由于钻开主力油层，气测值较高，先进行循环排气，循环过程中泥浆从井口溢出，气测值从 30% 升至 100%，出口泥浆密度 9.8ppg，现场立即停泵关井，关井套压 200psi[①]。后经 7 次压井，井下恢复正常。

2. Baobab N1-3 井

2012 年 8 月 11 日该井下 5.5in 套管到目的深度 1171.36m，完成注水泥浆作业，在准备冲洗注灰管线时，井口发现溢流，钻井液瞬间冲出转盘面大约 2m。司钻立即发警报，试关井成功，进行节流放喷，点火成功，火焰高度有 5~6m，Baobab N1-3 井点火放喷现场如图 4-1-1 所示，后用水泥车压胶塞，用清水替水泥浆，替浆过程中，火焰逐渐减小至 1~2m，固井结束后火焰没有熄灭趋势，从压井管汇向套管环空挤水泥 5m³，火焰熄灭，成功解除险情。

---

① 1psi=6.895kPa。

二、 部分区块存在井漏风险

Daniela W-2 井 1 月 24 日完钻，完钻井深 1044m，下 7″套管至 1035.61m。该井油顶 437m，油底 994m，在 460m 有浅层气，固井设计中尾浆至 400m，领浆返至地面。固井注水泥浆过程正常，替浆过程中出现严重漏失。

图 4-1-1　Baobab N1-3 井点火放喷

2012 年 1 月 29 日，CBL 实测水泥浆返高仅 800m，已封固段固井质量优质，平均声幅值 10%。后期进行环空挤水泥作业，有效封固了上部浅气层。

第二节　固井技术措施

针对乍得 Ronier 油区的固井难点，从保证固井质量的四原则"压稳、居中、替净、密封"出发，乍得项目公司和长城固井沟通交流，提出了相应的固井技术措施。

1. 压稳

"压稳"的概念是井筒的液柱压力不小于地层的孔隙压力。为保证固井质量，必须要做到"三压稳"，即固井前压稳、固井过程中压稳、固井候凝期间压稳。

遵循平衡压力设计原则，即固井全过程中环空液柱压力始终大于地层孔隙压力、小于地层漏失和破裂压力，合理确定水泥浆密度、环空液柱结构和固井施工参数。采取以下措施。

（1）下套管前通井，测油气上窜速度。如果后效超标(气井油气上窜速度小于 20m/h，油井气井油气上窜速度小于 15m/h)，必须采取相应措施，保证固井前的压稳。

　　高压油气井下套管前必须压稳油气层，根据井下状况和油气藏条件将油气上窜速度控制在安全范围内。下套管前应进行短起下钻，测油气上窜速度。短程起钻后应静止观察，井深小于3000m（含3000m）时应静止观察不少于2h，井深在3000～5000m（含5000m）时应静止观察不少于4h，井深超过5000m的井应静止观察不少于5h。

　　(2)通过设计软件计算，合理足量使用加重隔离液或前导浆，保证固井施工过程中的压稳。

　　(3)固井施工结束后，环空憋压2～3MPa，保证固井候凝过程中的压稳。

2. 居中

　　根据测井获取的井径数据和井径图结果，按照规定下入足量的套管扶正器，保证套管居中度不小于67%（标准）。

3. 替净

1)使用加重隔离液(或前导浆)和冲洗液

　　调整隔离液或前导浆及冲洗液的性能，使其具有紊流临界排量低、流动性好的特性。这样，不但能够提高顶替效率(提高顶替效率是保证替净的主要手段和措施)，而且可以降低施工排量，提高施工安全的可靠性。足量的目的是要保证达到前置液(冲洗液+隔离液或前导浆)的紊流接触时间达到7～10min以上，同时也保证固井施工过程中的压稳。

　　前置液设计体积量一般占裸眼环空高度300～500m或满足接触时间为7～10min的要求。在保证环空液柱动态压力平衡和井壁稳定的前提下，产层固井可适当增加前置液用量。

　　隔离液密度可调节，宜大于钻井液密度而小于水泥浆密度。一般情况下隔离液密度宜比钻井液高0.12～0.24g/cm³，比水泥浆密度低0.12～0.24g/cm³。

　　冲洗液流变性应接近牛顿流体，对滤饼具有较强的浸透力，冲刷井壁、套管壁效果好。在循环温度条件下，经过10h老化试验，性能变化应不超过10%。

　　隔离液应具有良好的悬浮顶替效果，与钻井液、水泥浆相容性良好，能控制滤失量，不腐蚀套管，对水泥浆失水量和稠化时间影响小，有利于提高界面胶结强度，高温条件下上下密度差应不大于0.03g/cm³。

2)改善水泥浆体系的流动性，尽量降低其紊流临界排量，有利于提高顶替效率

4. 密封

　　密封的主要措施如下。

　　(1)提高水泥浆体系的早期强度。

　　(2)使用双凝水泥浆体系(领浆+尾浆，两者的时间差60～120min)或三凝水泥浆体系(前导浆+领浆+尾浆)，主要目的是降低水泥浆"失重"效应对固井质量的影响。

　　(3)缩短尾浆稠化时间，保证下部主力油层的固井质量。

　　目前水泥浆体系主要有以下几种。

（1）前导浆（Pre-slurry）：与领浆配方相同，密度 1.50g/cm³。

（2）领浆（lead slurry）：密度为 1.58～1.65g/cm³。

配方：G 级水泥+（20%～30%）减轻剂（BXE-600S 或 GWE-3S）+2.6%降失水剂（G60S）+0.25%消泡剂（G603）+0.3%分散剂（CF40L 或 CF40S）+（0～0.15%）缓凝剂（BXR-200L）+（1%～2%）早强剂（CA903S）。

领浆室内评价曲线如图 4-2-1 所示。

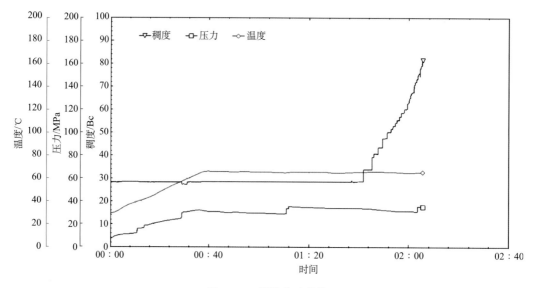

图 4-2-1 领浆化验曲线

（3）尾浆（Tail slurry）：密度 1.90g/cm³。

配方：G 级水泥+2%降失水剂（G60S）+（0～0.25%）缓凝剂（BXR-200L）+0.25%消泡剂（G603）+0.3%分散剂（CF40L 或 CF40S）+（1%～2%）早强剂（CA903S）。

尾浆室内评价曲线如图 4-2-2 所示，该水泥浆体系的优点：流动性较好（初始稠度 20～25Bc），紊流临界排量较低，密度可控，稠化时间可调，水泥浆滤失量较低，早期强度高。

其缺点：防气窜能力较差。水泥浆在凝结期间是具有收缩特性的。目前水泥浆体系没有加入膨胀剂或防气窜剂，因此防气窜的能力较差，解决办法是尽量缩短尾浆的稠化时间。

5. 浅气层井固井技术措施

2012 年前，乍得 Bongor 油区发育浅气层井固井质量合格率较低，经过现场对技术措施进行总结、改进，提出了增加冲洗液用量和使用加重隔离液的措施，并配套环空憋回压，调整水泥浆性能（使用多凝水泥浆，控制尾浆稠化时间等）其他一系列技术措施，使固井质量得到控制和改善。

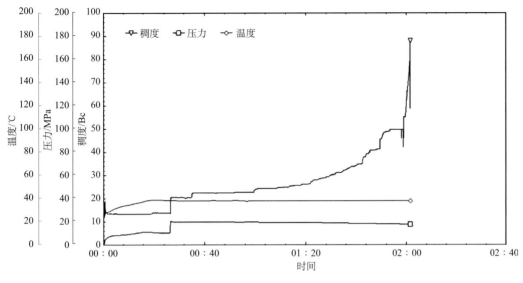

图 4-2-2　尾浆化验曲线

采取的主要措施如下。

1) 前置液

(1) 冲洗液：密度 1.02g/cm³，使用量 5m³。

(2) 隔离液：密度与钻井液密度相当，使用量 7m³。

前置液的用量达到 12m³，能够满足前置液在紊流状态下保持接触时间不小于 7～10min 的设计要求。

2) 其他配套的固井技术措施

(1) 环空憋回压 2～3MPa。

(2) 调整、改善水泥浆性能，包括改善流动性、缩短尾浆稠化时间、提高水泥浆早期强度等。

(3) 严格执行通井技术措施，为保证固井质量提供较为理想的井眼条件：要求在通井起钻前测后效(油气上窜速度)。如果后效超标(气井油气上窜速度小于 20m/h，油井油气上窜速度小于 15m/h)，必须采取相应措施，保证固井前对油气层的压稳。

(4) 下套管前必须更换与套管尺寸相适应的封井器芯子，保证候凝期间能够正常关井。

(5) 固井前调整好钻井液性能。

(6) 顶替液尽量由钻井液改为清水。

通过实施上述措施，较好控制和保障了固井质量。

2012 年 8 月 11 日，由 GW125 承钻的 Baobab N1-3 井在油层固井时发生井涌。现场分析采取的使用冲洗液的使用量过量(在国内，这些冲洗液使用量正常)，固井过程中浅层气不能压稳，导致井涌。

通过这次事故的教训，立即对存在浅层气的区块的固井技术措施进行如下调整。

(1)减少冲洗液用量：由原来的 5m³，减少到 1～1.5m³(在使用加重隔离液前先使用 0.5m³ 清水，注完加重隔离液后使用 0.6～0.8m³ 的清水)。

(2)增加 2～3m³ 加重隔离液或使用密度 1.50g/cm³ 的前导水泥浆 3～5m³。

6. 固井技术应用效果

通过对邦戈尔盆地固井难点的分析，对固井质量的影响因素和作用机理有了较为全面清晰的认识，从"一井一策"着手，提出了针对水泥浆体系、固井设计、注水泥施工过程等各环节的配套工艺措施，有效解决了环空窜流等潜在问题，固井质量不断提高。

1)乍得油田固井质量评价标准

根据中石油固井技术规范，水泥环胶结质量评价应参照 SY/T 6592 并依据乍得项目相关标准执行，以声幅测井(CBL)和变密度测井(VDL)综合解释评价固井质量。

2011 年和 2014 年分别有 1 口井固井质量不合格。其余固井质量缺陷井评定为合格常规密度水泥浆采用 15% 和 30% 数值作为截止值，具体评价标准如下：当比值不大于 15% 时，固井质量好；当比值为(15%，30%)时，固井质量中等；当比值大于 30% 时，固井质量差。低密度水泥浆采用 20% 和 40% 数值作为截止值，具体评价标准如下：当比值不大于 20% 时，固井质量好；当比值为(20%，40%)时，固井质量中等；当比值大于 40% 时，固井质量差。固井质量优质的评价标准。

对于一口井的固井质量是否为优质，本书统计采用以下的评价标准：油层顶以上封固段中，累计有 20m 以上的井段对应的水泥胶结质量为好；水泥胶结指数为好井段，占油层顶以下封固井段的 80% 以上。

2)乍得油田固井效果评价

经过统计分析，按照上述标准评价来看，2011 年和 2014 年分别有 1 口井固井质量不合格。其余固井质量缺陷井评定为合格井，表 4-2-1 和表 4-2-2 分别为 2011 年固井质量缺陷情况统计和 2012 年固井质量缺陷情况统计。

针对 2011 年出现固井质量较为突出的问题，提出了针对性的综合措施，固井质量明显提高。图 4-2-3 为 2011 年和 2012 固井质量对比结果。表 4-2-3 为截至 2017 年 6 月份之前的固井质量历年统计结果，可以看出固井质量明显改善(2014 年全年的固井质量有所下降的主要原因是复产后由于人员的变化较大，对原有的有效的技术措施执行力不够等多方面原因造成)。从上述固井质量统计报表中(表 4-2-3)可以看出：从 2012 年上半年采取改进的技术措施以后，固井质量得到稳步提高；2014 年固井质量又有所下降。主要原因是复产后由于人员的变化较大，对原有的有效技术措施执行力不够等多方面原因造成。

表 4-2-1　2011 年固井质量缺陷情况统计

序号	井号	设计水泥返深/m	套管下深/m	设计封固段长/m	固井质量缺陷长度/m	缺陷井段比例/%
1	Baobab N-8	860	2000	1140	340	29.82
2	Mango 1	1400	2801	1401	1144	81.66
3	Daniela S-1	500	2498	1998	1230	61.56
4	Daniela 4	100	1431	1331	695	52.22
5	Daniela W-1	300	1384	1084	1007	92.90
平均				1390.8	883.2	63.63

表 4-2-2　2012 年固井质量缺陷情况统计

序号	井号	设计水泥返深/m	套管下深/m	设计封固段长/m	固井质量缺陷长度/m	缺陷井段比例/%
1	Phoenix 4	660	1985	1325	930	70.19
2	Daniela E-2	1000	1803	803	345	42.96
3	Daniela W-2	0	1304	1304	798	61.20
4	Baobab S-6	800	2469	1669	398	23.85
平均				1275.25	617.75	49.55

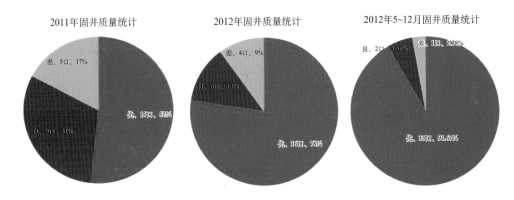

图 4-2-3　固井质量分析统计饼图

表 4-2-3　乍得 2011~2017 年固井质量统计

年份	固井口数	合格井	合格率/%	优质井	优质率/%	质量缺陷井	缺陷率/%
2011 年	29	23	96.55	15	51.72	5	17.24
2012 年	46	42	100	36	78.26	4	8.70
2013 年	52	52	100	44	84.62	1	1.92
2014 年	38	33	97.37	30	78.95	4	10.53
2015 年	5	1	100	4	80		
2016 年	23	3	100	20	86.96		
2017 年上半年	24	2	100	20	91.67		

7. 目前固井存在问题及建议

1）水泥浆体系

为保证固井质量，缩短水泥浆体系的稠化时间，安全风险较高，相对较深井（2500m以上）和存在浅气层的井，现有水泥浆体系控制气窜的能力有限。提出以下两条建议：

（1）采用液体降失水剂 BXF-200L 或 GWF-200L，水泥浆体系的稠化曲线可以达到直角稠化（即水泥浆从液态到固态的转化过程可以在 10～15min 完成），防止和控制气窜。该方案在国内已经有成熟的室内试验基础，现场应用效果非常好。该方案较目前乍得实施的固井方案相比增加少量成本。

（2）使用胶乳防气窜剂（目前斯伦贝谢采取实施方案），防止和控制气窜，但是成本相对较高，同时使用风险也较高。

2）应对不规则井眼的手段有限，缺少特殊井下附件

建议选用旋流发生器和旋转引鞋（图 4-2-4）。旋流发生器可以有效提高"糖葫芦"井眼和偏向环空的顶替效率。旋转引鞋可以大斜度井眼及存在台阶的井眼的套管顺利下入的问题。

图 4-2-4　旋流发生器与旋转引鞋

第五章

钻头及提速技术

乍得项目主要目的层为白垩系地层砂岩和寒武系地层花岗岩基岩潜山油藏，开发井井深为 600～2000m，部分探井深度达到 2800m，钻遇岩性主要有新近系、古近系、白垩系砂泥岩，寒武系的花岗岩基岩。在 Ronier 和 Cassia 等断块砂泥岩地层含侵入岩，需要采用牙轮钻头钻进，Delo 断块 M—P 层含难钻页岩，另外寒武系地层前期试验 PDC 钻头、437 牙轮钻头和 537 牙轮钻头，使用效果一般，钻速为 2～4m/h。针对上部不同可钻性砂泥岩地层，白垩系及以上地层采用 PDC 钻头+常规钻具和 PDC 钻头+螺杆钻进，钻速最高可达 20m/h，Ronier 和 Cassia 断块备选牙轮钻头，Delo 断块难钻页岩地层采用 PDC 钻头+螺杆钻进，钻速为 3～4m/h。针对花岗岩地层，在岩石可钻性研究基础上，个性化设计了 PDC 钻头和优选 617 牙轮钻头，同时配合减震工具，现场取得较好的效果，平均进尺达到 240m，钻速达 4～6m/h。

第一节　钻头技术发展概况

一、钻头类型介绍

钻头是石油钻井中用来破碎岩石以形成井眼的工具。按类型分为刮刀钻头、牙轮钻头、金刚石钻头和 PDC 钻头四种。按功用分为全面钻进钻头、取心钻头、特殊工艺钻头（扩眼钻头、定向造斜钻头等）。钻井中根据所钻底层性质合理选择和使用钻头，对提高钻井速度具有重要的实际意义。

1. 刮刀钻头

刮刀钻头是旋转钻井使用最早的一种钻头（图 5-1-1），从 19 世纪开始采用旋转钻井方法时就开始使用这种钻头，而且现在某些仍在使用。这种钻头主要用在软地层和黏软地层，具有很高的机械钻速和钻头进尺。刮刀钻头最大的优点是结构简单，制造方便，成本低，各油田可自行设计和制造。

刮刀钻头适用于软底层和黏软地层。钻进时需要适当控制钻压与转速，注意防斜、防憋、防止刀翼断裂。由于刮刀钻头在软地层中机械钻速较快，岩屑量较大，宜采用大排量钻进，冲锋清洗井底和冷却钻头。刮刀钻头钻进时，刀翼外侧线速度较高，磨损速度较快，钻头容易磨损成锥形，此时要特别注意防斜和防止井径缩小。

图 5-1-1　刮刀钻头

2. 牙轮钻头

自 1909 年第一只牙轮钻头问世后，牙轮钻头便在全世界范围内得到了最广泛的应用（图 5-1-2）。三牙轮钻头是目前旋转钻井作业中使用最普遍的钻头。这类钻头具有不同的牙齿设计和轴承结构，因此能够适应各种类型地层。

一般情况下，钻软到中硬地层的钻头兼有超顶、复锥和移轴，钻中硬到硬地层的钻头在设计上有超顶和复锥，钻极硬和研磨性强的地层钻头常采用单锥牙轮，不超顶也不移轴。

牙轮钻头种类很多，适用范围广泛，从松软到坚硬地层均有相适应的钻头类型可供选择。在实际钻井作业中，要根据所钻地层性质，选用合适类型的钻头，以获得比较高的机械钻速和钻头进尺。

牙轮钻头适用时要注意保证下钻慢、防止顿钻，井内无落物，避免划眼，适用减震器，在生产厂家推荐的钻压、转速范围内工作。

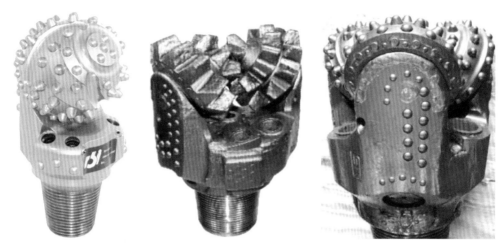

图 5-1-2　牙轮钻头

3. 金刚石钻头

金刚石钻头是指靠镶嵌在钻头胎体上的金刚石颗粒破碎岩石的钻头(图 5-1-3)。金刚石是目前人类所知材料中硬度最大、耐磨性最好的材料,因此,金刚石钻头用于坚硬、高研磨性地层,可获得比较高的钻头进尺。虽然金刚石钻头比较昂贵,但金刚石钻头耐磨损,单只钻头进尺高,在目前的石油钻井中仍有较强的竞争力。目前金刚石钻头在普通的旋转钻井及涡轮钻井和取心作业中都得到了广泛的应用。

图 5-1-3　金刚石钻头

金刚石钻头属于整体式钻头，其结构主要包括钢体、胎体、水眼及水槽、金刚石等部分。金刚石钻头适用钻中等坚硬、研磨性地层和涡轮钻井、深井超深井钻井以及取心作业。使用金刚石钻头前，井底要打捞干净，保证没有金属落物，钻头刚下到井底时，要先用小钻压、低转速跑合，然后采用相对较低的钻压（和牙轮钻头相比），较高的转速和较大的排量钻进。应尽量避免划眼，如果必须进行划眼，应采用低钻压和低转速，操作要均匀，防止钻头保径部分金刚石碎裂和过度磨损。

4. PDC 钻头

PDC 钻头是聚晶金刚石复合片钻头的简称，亦称聚晶金刚石切削块钻头或复合片齿钻头（图 5-1-4）。从 1973 年美国通用电气公司引入 PDC 切削块，研制出第一个 PDC 钻头后，PDC 钻头便以其钻速快、寿命长、进尺高等优势，在石油钻井中得到了广泛的应用。几乎所有钻头制造商都采用了这一技术，开始生产自己的 PDC 钻头系列。PDC 钻头由钻头体、PDC 切削齿和喷嘴等部分组成，按结构与制造工艺的不同分为钢体和胎体两大系列。

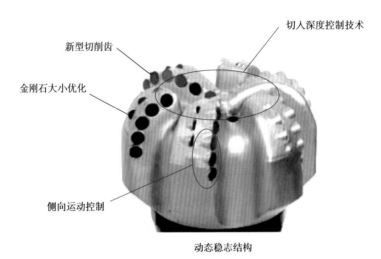

图 5-1-4　个性化设计 PDC 钻头

二、硬地层钻头研究进展

从国内外提速经验来看，影响机械钻速的因素很多，需通过综合考虑以下三个方面的解决方案进行提速[2-15]：①地层可钻性及钻头选型；②钻具和钻井参数优化；③减振措施及减振提速工具优选。

1. 钻头

斯伦贝谢 TCI 牙轮钻头，具有狗骨形楔形齿，能够减轻齿顶应力集中，在通过使用粗颗粒度等级的硬质合金，大幅提高镶齿的抗冲击能力，如图 5-1-5 所示。双密封系统则特稿了轴承的可靠性，寿命得到延长。

在科威特碳酸盐地层进行了试验，其中在 Dhabi 油田实现 214h 内单趟进尺 1638m，平均机械钻速为 7.65m/h。越南花岗岩水平井，单轴抗压强度（207MPa），TCI 牙轮钻头高达 596m，机械钻速为 8m/h。

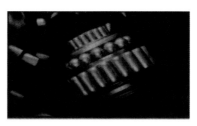

(a) 狗骨形楔形齿　　　　　(b) 轴承与双密封系统

图 5-1-5　斯伦贝谢 TCI 牙轮钻头结构图

1）涡轮+孕镶金刚石

孕镶金刚石钻头是依靠孕镶齿中金刚石的自锐性来刻划和破碎岩石的，其工作原理同砂轮磨削工件一样，即以金刚石不断的刻划磨蚀岩石实现进尺，如图 5-1-6 所示，其应用效果见表 5-1-1。

四川自流井组—须家河组高强度、研磨性强地层，单轴抗压强度为 100~260MPa，研磨性指数为 6~8，内摩擦角为 30°~45°。

图 5-1-6　孕镶金刚石钻头结构图

表 5-1-1　涡轮+孕镶金刚石现场应用效果

地层	井段/m	段长/m	机械钻速/（m/h）	钻头数量	钻井方式
自流井组	3294~3667	373	0.42	14	常规/牙轮
须家河组	4077~4430	353	1.02	5	常规/牙轮
	4430~4710	280	1.83	1	孕镶+涡轮
	4710~4764	54	0.39	5	常规/牙轮

2)个性化 PDC 钻头

俄克拉荷马:个性化设计 PDC 钻头,提高稳定性,采用新一代切削齿,结合钻井参数优化:第一只钻头进尺 1858ft[①],钻速为 19.15ft/h,第二只钻头进尺为 6098ft,钻速为 31.75ft/h,与老井数据相比提速 24%。

2. 井下减振措施

钻头的黏滑振动时,钻柱扭矩的聚积与突然释放,钻头间歇性地运动,对钻进具有极大的影响,主要体现在以下几方面。①加剧钻具失效;②浪费井口提供的能量;③加剧其他形式震动并引起耦合振动;④降低井身质量;⑤增大钻井成本,降低钻井效率。

黏滑振动过程中钻头受阻后停止转动,在滑脱阶段钻头以很大的速度冲击阻碍其转动的岩石,加速转动后达正常转速的数倍,在该过程中,钻头切削齿承受交变的拉压应力及正反转引起的摩擦力。黏滑振动引起的摩擦将加剧钻头的钝化,同时,钻头变钝将使钻进的转速降低,进一步使黏滑振动变剧烈。实际钻进过程中,钻头钻柱系统的转动与井眼轴线必定存在一定偏差,钻头的偏心运动造成钻头在滑脱时刻与井壁发生强烈碰撞,加剧钻具失效。黏滑振动使钻杆和其他钻具相对于井口转盘交替加速与减速,他们无序的回旋使得疲劳失效加剧。

1)转速控制

在钻井参数优化时,主要通过黏滑系数(SSA)等黏滑振动监测工具来监测井下黏滑情况[14]。该工具主要是基于通过地面扭矩变化的幅度来反映扭曲振动的严重程度。SSA 的值同样是通过最大扭矩值和最小扭矩值的差与平均扭矩值对比来确定。当 SSA 值低于 40,说明井下正常,当值为 40~80 时,说明井下发生扭曲振动,需要马上调整参数,当值大于 80 时,说明井下黏滑非常严重,需要立刻采取措施,比如钻头提离井底,让振动能量释放后再开始钻进。

2)钻具组合优化

越南花岗岩地层,单轴抗压强度 30000psi(207MPa),TCI 牙轮钻头,通过钻具组合优化设计及钻井参数优化,定向井施工中单只钻头进尺高达 596m,机械钻速 8m/h[11]。采用旋转导向+钻井马达(RSS+motor)后,降低转速,很好地控制了底部钻具的振动。

3)扭力冲击器

当 PDC 钻头在钻进硬地层时,如果没有足够大的扭矩来破碎地层,就有可能发生黏滑现象,钻柱像发条一样上紧,储存能量,一旦蓄积达到地层所需的能量,岩石就被剪切破坏,并引起能量的猛烈释放(图 5-1-7),从而对 PDC 齿造成很大的冲击,使其崩裂或脱裂,最终导致钻头损坏。

TorkBuster 扭力冲击器是目前综合性能较优的扭力冲击器,配合 PDC 钻头使用以冲击破碎为主旋转剪切破坏为辅,扭力冲击器工作原理如图 5-1-8 所示。给钻头施加高频

① 1ft=0.3048m。

74

扭转冲击作用，使平均钻速提高 66%，进尺平均提高 89%。钻头正常磨损，钻进效率大幅提高。

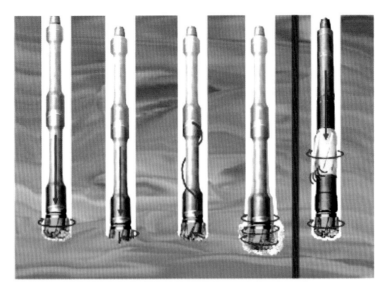

图 5-1-7 扭力冲击器工作状态示意图

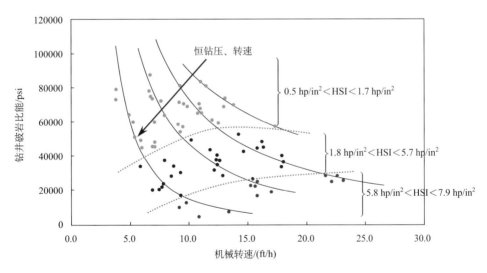

图 5-1-8 不同比水功率(HSI)下破岩比能(DSE)随机械钻速的变化曲线(室内实验)

3. 水力参数

一般情况下水射流破岩的门限压力为 20MPa，故水力辅助破岩的提高机械钻速的作用很小。

喷嘴比水功率(HIS)的作用是能够及时清除井底岩屑,避免重复切削,另外能够保持切削齿清洁,提高破岩效率。实验验证,HSI 对钻速的影响非常明显(图 5-1-8),一般推荐硬-中硬地层 HSI>4hp/in² (hp 表示水马力)[①]。

第二节　砂泥岩地层提速技术

一、地层特点

白垩系及以上地层以砂泥岩为主。由于乍得项目研究区地质条件比较复杂,不同油田地层深度变化比较大,且岩性也变化较大。下面以 Mimosa 油田地层特点为例,说明其岩性组成。

0～1100m,地层较软,岩石主要是软泥岩、软中粗砂岩和细砂岩等组成。

1100～1500m,主要由中硬页岩和砂岩组成。少部分地区(Ronier)有大约 100m 厚的火成岩夹层。火成岩地层硬,研磨性高,不能使用 PDC 钻头。

1500～2400m,地层主要由硬细砂岩、粉砂岩和硬页岩互层组成。地层随深度增加逐渐变硬,研磨性也增加。地层倾角大(30°～50°),硬夹层频繁,地层造斜能力强,容易引起井斜。

2400m 以下为基岩。

乍得项目研究区大部分砂泥岩地层可钻性好,可钻性为 2～3,主要采用 PDC 钻头钻进,少数断块存在难钻页岩,Delo 断块,Delo 1 井达到 2800m,可钻性预测结果如表5-2-1 所示,可钻性最高为 5 级,主要采用 PDC 钻头+螺杆钻具复合钻进。另外 Ronier 和Cassia 部分断块砂泥岩地层含侵入岩,含量如表 5-2-2 所示,在钻于侵入岩时,PDC 钻头很容易破损,钻速下降,起钻换牙轮钻头。砂泥岩进入 R 层后地层倾角较大,易井斜,为了控制井斜,需要轻压吊打。

表 5-2-1　钻头选型推荐

地层	单轴抗压强度 /MPa	内摩擦系数	地层类别	强度级别	推荐钻头
Q—B	15～45	0.5～0.7	软	2～3	117-127
R	15～60	0.5～0.75	软-中硬	2～4	M/S223-M/S323
K	15～85	0.5～0.8	软-中硬	2～4	M/S223-M/S323
M	15～90	0.7～0.8	软-硬	2～5	M/S223-M/S323

---

① 1hp=745.70W。

表 5-2-2　部分井火成岩夹层分布统计结果

断块	井号	含火成岩地层	
		地层	井深
Ronier C-4	Ronier C-4	K	1158～1236.5m，火成岩含量为 100%
	Ronier C-6	R—K	1224～1329m，火成岩含量为 15%～100%
Ronier D-1	Ronier D-1	K 和 P	1223～1332m，火成岩含量为 35%～70%
			2451～2465m，火成岩含量为 100%
Ronier CN-1	Ronier CN-1	K	1082～1134m，　火成岩含量为 35%
			1134～1162m，　火成岩含量为 15%
			1220～1248m，　火成岩含量为 95%
	Ronier 4-4	K	1400～1450m，火成岩层
Ronier S-1	Ronier S-1	K 和 M	1330～1360m，火成岩含量为 60%～90%
	Ronier S-2		
Cassia N-1	Cassia N-1		
	Cassia N-2	M	1450m，火成岩含量为 5%

总体来看，乍得 Bongor 盆地地层可钻性较好，一开使用一只 PDC 钻头或牙轮钻头即可完成，最高钻速可达 50.43m/h。二开井段由于部分地区含有侵入岩，岩性变化较大，钻头进尺与机械钻速差异较大，建议在 Baobab C2 等井区使用 19mm 齿 5 刀翼 PDC 钻头；在 Cassia N 等井区断块采用 16mm 齿 6 刀翼抗冲击 PDC 钻头，备选 617 牙轮钻头。

二、钻头使用效果

1. PSA 区块

(1)一开一只 117-127 牙轮钻头，机械钻速大于 20m/h。

(2)二开采用的 16mm 齿五、六刀翼钻头平均机械钻速为 3～20m/h，在 Baobab C-2 井、Baobab C2-1 井、Ronier C-1 井、Phoenix S-3 井没有出现崩齿情况，磨损等级在 1 左右，属轻微磨损，机械钻速为 10～20m/h。Cassia N-2 井含侵入岩，PDC 钻头破坏严重，换牙轮钻头钻进，机械钻速为 3～10m/h，Delo 1 和 Raphia S-10 存在难钻页岩和细粉砂岩，牙轮和 PDC 钻头钻速为 5～9m/h。

PSA 断块 16 口井共使用 95 只钻头，统计结果如表 5-2-3 所示，由于各断块的深度和岩性变化较大，所以各断块之间的钻头用量和机械钻速差别比较大开用一只 PDC 或牙轮钻头可完成，最高钻速达到 50.43m/h (Ronier C-3)，平均钻速 19.79m/h。由于地层差异较大，故二开井段的钻头进尺和平均机械钻速变化较大。评价分析如下：

(1)Ronier C-1 断块。二开钻遇 R—K 层不含燧石，Ronier C-1 井完钻 1800m，Ronier C-2 完钻井深 1050m，目的层深度为 800～1200m，二开一只钻头可完成整个井段。已钻两口井用 4 只钻头(2 只牙轮，2 只 PDC)，PDC+螺杆平均钻速达到 16.01m/h，而牙轮仅为 10.60m/h，由此可知采用 PDC+螺杆可提高钻速，同时低钻压钻进也有利于控制井斜。

表 5-2-3　PSA 各断块完钻井钻头使用情况

井号	编号	尺寸	钻头类型	入井深度/m	出井深度/m	进尺/m	钻速/(m/h)	是否使用马达	地层
Ronier C-1	1RR	12 1/4″	HP217G	11	362	351	21.62	否	T—R
	2	8 1/2″	TD13KPR	362	762	400	6.99	否	R—K
	3	8 1/2″	N/A	762	1074	312	22.29	是	
	4	8 1/2″	DSX516M-A1	1074	1800	726	9.05	是	
Ronier C-2	1RRRR	12 1/4″	XR	12	297	285	23.71	否	T—R
	2	8 1/2″	HJT437G	297	1050	753	14.59	否	R—K
Ronier C-3	1	12 1/4″	HAT127	12	308	296	50.43	否	T—R
	2	8 1/2″	HJT437G	308	516	208	24.76	否	R
	2R	8 1/2″	HJT437G	516	1143	627	11.21	否	R—M （含燧石）
	3	8 1/2″	HJT437G	1143	1788	645	7.01	否	K—M
	4RRR	8 1/2″	HJT447G	1788	1860	72	4.11	否	M
Ronier C-4	1	12 1/4″	T11C	12	330	318	22.36	否	T—R
	2	8 1/2″	RD 12	330	740	411	16.69	否	R
	3	8 1/2″	DSX616M	740	1276	536	15.49	否	R—K
	4	8 1/2″	HJT447G	1276	1550	274	4.00	否	K（含燧石）
	5	8 1/2″	DSX616M	1550	2050	500	6.50	否	K
Ronier C-6	1	12 1/4″	HAT117G	12	409	397	14.98	否	
	2	8 1/2″	HJT437G	409	514	105	11.05	否	R
	3	8 1/2″	DSX516M-A1	514	1220	706	18.01	否	R
	4	8 1/2″	HJT447G	1220	1335	115	6.25	否	R
	5	8 1/2″	DSX516M-A1	1335	1605	270	7.99	否	K
	6R2	8 1/2″	DSX516M-A1	1605	1915	310	3.98	是	K
	7	8 1/2″	HJT447G	1915	1980	65	2.20	否	K
	8	8 1/2″	DSX616M-A1	1980	2200	220	4.51	是	K—M
Ronier D-1	1	12 1/4″	HAT117GL	12	310	298	20.52	否	Q—T
	2	8 1/2″	KM1652GAR	310	1260	950	13.35	是	R
	3	8 1/2″	HJT447G	1260	1481	221	3.64	否	燧石
	4	8 1/2″	KS1652GR	1481	1874	393	3.11	是	M
	5	8 1/2″	SKF616	1874	2451	577	2.54	否	P
	6	8 1/2″	HJT537	2451	2500	49	0.66	否	P
Ronier CN-1	1RR	12 1/4″	XR+CPS	11	463	452	24.26	否	
	2RR	8 1/2″	Dsx516M-A1	463	1012	549	13.08	否	K
	3	8 1/2″	TD53ADHP	1012	1264	252	3.12	否	K
	4RR	8 1/2″	Dsx516M-A1	1264	1653	389	2.28	否	K
	5	8 1/2″	MF10TODPS	1653	1876	223	1.70	否	K
	6	8 1/2″	MF10TODPS	1876	2100	224	2.20	否	K

续表

井号	编号	尺寸	钻头类型	入井深度/m	出井深度/m	进尺/m	钻速/(m/h)	是否使用马达	地层
Ronier 4-4	1	12 1/4″	T11C	12	330	318	22.36	否	Q—T
	2	8 1/2″	RD 12	330	740	411	16.69	否	T—R
	3	8 1/2″	DSX616M	740	1276	536	15.49	否	R—K
	4	8 1/2″	HJT447G	1276	1550	274	4.00	否	K(含燧石)
	5	8 1/2″	DSX616M	1550	2050	500	6.50	否	K—M
Ronier S-1	1RR	12 1/4″	XR+CPS	11	544	533	10.55	否	T—B
	2	8 1/2″	DSX516M-A1	544	1314	770	14.26	是	B—R—K
	3	8 1/2″	MFS20T	1314	1442	128	2.64	否	K
	4	8 1/2″	HAT437G	1442	1616	174	4.24	否	K
	5RR	8 1/2″	DSX516M-A1	1616	1851	235	3.31	否	K—M
	6	8 1/2″	HAT437G	1851	2100	249	3.19	否	M
Ronier S-2	1	12 1/4″	HAT127	12	361	349	24.89	否	
	2	8 1/2″	HJT437G	361	690	330	16.90	否	B
	3	8 1/2″	DSR516	690	2200	1510	8.26	否	K
Cassia N-1	1RR	12 1/4″	TC11	12	452	440	23.40	否	T
	2	8 1/2″	HJT437GL	452	847	395	36.37	否	B—R
	3	8 1/2″	MD9539ZC	847	1975	1128	8.25	是	R—K—M
	4	8 1/2″	HJT517GL	1975	2200	225	3.55	否	C
Cassia N-2	1	12 1/4″	HAT127	12	446	434	25.60	否	
	2	8 1/2″	HJT437G	446	755	309	20.09	否	R
	3	8 1/2″	DS516M	755	1514	759	12.30	否	K—M
	4	8 1/2″	DS616M	1514	1807	293	5.52	否	M
	5	8 1/2″	HJT517	1807	2092	285	3.51	否	C
	6	8 1/2″	HJT517	2092	2389	297	3.12	否	C
	7	8 1/2″	HJT517	2389	2550	161	3.24	否	C
Viterx 1	1RR	17 1/2″	MM7591	12	216	204	20.50	否	T
	2	12 1/4″	HJT437GL	216	899	683	13.62	否	B—R
	3	8 1/2″	HJT437GL	899	1495	596	10.46	否	R—K
	4	8 1/2″	DSX516M-A1	1495	1910	415	7.51	是	K
	5	8 1/2″	HJT437GL	1910	2124	214	3.00	否	K
	6	8 1/2″	HJT517GL	2124	2258	134	1.92	否	K
	7	8 1/2″	DSX616M-A1	2258	2535	277	2.23	是	K
	8	8 1/2″	DSX616M	2535	2597	62	2.98	是	M
	8R	8 1/2″	DSX616M	2597	2674	77	1.69	否	M
	9	8 1/2″	HJT517GL	2674	2760	86	1.18	否	M

续表

井号	编号	尺寸	钻头类型	入井深度/m	出井深度/m	进尺/m	钻速/(m/h)	是否使用马达	地层
	1	12 1/4″	HAT117GL	12	451	439	13.68	否	Baobab
	2	8 1/2″	KM1652GAR	451	2032	1581	8.50	是	R—K
Delo 1	3	8 1/2″	RSF616S	2032	2540	508	2.17	是	K—M
	4	8 1/2″	HJT517G	2540	2694	154	1.21	否	M
	5	8 1/2″	HJT537G	2694	2800	106	1.64	否	M

(2)Ronier C-4 断块。二开钻遇 R—M 层，R 层和 K 层含燧石，并且 Ronier C-4 井和 Ronier C-6 井的燧石层深度不一样，Ronier C-4 井 1158~1236m，Ronier C-6 井在 1224~ 1329m。Ronier C-4 井完钻 2050m，Ronier C-6 完钻井深 2200m。两口井共用 11 只钻头（5 只牙轮，6 只 PDC），平均进尺 319m，平均钻速 7.61m/h，可采用 PDC+螺杆钻进，钻遇燧石层，备用牙轮。

(3)Ronier D-1 断块。二开钻遇 R—P 层，K 层和 P 层含燧石，完钻深度 2500m。共用 5 只钻头（3 只牙轮，2 只 PDC），平均进尺 419m，平均钻速 4.29m/h。

(4)Ronier CN-1 断块。二开钻遇 R—K 层，K 层含燧石，Ronier CN-1 井深度在 1082~ 1248m，Ronier 4-4 井深度在 1400~1450m。Ronier CN-1 井完钻 1867m，Ronier C-6 完钻井深 2050m，已钻两口井共用 9 只钻头（4 只牙轮，5 只 PDC），平均进尺 371m，平均钻速 4.58m/h。

(5)Ronier S-1 断块。二开钻遇 R—M 层，Ronier S-1 井 K 层和 M 层含燧石，深度分别为 1300~1360m、1555~2100m，Ronier S-2 井不含燧石。Ronier S-1 井完钻 2100m，Ronier S-2 完钻井深 2200m，两口井共用 7 只钻头（4 只牙轮，3 只 PDC），平均进尺 485m，平均钻速 6.86m/h。

(6)Cassia N-1 断块。二开钻遇 R—C 层，Cassia N-1 井未收集到录井数据，Cassia N-2 井 M 层含燧石，深度为 2100~2350m。Cassia N-1 井完钻 2200m，Cassia N-2 完钻井深 2500m，已钻两口井共用 9 只钻头（6 只牙轮，3 只 PDC，出井照片见图 5-2-1），平均进尺 428m，平均钻速 6.79m/h。

(7)Delo 1 断块：二开钻遇 R—M 层，进入 K 层后，地层可钻性变差之间。Viterx 1 井完钻 2760m，Delo 1 井完钻井深 2800m，已钻两口井共用 11 只钻头（5 只牙轮，6 只 PDC），平均进尺 351m，平均钻速 3.73m/h。

2. Daniela 及周边油田

Daniela 及周边油田 28 口井共使用 93 只钻头，平均口井使用 3.3 只，多数钻头为二次甚至三次入井。表层均为 1 只牙轮钻头钻进，平均机械钻速为 33~37m/h；二开井段采用 PDC 钻头，PDC 单只钻头平均机械钻速为 6.38~18.9m/h。

图 5-2-1　Cassisa N-2 井 DS616M 出井照片

（1）Daniela 油田 10 口完钻井共使用钻头 32 只（多数钻头为二次甚至三次入井，统计时未进行区分），总进尺 16269m，平均口井使用钻头 3.2 只，平均单只钻头进尺 508m，具体钻头使用情况如表 5-2-4 所示。一开井段用一只 HAT117 牙轮钻头，平均进尺 295m，钻头轻微磨损，新钻头平均钻速为 33.7m/h，旧钻头平均钻速为 32.9m/h。二开多由 KM1652GAR 钻头完成，轻度磨损，平均进尺 993.8m，新钻头平均钻速为 10.5m/h，旧钻头平均机械钻速为 3.2m/h。

表 5-2-4　Daniela 油田各完钻井钻头使用情况

井号	钻头编号	钻头类型	尺寸	入井深度/m	出井深度/m	进尺/m	钻时/h	钻速/(m/h)
Daniela 1	1R3	HAT117GIC	12 1/4″	12	263	251	5.8	43.28
	2N	KM1652GAR	8 1/2″	263	1664.85	1401.85	94.5	14.83
	3N	HJT447G	8 1/2″	1664.85	1772	107.15	30.4	3.52
Daniela 2	1	HAT117G	12 1/4″	12	262	250	6.8	36.76
	2	KM1652GAR	8 1/2″	262	1600	1338	117.8	11.36
Daniela 3	1	HAT117G	12 1/4″	12	294	282	10.1	27.92
	2	KM1652GAR	8 1/2″	294	1267.5	973.5	79.3	12.28
	3	TDS Coring	8 1/2″	1267.5	1281.4	13.9	3.25	4.28
	4（2R2）	KM1652GAR	8 1/2″	1281.4	1361.7	80.3	15.4	5.21
	5（3R2）	TDS Coring PDC	8 1/2″	1361.7	1370.5	8.8	2.25	3.91
	6（2R3）	KM1652GAR	8 1/2″	1370.5	1600	229.5	66.8	3.44
Daniela 4	1	HAT117G	12 1/4″	12	306	294	8.5	34.59
	2	GP543R	8 1/2″	306	780	474	25.1	18.88
	3	KM1652GAR	8 1/2″	780	1618.76	838.76	133.6	6.28
	4	KM1652GAR	8 1/2″	1618.76	1634.1	15.34	9.4	1.63
	5	HJT447GL	8 1/2″	1634.1	1640	5.9	2.9	2.03

井号	钻头编号	钻头类型	尺寸	入井深度/m	出井深度/m	进尺/m	钻时/h	钻速/(m/h)
Daniela 5	1	HAT117GIC	12 1/4″	12	305.8	293.8	9.6	30.60
	2R1	HJT447G	8 1/2″	305.8	325.69	19.89	2.5	7.96
	3	KM1652GAR	8 1/2″	325.69	1245.06	919.37	52.2	17.61
	4	KM1652GAR	8 1/2″	1245.06	1600	354.94	54.4	6.52
Daniela E-1	1	HAT117G	12 1/4″	12	349	337	9.4	35.85
	2	KM1652GAR	8 1/2″	349	1628	1279	119.2	10.73
	3	KM1652GAR	8 1/2″	1628	1848	220	50.4	4.37
	4	KM1652GAR	8 1/2″	1848	1900	52	16.35	3.18
Daniela E-2	1	HAT117GIC	12 1/4″	12	348	336	10.9	30.83
	2	KM1652GAR	8 1/2″	348	1789.55	1441.55	163.2	8.83
	3	KM1662GAR	8 1/2″	1789.55	1875.24	85.69	22.3	3.84
	4	HJT517G	8 1/2″	1875.24	2090	214.76	102	2.11
Daniela S-1	1	HAT117GI	12 1/4″	12	449.5	437.5	23.8	18.38
	2	KM1652GAR	8 1/2″	449.5	2333	1883.5	140	13.45
	3	HJT447G	8 1/2″	2333	2425	92	52.2	1.76
	4	DSR616M	8 1/2″	2425	2532	107	50.7	2.11
	5	HF517G	8 1/2″	2532	2693.4	161.4	108.6	1.49
	6	HJT517G	8 1/2″	2693.4	2733	39.6	21.7	1.82
Daniela W-1	1R	HAT117G	12 1/4″	12	295	283	9.6	29.48
	2R	KM1652GAR	8 1/2″	295	1400	1105	110.5	10
Daniela W-2	1R3	HAT117G	12 1/4″	12	218	206	6.6	31.21
	2R	KM1652GAR	8 1/2″	218	1005	787	76.9	10.23
	3R	HJT517G	8 1/2″	1005	1044	39	16.1	2.42
Daniela 6	1	HAT117GLC	12 1/4″	12	306.1	294.1	8.4	35.01
	2	HAT127G	8 1/2″	306.1	547	240.9	28.2	8.54
	3	CP543R	8 1/2″	547	1327	780	98.2	7.94
	4	KM1652G	8 1/2″	1327	1767	440	195.6	2.25
	5	HJT517G	8 1/2″	1767	1800	33	25.5	1.29

（2）Phoenix 油田 7 口井共使用钻头 28 只，总进尺 14184m，平均口井使用钻头 4 只，平均单只钻头进尺 506m，各井具体钻头使用情况如表 5-2-5 所示。一开井段均由一只 HAT117G 牙轮钻头完成，平均进尺 306m，轻微磨损，平均机械钻速为 33.3m/h，一只 HAT117G 牙轮钻头完全可以打完一开井段全部进尺。二开井段总进尺 11954.5m，先后试用多只 PDC 钻头及牙轮钻头，具体情况：GP543R 钻头平均机械钻速为 19.53m/h，进尺 1004m；KM1662GAR 钻头平均机械钻速为 15.35m/h，完成进尺 216.5m；KM1652GAR 钻头平均机械钻速达 12.34m/h，累计完成进尺 9605m，占 7 口井全部二开井段总进尺的 80%。

表 5-2-5　Phoenix 油田各完钻井钻头使用情况

井号	钻头编号	钻头型号	尺寸	入井深度/m	出井深度/m	进尺/m	钻时/h	钻速/(m/h)
Phoenix 1	1R1	HAT117G	12 1/4″	12	391.5	379.5	12.1	31.36
	2	KM1652GAR	8 1/2″	391.5	1259	867.5	69.7	12.45
	3	KM1663GAR	8 1/2″	1259	1768	509	82.3	6.18
	4	DSR616M	8 1/2″	1768	1785	17	14.5	1.17
	5	HF517G	8 1/2″	1785	1800	15	11.2	1.34
Phoenix 2	1R3	HAT117G	12 1/4″	12	271	259	7.1	36.48
	2R	KM1652GAR	8 1/2″	271	1652	1381	58.8	23.49
	3	KM1652GAR	8 1/2″	1248	1498	250	27	9.26
	4	HJT517G	8 1/2″	1498	1538	40	26.3	1.52
Phoenix 3	1R5	HAT117G	12 1/4″	12	278.5	266.5	10.3	25.87
	2R	KM1652GAR	8 1/2″	278.5	1803.5	1525	129	11.82
	3R	HJT537G	8 1/2″	1803.5	1810	6.5	5.2	1.25
Phoenix 4	1R2	HAT117G	12 1/4″	12	306	294	9.3	31.61
	2N	GP543R	8 1/2″	306	1310	1004	51.4	19.53
	3N	KM1652GAR	8 1/2″	1310	1587.5	277.5	67.3	4.12
	3R1	KM1653GAR	8 1/2″	1587.5	1594	6.5	5.7	1.14
	4N	HJT517G	8 1/2″	1594	1851	257	113.5	2.26
	5N	HJT518G	8 1/2″	1851	2000	149	56.9	2.62
Phoenix S-1	1R	HAT117G	12 1/4″	12	316.5	304.5	12	25.38
	2	KM1652GAR	8 1/2″	316.5	2062	1745.5	108.9	16.03
	3	HJT447G	8 1/2″	2062	2300	238	72.7	3.27
Phoenix S-2	1	HAT117G	12 1/4″	12	349.5	337.5	9.9	34.09
	2	KM1652GAR	8 1/2″	349.5	1041	691.5	19.22	35.98
	3	KM1652GAR	8 1/2″	1041	2493	1452	196.59	7.39
	4	HJT447G	8 1/2″	2493	2550	57	19.49	2.92
Phoenix W-1	1R2	HAT117G	12 1/4″	12	316.5	304.5	6.3	48.33
	2	KM1662GAR	8 1/2″	316.5	533	216.5	14.1	15.35
	3R	KM1652GAR	8 1/2″	533	1948	1415	101.7	13.91
	4	HJT447G	8 1/2″	1948	2186	238	98.6	2.41

（3）Raphia 油田 9 口井共使用钻头 26 只（多数钻头为二次甚至三次入井，统计时未进行区分），总进尺 12889.22m，平均口井使用钻头 2.8 只，平均单只钻头进尺 496m，各井具体钻头使用情况如表 5-2-6 所示。

7 口井一开井段均由一只 HAT117G 牙轮钻头完成，轻微磨损，单只钻头平均进尺 248.1m，Ronier 1、Ronier N-1 两口井一开段由一只 TC11 钻头完成，单只钻头平均进尺 231m。二开段总计 10690.8m，KM1652GAR 钻头完成进尺 9370.8m，占二开总进尺的 87.7%，单只钻头平均进尺 1041.2m，轻微磨损。一开井段单只钻头（HAT117G 牙轮钻）

平均机械钻速为 36.7m/h；二开井段 KM1652GAR 钻头平均机械钻速为 15.6m/h。

表 5-2-6　Raphia 油田各完钻井钻头使用情况

井号	钻头编号	钻头型号	尺寸	入井深度/m	出井深度/m	进尺/m	钻时/h	钻速/(m/h)
Ronier 1	1	TC11	12 1/4″	12	220	208	8.85	23.50
	2	KM1652GAR	8 1/2″	220	1013	793	47	16.87
	3	HJT447GLY	8 1/2″	1013	1366	353	104.1	3.39
	4	HJT517G	8 1/2″	1366	1450	84	34.8	2.41
Ronier 2	1	HAT117G	12 1/4″	12	262	250	4.5	55.56
	2	KM1652GAR	8 1/2″	262	1450	1188	106.2	11.19
Ronier N-1	1	TC11	12 1/4″	12	266	254	14.18	17.91
	2	KM1652GAR	8 1/2″	266	1346	1080	73.04	14.79
Ronier S-1	1	HAT117G	12 1/4″	12	251	239	8.3	28.80
	2	KM1652GAR	8 1/2″	251	1060	809	61.1	13.24
	3	HJT447G	8 1/2″	1060	1250	190	48.6	3.91
Ronier S-2	1	HAT117G	12 1/4″	12	255.5	243.5	7.9	30.82
	2	KM1652GAR	8 1/2″	255.5	1535	1279.5	70	18.28
	3	HJT447G	8 1/2″	1535	1620	85	18.4	4.62
Ronier S-3	1	HAT117G	12 1/4″	12	267	255	8.9	28.65
	2	KM1652GAR	8 1/2″	267	1434	1167	67.3	17.34
	3	HJT447G	8 1/2″	1434	1625	191	45.1	4.24
Ronier S-5	1	HAT117G	12 1/4″	12	261	249	5.7	43.68
	2	KM1652GAR	8 1/2″	261	1347	1086	51.7	21.01
	3	HJT447G	8 1/2″	1347	1395	48	29.7	1.62
Ronier S-6	1	HAT117G	12 1/4″	12	259.32	247.32	4.7	52.62
	2	KM1652GAR	8 1/2″	259.3	1530.7	1271.4	89.1	14.27
	3	HJT517G	8 1/2″	1531	1581.5	50.5	72.1	0.70
Ronier SW-1	1	HAT117G	12 1/4″	12	265	253	7.3	34.66
	2	KM1652GAR	8 1/2″	265	962	697	35.3	19.75
	3	XS42DS	8 1/2″	962	1280	318	88.9	3.58

　　(4)Lanea 油田 2 口井共使用钻头 7 只，总进尺 2841m，平均口井使用钻头 3.5 只，平均单只钻头进尺 405.8m，各井具体钻头使用情况如表 5-2-7 所示。2 口井一开井段均由一只牙轮钻头完成，轻微磨损，单只钻头平均进尺 302m，平均机械钻速 18.9m/h。二

开井段总进尺 2236.5m，先后试用 P5A12-5、KM1652GAR 等 PDC 钻头和 HJT447G、HJT517G 等牙轮钻头。其中，P5A12-5 平均机械钻速为 10.81m/h，进尺 857m；KM1662GAR 平均机械钻速为 9.06m/h，完成进尺 1303m。

表 5-2-7 Lanea 油田各完钻井钻头使用情况

井号	钻头编号	钻头型号	尺寸	入井深度 /m	出井深度 /m	进尺/m	钻时/h	钻速 /(m/h)
Lanea 1	1	HAT117G	12 1/4″	12	324.5	312.5	17.5	17.86
	2	HJT447G	8 1/2″	324.5	366	41.5	3.8	10.92
	3	KM1652GAR	8 1/2″	366	1426	1060	87.5	12.11
	4	HJT447G	8 1/2″	1426	1445	19		
Lanea 2	1	HAT127	12 1/4″	12	304	292	14.4	20.56
	2	P5A12-5	8 1/2″	304	1161	857	79.3	10.81
	3	KM1652GAR	12 1/4″	1161	1404	243	56.2	4.32
	4	HJT517G	8 1/2″	1404	1420	16	13.3	1.20

第三节　基岩提速技术

一、乍得花岗岩潜山地层特点

1. 潜山岩性特征

乍得区块潜山岩性不同区块差异大，岩性复杂，由变质岩和岩浆岩组成杂岩体。变质岩分布最多的为混合花岗岩、混合片麻岩，区域变质岩多呈残留体分布，岩浆岩以中、酸性偏碱性为主，如正长岩、正长花岗岩等。根据岩心薄片分析，潜山岩性分为 2 类 14 个亚类 40 多种岩石类型，如表 5-3-1 所示[16]。

表 5-3-1 Bongor 盆地潜山岩性分类

岩类		亚类	主要类型	主要造岩矿物
变质岩	区域变质岩	变粒岩类	黑云斜长变粒岩、黑云角闪斜长变粒岩、角闪黑云斜长变粒岩、绿泥斜长变粒岩、角闪斜长变粒岩	以斜长石、角闪石、黑云母、绿泥石为主，次为碱性长石、石英
		浅粒岩类	二长浅粒岩、黑云二长浅粒岩	以斜长石、碱性长石、石英为主，黑云母等暗色矿物小于 10%
		片麻岩类	黑云二长片麻岩、角闪黑云斜长片麻岩、绿泥斜长片麻岩、二长片麻岩	以斜长石、角闪石、黑云母、绿泥石为主，含少量碱性长石、石英
		角闪质岩类	黑云斜长角闪岩、细粒黑云斜长角闪岩	以斜长石、角闪石和黑云母

岩类	亚类		主要类型	主要造岩矿物
变质岩	混合岩	混合岩化变质岩类	混合岩化变粒岩、花岗质角闪斜长片麻角砾状混合岩	以斜长石、角闪石、黑云母、绿泥石为主，次为碱性长石、石英
		注入混合岩类	条带状混合岩、眼球状混合岩、浅粒质混合岩	以斜长石、角闪石、黑云母、绿泥石为主，次为碱性长石、石英
		混合片麻岩类	混合片麻岩	以斜长石、角闪石、碱性长石、黑云母、绿泥石、石英
		混合花岗岩类	二长混合花岗岩、碱长混合花岗岩、混合花岗岩	以石英、斜长石、碱性长石为主，含少量黑云母、角闪石等
	动力变质岩	构造角砾岩类	花岗质角砾岩	以石英、斜长石、碱性长石为主，含少量黑云母和角闪石等
		压碎岩类	碎裂混合花岗岩、碎裂二长花岗岩、碎裂碱长混合花岗岩、碎裂石英二长岩、碎裂浅粒质混合岩、长英质碎斑岩、长英质碎粒岩、碎裂二长混合花岗岩、碎裂混合片麻岩、碎裂混合岩、碎裂角闪黑云斜长片麻岩、碎裂绿泥斜长变粒岩、碎裂正长岩、花岗质碎斑岩、碎斑岩、碎裂花岗质绿泥斜长变粒角砾状混合岩	以斜长石、碱性长石、石英为主，次为角闪石、黑云母等
		糜棱岩类	糜棱岩化石英闪长岩、糜棱岩化绿泥斜长片麻岩、糜棱岩化混合片麻岩	以斜长石、碱性长石为主，次为石英、角闪石、黑云母和绿泥石
岩浆岩	中性岩	闪长岩类	闪长岩、石英闪长岩、闪长玢岩、花岗闪长岩	以斜长石、角闪石为主，含少量石英
		正长岩类	石英正长岩、正长岩、二长岩、石英二长岩	以斜长石、碱性长石为主，次为角闪石，少量石英、黑云母
	酸性岩	花岗岩类	正长花岗岩、二长花岗岩、碱长花岗岩	石英、斜长石、碱性长石

纵向呈带状分布，储层集中在裂缝发育和半充填裂缝发育带，大部分井厚度为200～350m，少数井达到1300m。

2. 岩石力学特征

为了确定基岩地层的可钻性，从现场收集了8块岩心，岩心描述见表5-3-2 收集的岩心深度为559～1758m，岩性主要为基岩花岗岩，基本可以代表H区块钻遇地层的岩性状况。

乍得油田部分岩心声波时差、硬度和可钻性级值测定试验结果如表5-3-3和5-3-4所示。

表 5-3-2　现场岩心汇总表

序号	井号	井深/m	层位	岩性
1	Baobab C-2	559～560	基岩	褐黑色花岗岩
2	Lanea SE-1	808.3～809.87	基岩	褐黑色花岗岩
3	Mimosa 10	986～986.89	基岩	褐黑色花岗岩
4	Mimosa 10	986～986.90	基岩	褐黑色花岗岩
5	Baobab C-2	1003～1004	基岩	褐黑色花岗岩
6	Mimosa 10	1069.3～1070.25	基岩	褐黑色花岗岩
7	Mimosa 10	1322.16～1323.18	基岩	褐黑色花岗岩
8	Mimosa E-2	1757～1758	基岩	褐黑色花岗岩

表 5-3-3　乍得油田岩心试验结果汇总表

井号	井段/m	岩性	纵波时差/μs	横波时差/μs
Boobab C-2	1003～1004	花岗岩	13.4	22.25
Boobab C-2	1003～1004	Granite	14.05	22.95
Mimosa 10	1322.35～1323.18	花岗岩	12.2	19.75
Mimosa 10	986～986.89	花岗岩	12.8	21.95
Mimosa 10	986～986.89	花岗岩	14.2	24.75
Mimosa 10	1069.3～1070.2	花岗岩	16.2	26.05
Mimosa 10	1069.3～1070.2	花岗岩	16.1	27.55
Mimosa 10	986.0～986.89	花岗岩	8.3	14.25
Mimosa 10	986.0～986.89	花岗岩	14.7	25.65
Mimosa 10	986.0～986.89	花岗岩	18.1	30.25
Mimosa E-2	1757～1758	花岗岩	13.7	22.75
Mimosa E-2	1757～1758	花岗岩	16.9	28.15
Lanea SE-1	808.3～809.87	花岗岩	15.8	25.35
Lanea SE-1	808.3～809.87	花岗岩	21.5	38.05
Lanea SE-1	808.3～809.87	花岗岩	17.8	29.75

表 5-3-4　乍得油田岩心试验结果分析结果

岩心编号	深度/m	地层序列	主要矿物成分	可钻性级值	硬度/MPa	塑性系数	单轴抗压强度/MPa	内摩擦角/(°)
S1	559	裂缝发育带	石英含量为22%，钾长石含量为19%，斜长石含量为43%	5	322	1.40	52	59
S2	809	半充填裂缝发育带	石英含量为9%，钾长石含量为18%，斜长石含量为53%	7	729	1.30	75	56

续表

岩心编号	深度/m	地层序列	主要矿物成分	可钻性级值	硬度/MPa	塑性系数	单轴抗压强度/MPa	内摩擦角/(°)
S3	986	致密带	石英含量为21%，钾长石含量为46%，斜长石含量为29%	10	1792	1.25	175	67
S4	1003	致密带	石英含量为9%，钾长石含量为39%，斜长石含量为46%	9	1744	1.33	106	45
S5	1069	致密带	石英含量为17%，钾长石含量为51%，斜长石含量为28%	10	1892	1.25	133	51
S6	1322	致密带	石英含量为21%，钾长石含量为46%，斜长石含量为29%	10	2451	1.08	113	69
S7	1757	致密带	石英含量为16%，钾长石含量为47%，斜长石含量为31%	9	2027	1.26	169	54

(1)岩石特性：石英平均含量为16%，长石平均含量为65%；裂缝发育带和半充填裂缝发育带硬度为322～729MPa，塑性系数为1.30～1.40，属于中硬到硬地层；而致密带硬度为1744～2451MPa，塑性系数为1.08～1.33，属于硬脆性地层；内摩擦角为45°～69°，属于研磨性强地层。

(2)可钻性：裂缝发育带 UCS 为52MPa，可钻性极值为5级，半充填裂缝发育带 UCS为75MPa，可钻性极值7级；致密带 UCS 为106～175MPa，可钻性极值为9～10级。

二、已钻井钻头使用情况

2012～2014 年年底，乍得共完钻潜山勘探评价井 37 口，潜山段进尺 $1.13×10^4$m。前期使用少量 HJT437 牙轮钻头，同时试验了 3 只 PDC 钻头，分别为长城、瑞德和江汉，钻速低于 1.2m/h，进尺低于 11m，出井照片如图 5-3-1 所示，钻头指标如表 5-3-5 所示，其中长城的 PDC 钻头在辽河油田潜山取得平均进尺 183m，钻速 2.89m/h 的佳绩。后期主要采用 HJT537G 牙轮钻头，大部分使用效果一般，少数钻头部分裂缝发育地层取得进尺 446m，钻速 4.76m/h 的良好效果。

所钻 37 口井共使用 83 只钻头，除去取心和钻至最大井深处起钻，8 1/2″和 6 1/8″井眼共用 43 只牙轮钻头，平均进尺为 155m，平均钻速为 2.25m/h。切削齿平均磨损量为61.63%，77%的钻头存在切削齿光、齿顶磨平现象，47%的钻头出现牙齿崩裂、掉齿现象，10 只钻头机械钻速高于 3m/h，最高达到 4.76m/h，如图 5-3-2 所示。

(a) PDC101　　　　　　　　　(b) DSR616

图 5-3-1　PDC 钻头使用效果

表 5-3-5　PDC 钻头使用效果

尺寸	钻头型号	厂家	入井深度 /m	出井深度/m	进尺/m	钻速/(m/h)
8 1/2″	PDC 101	长城	1405	1408	2.2	0.17
8 1/2″	DSR616	瑞德	1132	1143	11.0	0.83
8 1/2″	KS1363DAR	长城	1502	1511	7.5	1.20

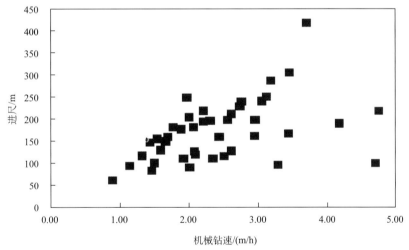

图 5-3-2　43 只牙轮钻头使用效果

由于地层单轴抗压强度为 52～175MPa，适合 M432 以上 PDC 钻头和 547 以上牙轮钻头。花岗岩强度高、可钻性差、研磨性高，齿容易磨损，已钻井中钻头选型不合理，是导致进尺短、钻速低的主要因素。目前潜山主要采用江钻牙轮钻头，主力牙轮为 537，少量用 517 和 447 牙轮，完成井平均基岩进尺 317m，平均钻头 2.4 只，单只进尺 133.2m，平均机械钻速为 2.17m/h，最小为 0.89m/h，最大为 6.25m/h。从钻头磨损情况看，大部分情况为牙齿磨光、崩落导致钻速降低，如图 5-3-3 所示。

(a) 磨损严重，断齿(537)　　　　　　　　　(b) PDC101(M332切削齿磨平)

图 5-3-3　已钻井钻头磨损情况

为保证钻速，采用高钻压钻进(最高达到 20t)，极易产生黏滑振动，从而引起钻头发生非正常破坏，钻速下降，寿命缩短，如图 5-3-4、图 5-3-5 所示。钻具疲劳破坏发生断裂，引起井下事故，如图 5-3-6 所示。

(a) Baobab C1-1基岩钻头　　　　　　　　　(b) Baobab C-4基岩钻头

图 5-3-4　断轴承和断齿后的牙轮钻头出井照片

(a) DSR616(崩齿)　　　　　　　　　(b) KS1363DAR(崩齿)

图 5-3-5　PDC 钻头崩齿

图 5-3-6 断钻铤出井照片（BC-5 基岩钻进中两次断钻铤）

从前面试验结果及国内外调研情况看，乍得潜山基岩可钻性极值为 4～10 级，之前主要采用 537 牙轮钻头，钻速低，进尺短，表明钻头选型不当。根据牙轮钻头适应地层特征，优选 617 及以上的牙轮钻头作为潜山直井主力钻头，实现提速和提高单只进尺，减少起下钻。另外，考虑到上部裂缝发育，岩石可钻性尚可，可采用个性化 PDC 钻头配合减震工具解决 PDC 钻头钻速低、进尺短的问题。

三、花岗岩提速技术研究

1. PDC 钻头优化设计

由于乍得花岗岩潜山地层非均质性差异很大，破碎带和裂缝发育地层强度低，而致密层强度非常高，很容易引起钻头损坏，因此主要以提高钻头寿命为目的对 PDC 钻头进行个性化设计，IADC 号为 M432，主要设计如下。

（1）采用 Trident Ⅳ 复合片，该复合片研磨性是目前常规钻头使用的 TridentⅢ 切削齿的 1.5 倍。

（2）采用八刀翼、短抛物线剖面高密度布齿，能延长钻头寿命，减少齿受到的扭矩。

（3）后倾角在心部 19°，向外锥逐步变为 23°，控制切削深度，降低钻头破岩扭矩，能够减少钻头振动，特别是减少黏滑振动所带来的影响，延长了钻头使用寿命。

（4）切削齿尺寸选择：10mm、13mm 主切削齿，13mm 后排孕镶柱，13mm 保径齿。小齿抗冲击能力较大齿高，同时小齿在相同条件下更易于吃入地层[17]。

（5）采用双排布齿方式，40 个主切削齿，38 个后排孕镶柱，12 个保径齿。前排 PDC 切削齿、后排金刚石孕镶柱，高差 0.5mm，孕镶柱起到载荷限控的作用，防止吃入太深引起黏滑振动，加速切削齿的损坏，增强钻头的耐用性，保持切削齿结构更加锋利，使得机械钻速更快、钻头使用寿命更长。另外当主切削齿磨损至无法正常破岩时，孕镶柱可继续磨削破岩。为了保证钻头高速旋转时的稳定性，采用力平衡方法布齿，模拟结果不平衡指数为 0.39%。

（6）边部 4 个固定水眼+中心 4 个可更换水眼，充分确保井底清洁和钻头冷却。

钻头的设计结果如表 5-3-6 和图 5-3-7 所示。

表 5-3-6　Φ215.9mm T1386I-PDC 钻头优化设计结果

参数	数值
钻头尺寸/in	8.5
切削齿结构	前排齿：PDC（10mm+13mm）， 后排齿：金刚石孕镶柱
钻头主体材质	胎体
设计有效长度/in	13.6
连接扣型	4.5″API 公扣
钻头刀翼数	8
保径长度/in	2
水眼	4MZ+4P
推荐配合使用工具	常规马达
推荐转数/(r/min)	>200
推荐钻压/t	2~10

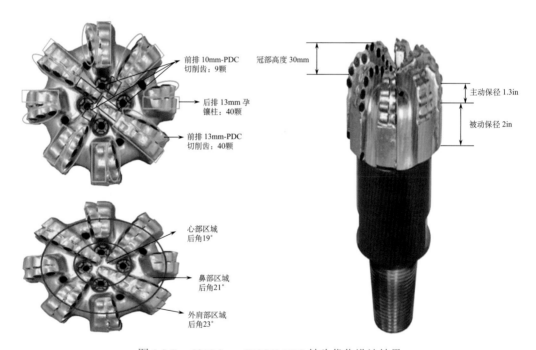

图 5-3-7　Φ215.9mm T1386I-PDC 钻头优化设计结果

选用"双摆钻具"作为减震试验工具（图 5-3-8），配合个性化设计 PDC 钻头，实现提速增效。以钻井泥浆为动力，利用陀螺自稳定的原理达到主动抑制钻头或钻具轴向、径向（涡动）双方向摆动，通过控制动力源的转速、摆块的数量及减震轴的节数，可以适应抵抗不同范围的振动，使钻头保持稳定切削，加快钻速，延长寿命。

2016 年 8 月 23 日至 8 月 26 日，试验井 Baobab C2-1 井身结构：Φ444.5mm 钻头钻至 252m（下 Φ339.7mm 套管）+Φ311.1mm 钻头钻至 628m（下 Φ244.5mm 套

管)+Φ215.9mm 钻头钻至 869m(裸眼完井)。钻具组合：Φ215.9mmT1386I-PDC 钻头+Φ165.1mm 止逆阀+Φ177.8mm 陀螺减震工具+Φ165.1mm 钻挺×9+Φ127mm 加重钻杆×15 根+Φ127mm 钻杆。钻井参数：钻压为 5～15t,转速为 80～87r/min,转速排量为 30～40L/s,泵压为 3.5～7.0MPa，泥浆密度为 1.02～1.03g/cm³，漏斗黏度为 30～50s。

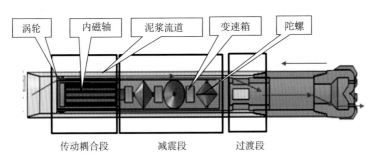

图 5-3-8　双摆工具结构图

试验结果：基岩井段 630～869m,总进尺 239m,纯钻时间 54h,平均机械钻速 4.44m/h。与邻井使用的 3 只 PDC 钻头(进尺 2～11m，钻速 0.85～1.23m/h)相比，钻头指标大幅度提高。与相邻 37 口井中使用的 43 只牙轮钻头(平均机械钻速 2.25m/h；平均单只进尺155m)相比，平均机械钻速提高 97.33%，平均单只钻头进尺提高 54.19%。

钻头磨损非常严重，出现掏心及外肩部的环槽现象(图 5-3-9)。结合成像测井解释结果、岩屑录井及瞬时机械钻速变化判断，630～635m 为破碎带，可钻性好，瞬间机械钻速最高达 35.52m/h；635～825m 井段裂缝相对发育，单轴抗压强度为 51～115MPa，大部分井段机械钻速为 4～10m/h；而 825m 以下井段为致密花岗岩地层，单轴抗压强度高达 175MPa，瞬时机械钻速为 2～5m/h。从瞬时机械钻速判断，在上部 200m 左右，能保持较好的机械钻速，但进入 825m 以下裂缝不发育岩层时，钻头切削齿磨损殆尽，主要靠孕镶块磨削岩石钻进，机械钻速下降至 2～5m/h，因心部无孕镶块，钻头出现掏心(图5-3-9)，钻至 836m 左右钻头心部完全磨平，出现顶水眼现象，导致泵压大幅波动(图5-3-10)，而外肩部因。

为了提高开发效益，后续将部署一定数量的水平井，为了减少起下钻次数，尝试用 PDC 钻头代替牙轮钻头进行钻进。虽然新设计的 PDC 钻头取得一定的效果，但还需要进一步实现，满足水平井的施工要求。

2. 牙轮钻头优选

为解决前期勘探评价阶段基岩地层提速问题，根据可钻性研究结果，采购了一批牙齿更小、布齿密度更大的 HJT617G 牙轮进行现场应用(表 5-3-7)。2016 年 9 月至 2016年 12 月，共有 7 只 HJT617G 牙轮钻头在 6 口井中进行了下井应用，包括两只 6 1/8″和 5只 8 1/2″，平均进尺井 233m，平均机械钻速井 5.47m/h，取得非常好的效果。

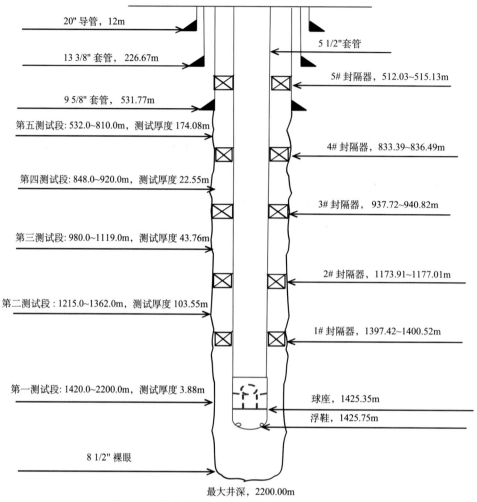

图 5-3-9　管外封隔器-套管完井后井身结构示意图

表 5-3-7　HJT617G 牙轮钻头现场应用情况

井号	井眼尺寸	潜山井段/m	进尺/m	钻头用量	机械钻速/(m/h)	起钻原因
Baobab C1-16	8 1/2″	1302～1512	210	1	5.92	钻速低
	8 1/2″	1510～1600	90		6.41	TD
Baobab C1-12	8 1/2″	1308～1452	144	1	6.61	取心
	8 1/2″	1459～1550	91		6.43	取心
	8 1/2″	1557～1610	53		7.35	TD
Baobab C1-13	8 1/2″	1269～1610	341	1	6.58	TD
Baobab C1-10	6 1/8″	1289～1510	221	1	3.82	TD
Baobab C1-9	8 1/2″	1601～1808	207	1	6.75	TD
Phoenix S-3A	6 1/8″	1003～1300	277	1	4.25	TD

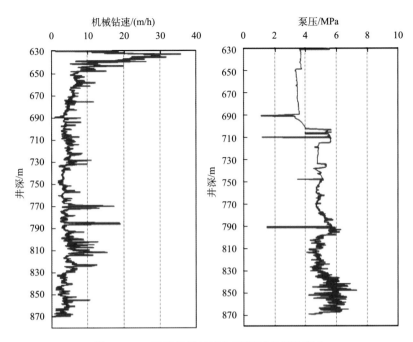

图 5-3-10 瞬时机械钻速与泵压随井深的变化

第六章

花岗岩潜山安全钻井技术

针对潜山水平井钻井施工过程中的溢漏问题，国内外主要采用充气、水包油等作为循环介质，配合欠平衡或控压钻井设备[17-42]，实现水平段的顺利钻进。2013 年初，潜山第一口探井 Lanea E-2 井获得突破，随后勘探重点转向潜山地层。由于 Lanea E-2 井在潜山段共漏失钻井液 1158m³，随后从国内动用两套前平衡装置进行前平衡作业，共进行了 7 口井得作业，其中 Baobab C-2 井由于地面溢流量太大，地面没及时处理，造成严重环保事件，导致停工，随后前平衡设备运回国内。在 2013～2014 年中共完成 37 口潜山钻井，2014 年年中至 2015 年年底处于停工状态，2015 年 10 月份复工，至 2016 年共完成 11 口井得钻井作业。2015 年复工后，仍采用无固相配合常规工艺进行施工，由于油气活跃，导致 Baobab C1-4 井和 Baobab C1-9 井提前完钻，2016 年施工的 Baobab C1-12 井和 Baobab C1-16 井完全失返，无法获取岩屑和气测录井资料。针对上述出现的问题，结合测试资料、实钻分析，对工艺进行优化，采用可循环微泡钻井液、旋转控制头、电缆防喷器进行钻完井施工，确保钻完井施工顺利。

第一节 花岗岩储层特征

一、地质概况

经过四年约勘探在 8 个潜山带共发现了 132 个有利圈闭，圈闭面积为 480.9km²，统计表如表 6-1-1 所示。

表 6-1-1　各潜山带圈闭统计表

序号	潜山带	圈闭个数	圈闭面积/km²
1	Baobab	45	75.2
2	Mimosa	15	56.5

序号	潜山带	圈闭个数	圈闭面积/km²
3	Phoenix-Raphia	21	63.7
4	Lanea	18	58.7
5	Daniela	12	89.8
6	Prosopis	13	66.4
7	Ronier	3	31.2
8	Cassia	5	39.4
合计		132	480.9

潜山圈闭埋藏浅，多数小于1500m，闭合幅度较大，一般为200～600m，统计结果如表6-1-2所示。

表 6-1-2 各潜山带圈闭统计表

潜山名称	圈闭类型	高点埋深/m	圈闭幅度/m	面积/km²
Baobab	断块、单斜	−1675～50	75～800	0.12～9.81
Mimosa	断块	−1500～−600	200～1300	0.59～17.83
Phoenix-Raphia	断鼻、断块	−1100～−400	300～1100	0.8～8.52
Lanea	断块	−1100～−400	100～1000	0.4～10.1
Daniela	断鼻、断块	−1800～200	300～1400	1.2～21.34
Prosopis	断鼻、断块	−2200～−700	100～1000	1.14～12.1
Ronier	断块	−2500～−2000	100～500	3.56～20.04
Cassia	断鼻、断块	−3200～−2600	200～500	0.97～17.3

Bongor 盆地断层走向以近东西向和北西向为主，断距多小于600m，延伸长度多小于6km。

二、裂缝发育情况

潜山构造演化史复杂，不同潜山差异大，主要特点如下。

(1) 盆地发育北早南晚。

(2) Baobab C 潜山在主裂陷期(P 组)受北掉断层控制，主要为单倾断块，M—K 组沉积时期受南掉断层的影响，形成潜山形态并逐步加强，早白垩世末期定型。

(3) Mimosa 潜山在成盆前为古地貌山，P—M 组沉积从南北两侧超覆，K 组沉积时有披覆特征，早白垩世末期被南掉断层改造定型。

(4) Raphia SW 和 Daniela 潜山在成盆前为古地貌山，P—M 组沉积从南北两侧超覆，早白垩世末期定型。

(5) Prosopis 和 Baobab 潜山在主裂陷期(P 组)已接受沉积，受构造运动影响逐渐抬升，早白垩世末期断裂定型。

取心照片如图 6-1-1 所示，成像测井验证如图 6-1-2 和表 6-1-3 所示，基岩裂缝非常发育：

(1)裂缝发育程度主要受构造(断裂)活动控制，并与岩性密切相关。

(2)裂缝走向在多数井中与最大主应力方向一致，有利于裂缝有效开启。

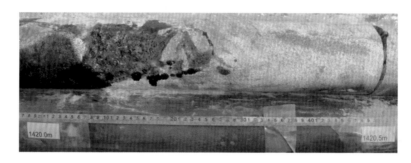

图 6-1-1　Baobab C1-4 井取心照片(裂缝发育)

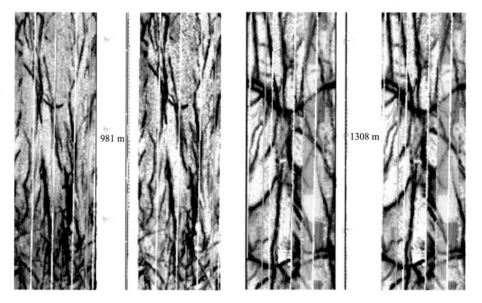

图 6-1-2　Baobab C-2 井成像解释结果

表 6-1-3　**Baobab C1-16 井潜山段成像测井解释结果**

井段	描述	裂缝类型			
		诱导裂缝	不连续传导裂缝	传导缝	高阻缝
	数量	263	26	56	3
1302～1589m	倾角/(°)	30	50	50	30
	方位/(°)	340	305	45	175 及 125

三、地层压力系统

Baobab C1-4 井可能存在多套压力系统，同一裸眼段压力窗口甚至为负值：从钻进复杂情况看，1510m 上下可能为不同压力系统；1470～1480m 有一持续低钻时井段，其可能是一段致密花岗岩层。密度窗口大约为–0.6ppg，即漏失压力低；1510m 以下的漏涌交替，可能是"上吐下泻"的结果，实际钻井液密度与钻井复杂情况如图 6-1-3 所示。

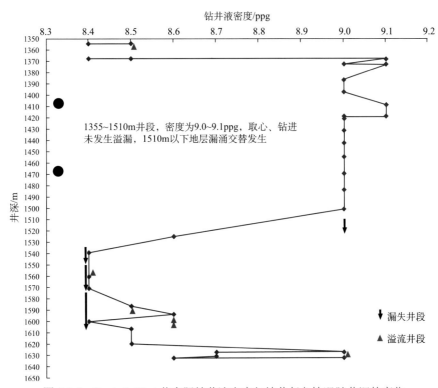

图 6-1-3　Baobab C1-4 井实际钻井液密度与钻井复杂情况随井深的变化

由表 6-1-4 可知，潜山地层压力系数和油水系统变化很大，油层最高地层压力当量密度达 $1.16g/cm^3$，水层地层压力当量密度最低为 $0.38g/cm^3$，压力系数变化大，且没有规律。

表 6-1-4　部分井试油结果统计表

区块名称	井号	测试地层中部深度/m	解释结果	地层压力系数/(g/cm³)
Baobab	Baobab C-1	1163	油层	1.16
	Baobab C-5	1428	油层	0.96
		1499.77	干层	0.85
		1529.29	油层	0.97
		1607	干层	0.96
		1694	干层	0.96

区块名称	井号	测试地层中部深度/m	解释结果	地层压力系数/(g/cm³)
Baobab	Baobab E-2	1674	油层	1.04
	Baobab NE-3	1683	干层	0.48
	Baobab C-3	1719.5	油层	1.01
		1897	干层	0.44
	Baobab 1-8	1845	油层	1.01
	Baobab S1-4	1898	干层	0.35
	Baobab NE-14	1927	水层	0.98
	Baobab NE-5	1989.5	干层	0.52
	Baobab S1-7	2209.5	水层	1.00
	Baobab SE-3	2221	干层	0.81
Cassia	Cassia-1	2084	水层	
		2109	水层	0.80
Lanea	Lanea SE-1	834	气层	1.09
		983	干层	0.48
		1109	水层	
		1124	水层	0.97
		1175	水层	0.59
		1274	水层	0.57
	Lanea E-2	1005	油层	1.05
Mimosa	Mimosa 10	1271	低产油层	0.76
	Mimosa E-1	1605	油层	1.08
	Mimosa E-2	1589	干层	0.59
		1681	水层	0.92
	Mimosa 9	1546	水层	1.03
		1630	干层	0.66
		1766	水层	1.03
Phoenix	Phoenix S-3	1464	油层	1.08
	Phoenix-2	1531	水层	1.01
Prosopis	Prosopis N-1	1239	水层	0.38
		1273	水层	1.00
Raphia	Raphia S-10	1522	油层	1.03
	Raphia S-11	1443	油层	0.99
		1588	水层	0.99
	Raphia S-6	1549	水层	
		1575	水层	1.00
	Raphia S-8A	1624	干层	0.99
	Raphia S-9	1665	水层	1.00

Baobab C1-16 井和 BaoBab C1-12 井钻至潜山发生失返性漏失(表 6-1-5)，采用清水强钻分别漏失 3180m³ 和 3276m³，折算地层压力当量密度仅为 0.55～0.79 g/cm³。

表 6-1-5　失返性漏失统计结果

井号	钻井液类型	密度/(g/cm³)	漏失井段/m	漏失量/m³	地层压力当量密度/(g/cm³)
Baobab C1-16	清水	1.02	1313～1600	3180	0.55
Baobab C1-12	清水	1.02	1326～1610	3276	0.79

第二节　花岗岩潜山储层常规钻井技术概况

2.1 期和 2.2 期兼探潜山的井应用二开井和三开井两种井身结构，由于潜山地层压力低且易漏失，需用技术套管封隔上部砂岩地层，故二开井身结构不适用，所以目前主要采用三开井身结构。一种是大三开井身结构，即用 444.5mm 钻头一开，311.2mm 钻头二开，三开用 215.9mm 钻头钻进潜山，裸眼完井(图 6-2-1)；另一种是小三开井身结构，即 311.2mm 钻头一开，215.9mm 钻头二开，三开用 152.4mm 钻头钻进潜山，裸眼完井(图 6-2-2)。

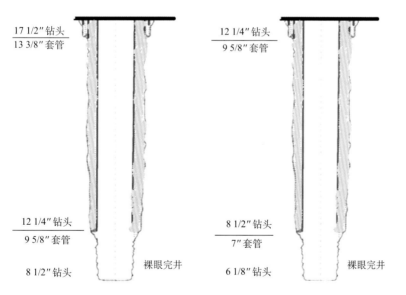

图 6-2-1　大三开井身结构示意图　　图 6-2-2　小三开井身结构示意图

1. 钻井液体系

Bongor 盆地潜山前期钻井主要以清水无固相聚合物钻井液体系为主。一开采用膨润土钻井液，由水+膨润土+烧碱+纯碱+XC 等组成，密度为 1.03g/cm³ 左右；二开采用聚合物钻井液，由一开钻井液+PAC（羧甲基纤维素钠）+Polycol（抑制剂）+SMP（磺化酚醛树脂）+NH₄HPAN（水解聚丙烯腈铵盐）+KPAM（聚丙烯酰胺钾盐）+重晶石等组成，密度为9.0ppg（1.08g/cm³）左右，固体含量为0.5%；三开采用无固相钻井液，由水+烧碱+纯碱+XC（生物聚合物）+QS（超细碳酸钙）+液体套管等组成，密度为8.7ppg（1.04g/cm³）左右，以减少对储层的损害。井漏严重时直接采用清水钻进。

2. 井漏情况

Bongor盆地潜山实钻过程中，多数井出现井漏甚至严重井漏，少量井伴有井涌，个别井不涌不漏。钻井液有严重漏失的，如Lanea E-2井潜山段钻进共漏失1158m³；也有一般漏失的，如Baobab C1-1井潜山段钻进共漏失444m³；也有不漏的情况。可见潜山花岗岩地层裂缝发育且连通性好，非均质性强。

3. 井喷情况

井喷情况比较少见。Lanea SE-1井钻至1115.88m起钻换钻头，起钻至14.00m发现溢流，后转为井喷，喷高至天车。喷出物为天然气（初期为钻井液和天然气混合物），无原油。压井时漏失重浆29m³，最后压井成功，压井液密度为1.26g/cm³。起钻换钻头，下钻至井底（中途循环两次），钻井液密度调整为1.08g/cm³，恢复正常钻进。

2015年复工后，鉴于Baobab C1-4井和Baobab C-9井溢漏频发，提前完钻，未实现地质目标，2015年引入旋转控制头，配合清水强钻在潜山地层进行钻进，由于旋转控制头动压达到17.5MPa，潜山井最大深度为1600m，地层压力当量密度为1.0 g/cm³左右，所以旋转控制头完全可以保证井控安全。但Baobab C1-16井和Baobab C1-12由于裂缝发育，地层压力系数低，钻进潜山10m左右就出现失返性漏失，由于岩屑无法及时返出，带来潜在的工程风险，如Baobab C1-12井下钻至1550m出现取心筒出现砂堵，如图6-2-3所示。

图6-2-3　Baobab C1-12井取心筒砂堵照片

另外由于 Baobab C1-16 井和 Baobab C1-12 井为评价井，无法进行泥浆录井，存在较大的地质不确定性。为此，急需一种低密度钻井液解决漏失问题。

第三节　欠平衡钻井技术

一、欠平衡钻井适应性评价

对欠平衡钻井目的层(Bongor 盆地花岗岩潜山基岩)的岩性特征、三压力情况、储层物性和储层流体进行了分析。

1. 岩性特征

对 Bongor 盆地 Lanea E-2 井所钻岩样的物理性质及岩石力学参数进行了分析。结果表明，花岗岩坚硬致密、强度高，可钻性差、研磨性强。

Lanea E-2 井 885m 井深处岩样的分析结果如表 6-3-1～表 6-3-3 所示。

表 6-3-1　Lanea E-2 井 885m 井深岩屑试验结果

岩屑名称	试验内容	试验次数							平均值
		1	2	3	4	5	6	7	
花岗岩泥岩	硬度/MPa	216	302	323	233	289	289	185	262
	塑性系数	1.85	1.94	1.55	1.55	1.94	2.39	1.66	1.84

表 6-3-2　Lanea E-2 井 885m 井深常压下地层岩石力学参数

可钻性/s	硬度/MPa	塑性系数	抗压强度/MPa	研磨性/mg	弹性模量/GPa	泊松比	内摩擦角/(°)	纯剪强度/MPa
187.18	1641.88	1.22	174.51	2.47	3.89	0.33	33.08	33.26

表 6-3-3　Lanea E-2 井 885m 井深围压下地层岩石力学参数

围压/MPa	三轴抗压强度/MPa	变形模量/GPa	弹性模量/GPa	泊松比
10.62	219.35	16.15	18.03	0.12

Lanea E-2 井 896m 井深处岩样的分析结果如表 6-3-4～表 6-3-6 所示。

表 6-3-4　Lanea E-2 井 896m 井深岩屑试验结果

岩屑名称	试验内容	试验次数						平均值
		1	2	3	4	5	6	
花岗岩泥岩	硬度/MPa	326	308	326	303	168	232	277
	塑性系数	3.16	3.64	2.36	1.33	1.55	2.02	2.34

表 6-3-5 Lanea E-2 井 896m 井深常压下地层岩石力学参数

硬度 /MPa	塑性系数	抗压强度 /MPa	研磨性 /mg	弹性模量 /GPa	泊松比	内摩擦角 /(°)	纯剪强度 /MPa
1691.04	1.40	164.38	2.55	3.15	0.30	33.32	34.43

表 6-3-6 Lanea E-2 井 896m 井深围压下地层岩石力学参数

围压/MPa	三轴抗压强度/MPa	变形模量/GPa	弹性模量/GPa	泊松比
10.75	219.91	16.20	18.10	0.12

2. 地层三压力

地层三压力分析结果如下。

(1)地层属于静水压力，当量密度为 8.09～9.88ppg(0.97～1.18g/cm³)。从截至目前所有兼探和专打 Bongor 盆地潜山基岩的井的试油数据可以看出，潜山基岩地层压力基本属静水压力体系，地层压力系数大多在 1.0 左右，少数井钻遇压力较低基岩（表 6-3-7）。

表 6-3-7 地层三压力分析

地层	深度范围/m	孔隙压力当量密度/ppg	坍塌压力当量密度/ppg	破裂压力梯度/ppg
Q—T	6.2～200	8.09～8.18	～9.74	16.66～16.85
K	200～420	8.41～9.31	～12.83	16.86～17.75
M	420～700	9.31～9.54	～20.78	17.75～18.08
P	700～820	9.54～9.84	～9.56	18.09～18.22
基岩	820～950	9.95～9.88	～8.45	18.22～18.25

(2)计算坍塌压力需要的参数较多，除了地层孔隙压力、岩石力学参数、垂直应力和水平最小地应力之外，还需要水平最大地应力。为了能够给出坍塌压力剖面，水平最大地应力做了假设，因此，坍塌压力分析结果仅供参考。M 地层坍塌压力较高，最大值达到 20.78ppg(2.49g/cm³)，存在井壁失稳风险。

(3)地层破裂压力主要由地破试验来约束。对邻井 Lanea E-1 井做了一次地破试验：324m 处破裂压力当量钻井液密度为 20.78ppg(2.49g/cm³)，这次试验没有压破地层，因此，计算的破裂压力偏小。地层破裂压力当量密度为 16.66～18.25ppg(2.00～2.19g/cm³)。

3. 储层物性

花岗岩地层组成矿物主要有石英、长石、云母等，二氧化硅含量多在 70% 以上。地层裂缝发育，伴有孔洞。顶部风化壳孔隙度为 5%～10%。裂缝带和内幕孔隙度为 1%～5%。

4. 储层流体

2013 年年初潜山勘探发现表明，乍得 Bongor 盆地花岗岩潜山储层以油为主，含天然气，不含硫化氢。两口井试油数据显示，分别在 836.00～1148.19m(射开 27 层，厚度 80.57m)和 1135.00～1190.00m(1 层，55m)的潜山基岩(潜山顶界不同)井段试油，折算日产油分别为 3112bbl(495m³)和 4012bbl(638m³)，其中一口井日产天然气 1727m³，气油比为 4.48，原油 API 重度 33.5～35.4。

由于欠平衡钻井目的层孔隙压力系数低(压力系数 1.0 左右)，目的层主要为花岗片麻岩，岩性坚硬、致密、稳定，且储层含油、不含硫化氢，适合采用欠平衡钻井。

二、欠平衡钻井工艺技术研究

1. 井底压力计算及欠压值优选

针对花岗岩潜山地层严重井漏、微漏和不漏三种情况，分别设计采用不同的欠压值进行欠平衡钻井。

(1)针对严重井漏或溢漏同存地层的井，采用(近)平衡钻井方式，即井底压力约等于地层压力，选取欠压值约为零，以确保钻井安全，避免负压下地层油快速进入井筒，对钻井液性能造成影响，避免较多地层油返到地面造成分离器处理能力不足，同时保护储层。

(2)针对一般井漏地层的井，采用微欠平衡钻井方式，即井底压力略小于地层压力，选取欠压值小于 0.5MPa，避免井漏，地层流体进入井筒量有限，边喷边钻，有利于发现和保护储层。

(3)针对无漏失地层的井，采用较大欠压钻井方式，即井底压力小于地层压力，欠压值为 0.5～1.5MPa，地层流体进入井筒量受控，也有利于及时发现和保护储层。

2. 欠平衡钻井流体选择

欠平衡钻井按循环介质可分为液相欠平衡钻井、泡沫钻井、微泡沫欠平衡钻井、气体钻井(空气、氮气、天然气、柴油机尾气)、充气欠平衡钻井、雾化欠平衡钻井等。采用何种循环介质及在什么层段进行欠平衡作业，需要根据开发的需要，依据地质和油藏特征及钻井工艺水平和技术条件限制来决定。根据储层压力系数 1.03～1.06 左右的特点，结合密度 1.0g/cm³ 左右的欠平衡钻井介质的密度范围(表 6-3-8)，并考虑现场首次应用欠平衡钻井技术，应简化工艺和设备配套，推荐采用液相欠平衡钻井模式。

表 6-3-8　密度 1.0g/cm³ 左右的欠平衡钻井介质的密度范围

循环介质	当量密度/(g/cm³)
充气钻井液、泡沫	0.48～0.90
轻质材料(空心玻璃微珠等)钻井液	>0.70
微泡沫钻井液、油基钻井液、乳化液等	0.84～1.00

对比常规钻井液、纯液相欠平衡、常规泡沫和可循环微泡沫的优缺点(表6-3-9),推荐采用可循环微泡沫和无固相钻井液或清水作为欠平衡钻井流体。

表6-3-9 欠平衡钻井模式对比

序号	方案	特点	结论
1	无固相或清水	少量漏失,密度可调,可根据需要增加密度,实现欠平衡、近平衡和过平衡,不增加设备,作业简单	适用于密度为1.02～1.06g/cm³
1	无固相或清水+封堵	作业麻烦、耗时,钻井液难免漏失	不推荐
2	纯液相欠平衡	通过欠压减少漏失,但地层压力低,水基钻井液难实现	不推荐
3	常规泡沫	通过欠压减少漏失,但需要附加较多设备,工作量大	不推荐
4	可循环微泡沫	密度可调,实现欠平衡、近平衡和过平衡三种状态,具有封堵效果,不增加设备,作业简单	推荐,适用于地层压力为0.7～0.95的地层

3. 欠平衡钻井施工工艺

设备要求:在原有井口设备基础上增加一套旋转控制头(图6-3-1),即可进行可欠平衡、近平衡和过平衡施工,根据地层压力调整钻井液密度。

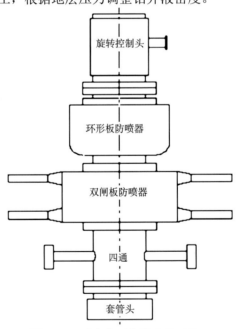

图6-3-1 液相欠平衡钻井施工井口

钻井液循环流程:泥浆泵→钻柱→钻头→环空→井口→四通→节流管汇→泥浆罐。

特点:井口密闭,可通过手动调节节流管汇调整井口压力或通过调整钻井液中处理剂加量调解钻井液密度,从而调节井底当量循环密度,有效控制井漏。

现场配置流程如图 6-3-2 所示。

使用剪切泵或水泥车、地面管汇与泥浆罐连接组成的小循环系统，根据配方依次加入各种处理剂，配置时间约为 3h。若无剪切泵或水泥车，也可以采用井眼内循环系统，在泥浆罐上依次加入各种处理剂，循环至钻井液性能达到要求，配置时间稍长。

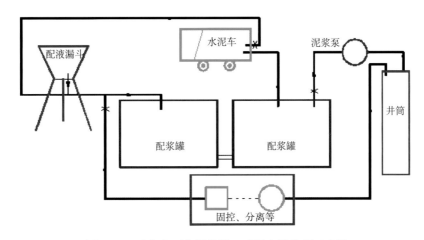

图 6-3-2　液相欠平衡钻井施工现场配置流程示意图

三、欠平衡钻井配套技术研究

1. 钻具组合及钻井参数设计

(1)钻具组合：8 1/2″钻头+6 1/2″浮阀×2+ 6 1/2″钻铤×21+5″加重钻杆×12+5″斜坡钻杆+六方钻杆(有顶驱用 5″钻杆)。

(2)钻井参数：钻压 13～15t，转速 50～60r/min，排量 25～28L/s，泵压 14～20MPa。

(3)选用优质钻头，尽量减少起下钻次数。

(4)使用 18°斜坡钻杆，钻具达到一级钻具标准。

(5)使用常闭式浮阀，在停止循环时能够密封牢靠，确保接立柱、停止循环、带压起下钻过程中补压、控压作业的实施。

2. 欠平衡钻井设备配套

采用与地面设备连接的液压副管控制实现控制管阀总成舌板的开启与关闭，确保在欠平衡状态下起下钻、下入完井管柱，从而实现钻井全过程的欠平衡状态，有效减少储层损害，并起到简化作业程序的效果。

常规欠平衡设备和工具配套要求如表 6-3-10 所示。

表 6-3-10　常规欠平衡设备和工具配套

序号	名称	规格及型号	数量	单位
1	旋转控制头壳体	3.5MPa	1	套
2	旋转控制头	3.5/7	1	个
3	旋转头控制系统	XK35-17.5/35	1	套
4	液动平板阀	103-35	2	个
5	井口三通	103-35	1	件
6	旋转控制头	17.5/35	1	个
7	欠平衡节流管汇	103-35	1	套
8	高压软管	103-35	1	根
9	节流管汇三通	80-103/35	1	件
10	液气分离器		1	台
11	燃烧管线		1	套
12	自动点火装置		1	台
13	常闭式浮阀		4	只
14	排气管线防回火装置		1	个
15	撇油罐	$136m^3$	1	套
16	钻井液储备罐	$60m^3$	1	套
17	消防工具、灭火器材		新增 4	套
18	便携式可燃气体监测仪		2	套

在环形防喷器上安装旋转控制头。转盘大梁下端面至环形防喷器上端面的有效高度必须能够安装旋转控制头。

30C 钻机井口示意图和实际情况如图 6-3-3 所示。

ZJ30/1800CZ 钻机底座高 6.0m，环形防喷器上端面至转盘大梁下端面净高 1.8m，满足欠平衡钻井旋转控制头的安装要求。如用 28-35 井口，环形防喷器高 1.18m、双闸板防喷器高 1.38m，二者的高度比 28-35 井口共高 0.28m，套管头可适当下移。

40D 钻机井口示意图和实际情况如图 6-3-4 所示。

40D 钻机底座高 6.7m，环形防喷器上端面至转盘大梁下端面净高 2.34m，满足欠平衡钻井旋转控制头的安装要求。

欠平衡钻井需安装欠平衡钻井专用节流管汇(图 6-3-4、图 6-3-5)，钻进不允许使用常规节流管汇[43,44]。

油、气、液、固分离装置。除井队设备外，欠平衡钻井需要增加使用液气分离器、撇油罐。由于基岩储层产油为主，欠平衡液气分离器体积大、重，使用井队液气分离器即可。目前井队有 YQF-6000、ZQF-1200/0.7 两种液气分离器(图 6-3-6)，两种分离器规格分别为 YQF-6000 分离器罐体直径为 800mm，工作压力 0.8MPa；ZQF-1200/0.7 分离器罐体直径为 1200mm，工作压力为 0.7MPa。

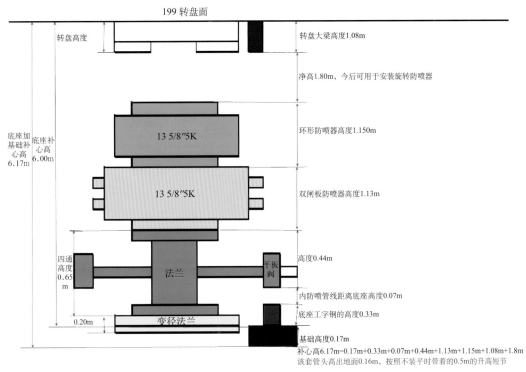

图 6-3-3　GW199 钻机井口示意图

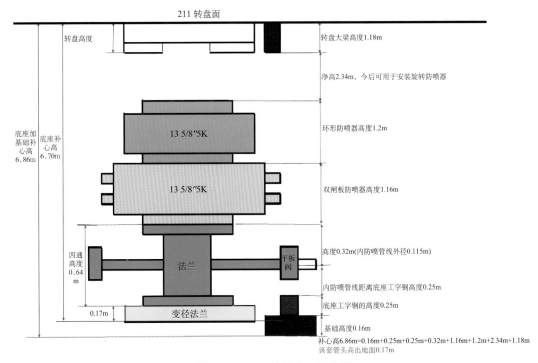

图 6-3-4　40D 钻机井口示意图

图 6-3-5　二手动三通道欠平衡节流管汇

对于产气量大的井建议使用 ZQF-1200/0.7 液气分离器（图 6-3-6）。

图 6-3-6　ZQF-1200/0.7 液气分离器

可以使用撇油罐（图 6-3-7）分离钻进中混入钻井液中的地层油。但由于 Bongor 潜山基岩地层压力系数低，地层原油与钻井液密度相差小，存在油液分离效率低，也可以考虑不使用撇油罐，钻进时合理施加回压控制地层出油量。

图 6-3-7　撇油罐改造

重浆贮备。欠平衡钻井时需要储备井筒容积 1.5 倍的钻井液，并贮备 30～60m³ 重浆，保证充足水源的清水以备压井应急使用。

四、现场应用及评价

现场应用 7 口井井号分别是 Baobab C-2 井、Mimosa-10 井、Baobab C-3 井、Baobab C-5 井、Lanea SE-2 井、Baobab C-4 井 和 Baobab C1-1 井。钻井成功率 100%，井下安全无事故。

7 口欠平衡钻井试验井基本数据统计如表 6-3-11、表 6-3-12 所示。

表 6-3-11 7 口欠平衡井溢漏统计

井号	实测地层压力系数及深度	钻井液类型	钻井液密度 /(g/cm³)	溢流、气侵、气测异常	漏失
Baobab C-2		532～563m，无固相 563～804m，微泡 804～2200m，清水	532～563m，1.03；563～804m，0.75～0.95；804～2200m，1.01～1.02	起下钻中出现溢流 14 次，较严重有 4 次，单次最大溢流量为 280bbl	欠平衡过程中漏、涌复杂频发，共漏失泥浆 17395bbl，最大漏速 220bbl/h
Mimosa 10	0.76/1271m	无固相	1.03	1528m，气体上窜速度 50m/h，全烃值 TG57%，密度降至 1.02g/cm³ 1580m，气体上窜速度 35m/h，TG100%，密度降至 1.01g/cm³	
Baobab C-3	1.01/1720m 0.44/1897m	无固相	1.02	1781m，全烃值 TG4155ppm	1515～1961m，漏失 294bbl
Baobab C-5	0.85～0.96/1428～1694m	无固相	1.02		
Lanea SE-2		无固相	1.02～1.06	1275m，循环时 TG600ppm	
Baobab C-4		无固相	1.08		
Baobab C1-1		无固相	1.03		

（1）安全钻进。

尽管在潜山段存在大量漏失、溢流井涌等井控风险，但通过欠平衡工艺，解决和控制了井下风险，确保取心、钻进等井下作业顺利完成。

（2）及时发现。

Baobab C-2 井潜山段发现了高产工业油流，Baobab C-3 井和 Lanea SE-2 井潜山段也成功探出多个含油层位。

表6-3-12　7口欠平衡钻井主要技术指标

井号	钻井液类型	钻井液密度/(g/cm³)	溢流、气侵、气侧异常	漏失	潜山顶深/m	完井深度/m	完钻时间	钻进时间/d	完井时间/d	机械钻速/(m/h)
Baobab C-2	532～563m,清水 563～804m,微泡 804～2200m,清水	1.03(532～563m) 0.75～0.95(563～804m) 1.01～1.02(804～200m)	起下钻溢流14次,严重溢流4次,共溢流预案油340m³	共漏失17395桶,最大漏速220bbl/h	532	2200	2013-6-14	42	50	4.98
Mimosa 10	清水	1.03	1528m,气体上窜速度50m/h,TG67%,密度降至1.02g/cm³;1580m,气体上窜速度35m/h,TG100%,密度降至1.01g/cm³		995	1400	2013-8-1	19	22	3.25
Baobab C-3	清水	1.02	1781m,TG4155ppm	1515～1961m,漏失294bbl	1685	2500	2013-11-23	16	19	3.12
Baobab C-5	清水	1.02			1255	2100	2014-1-10	16	19	3.67
Lanea SE-2	清水	1.02-1.06	1275m,循环时TG600ppm		981	1400	2014-1-12	7	10	4.25
Baobab C-4	清水	1.03			1385	2200	2014-3-29	8	20	3.87
Baobab C1-1	清水	1.08			1247	1713.5	2014-4-13	11	15	3.56

第四节　控压钻井技术

一、可循环微泡沫配方优化

1. 低密度钻井液体系选择

对于易漏失地层,目前国内外研发了各种堵漏材料和堵漏工艺。但对于裂缝性地层,由于裂缝比较复杂,堵漏效果一般不佳,因此采用低密度钻井液降低环空压力和地层压力的差值,以达到减少漏失的目的。泥浆密度为 0.56～1.0g/cm³ 的泥浆体系主要有四种(表6-4-1)。

(1)纯液相钻井液,主要为水包油或油包水两种钻井液,密度可降至0.90g/cm³左右,但对于地层压力低至0.56g/cm³的裂缝型地层,不一定能降低漏失,而且后期废弃物处理难度大,故不推荐。

（2）常规的泡沫，密度可降至 $0.24g/cm^3$，可以防漏，但需要增加制氮和压缩机和相关人员，费用效果对高，不推荐。

（3）充气钻井液，密度可降至 $0.48g/cm^3$，可以防漏，但需要增加制氮和压缩机和相关人员，费用效果对高，不推荐。

（4）可循环微泡沫，密度可降至 $0.55g/cm^3$，一般为 $0.70g/cm^3$，密度可调，实现欠平衡、近平衡和过平衡三种状态，具有封堵效果，不增加设备，现场泥浆工程师通过增加发泡剂的量调整密度，无需额外的人员和设备，投入相对较低，所以推荐可循环微泡沫钻井液。

表6-4-1　低密度钻井液体系对比

序号	方案	特点	结论
1	纯液相（水包油或者油包水）	密度能降至 $0.90g/cm^3$，对于地层压力低至 $0.56g/cm^3$ 未必有很好的防漏效果，且后期废弃物处理困难	不推荐
2	常规泡沫	通过调整减少漏失，但需要增加辅助设备和人员，费用高	不推荐
3	充气钻井液	密度可调，但需要增加辅助设备和人员，费用高	不推荐
4	可循环微泡沫	密度可调，实现欠平衡、近平衡和过平衡三种状态，具有封堵效果，不增加设备，作业简单	推荐，适用于地层压力系数为0.7～0.95

2. 可循环微泡沫钻井液介绍

可循环微泡沫是在不改变原钻井液成分和性能的基础上，加入具有特殊性能的表面活性剂，在不断搅拌的条件下将钻井液中溶解的气体逐渐聚集并包裹在一起，形成较稳定、非聚集的分散体系。根据实际需要，也可以向原钻井液中加入增黏剂、降滤失剂，以维持微泡沫形成的必要条件。

（1）微泡沫是气泡分散在液体中所形成的较稳定的分散体系。

（2）气泡可能以单个悬浮在钻井液中，也可能部分相互连接而存在于钻井液中。

（3）微泡沫之间可能不存在 Platesu 边界。

（4）可循环微泡沫钻井液中气泡呈大小不等的圆球体。

微泡结构组成为"一核两层三膜"：一核为气核，两层为高黏水、聚合物高分子和表面活性剂浓度为过渡层，三膜为气液表面张力降低膜、高黏水层固定膜、水溶性改善膜（图6-4-1）。

微泡沫特性主要包括以下两个方面。

（1）封堵特性。

微泡沫在流动时，可随地层孔隙或裂缝大小、形状发生变化，即微泡沫的聚集形式随环境变化而变化，形成了性能独特的封堵特性（图6-4-2）。若遇到大于微泡直径的地层渗流通道，微泡沫在压差及温度作用下，流动速率大于水溶液速率，可在通道粗糙外膨胀、堆积,分解了液柱压力,最终作用于最前方微泡的压力很小。在较小压差下,井筒内流体无法进一步进入地层。同时进入地层流体速度降低,黏度增大,实现地层封堵,已在国内规模应用,如表 6-4-2 所示。

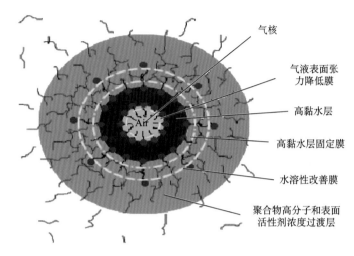

图 6-4-1 "一核两层三膜"示意图

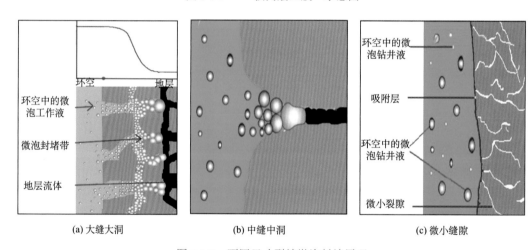

(a) 大缝大洞 (b) 中缝中洞 (c) 微小缝隙

图 6-4-2 不同尺寸裂缝微泡封堵原理

表 6-4-2 微泡沫钻井液应用实例

序号	应用时间	应用地区	地层压力系数	工作液密度/(g/cm³)	作业情况
1	1998 年	美国 Fussel man 油田	0	0.72~1.08	施工顺利
2	2001 年	委内瑞拉西北部老油田	0.362	0.82~0.95	施工顺利
3	2002 年	北海荷兰区块	0.17~0.81	0.98~1.15	施工顺利
4	2003 年	墨西哥 Pozea Rica 油田 Tajin 区域	0.79	0.89~0.95	施工顺利
5	2003 年	辽河油田锦 45-15-26C	1.05~1.1	0.8~1.01	施工顺利
6	2003~2007 年	胜利油田	<2	0.6~0.95	施工顺利

续表

序号	应用时间	应用地区	地层压力系数	工作液密度 /(g/cm³)	作业情况
7	2003～2007 年	吐哈油田雁木西、三塘湖、牛圈湖	<0.97	0.6～0.95	施工顺利
8	2004 年	温南 3 西块温南 3-1 井	0.97	1.16	施工顺利
9	2004 年	川东玉皇 1 井	0.4	0.75～0.96	施工顺利
10	2008 年	加拿大亚伯达	0.42	1.04	施工顺利
11	2009 年	西南油气田	0.6	1.0～1.09	施工顺利
12	2009～2010 年	山西煤层气		0.8～1.0	施工顺利

(2)地层产液恢复特性。

微泡具有独立性和聚集性,使得微泡仔亲水和亲油界面均具有良好的润湿性,这就保证了储层岩石不发生润湿反转。在温度、压力、细菌、破胶剂等的作用下,微泡体系中的聚合物会逐渐降解(图 6-4-3)。可循环微泡沫钻井液亲油亲水,不会黏附在亲水的岩石表面减少地下流体通道,也不会因和地层流体不浸润造成流动阻力,因此地下流体可以穿过微泡间隙。可循环微泡钻井液与地层岩石不是永久的接触,有利于地下流体的产出,不会产生气阻。

在井底高温高压作用下,可循环微泡沫的泡沫大小、当量密度会有所变化。温度和压力对微泡及液体密度都产生影响,在任意温度下可循环微泡钻井液的密度随压力的增加而增加,同一压力下可循环微泡钻井液的密度随温度的升高而减少,说明可循环微泡钻井液在高温和高压条件下,可循环微泡钻井液中依然存在微泡沫,在较浅井中,微泡沫受到压力的影响大于温度,密度增加,但随着井深增加,温度增加后,密度逐渐保持稳定。

图 6-4-3 微泡沫降解示意图

微泡沫水基钻井液，该体系在不注入空气和天然气的情况下可产生均匀气泡，这种均匀气泡为非聚集和可再循环的微气泡，能产生比水低的密度，主要由发泡剂、稳泡剂、降滤失剂、增黏剂等组成。其主要特点如下。

① 抗温能力强，可达 170℃。

② 密度范围为 $0.6 \sim 1.5 g/cm^3$，并且可根据实际地层压力需要随意调整。

③ 具有良好的抑制性。

④ 体系性能稳定，滤失量低，动塑比高，携岩性能好，不喷不漏、起钻不喷钻井液，振动筛不跑钻井液，对井壁具有很好的保护作用。

⑤ 可循环使用，基本不影响钻井液泵上水。

⑥ 具有一定的抗盐污染能力和较强的抗油污染能力。

⑦ 成本低。

⑧ 操作简单。

⑨ 微泡是由多层膜包裹着气核的独立球体组成的，膜是维持气泡强度的关键，使用了一种表面活性剂，以便当微泡形成后能产生表面张力来包裹微气泡，形成多层泡壁，并产生界面张力以便把微气泡结合到能产生井下桥堵的微泡网中。

⑩ 添加高屈服应力和剪切稀释特性的聚合物来有效地增加膜壁的黏度，增强微泡膜强度，使微气泡成为一个独立的气泡，黄原胶生物聚合物对稳定微气泡是最有效的，使用低剪切速率的增黏剂以保证最佳的井眼清洁、钻屑悬浮和控制侵入以及保持微气泡的稳定。

⑪ 微气泡的结构和尺寸是稳定的，普通微气泡直径为 $10 \sim 100 \mu m$，这种微泡体系也可以重复使用，多数微气泡经过细目振动筛和管汇清洁器后不会被清除，在经过水力旋流器和高速离心机后仍能保持原态。

⑫ 这些含有能量的微气泡能在地层微裂缝中产生井下桥堵。

⑬ 适用范围及应用概况。

⑭ 在低压易漏地层得到广泛应用，使用时要注意防腐、固控和微生物降解等问题。

可循环微泡沫钻井液在不改变常规钻井液性能的基础上，实现提高地层承压能力。通过添加一定浓度的桥接堵漏材料还可配制微泡桥浆钻井液，与普通桥接堵漏浆相比，具有更好的润滑性和封堵效果。

3. 可循环微泡沫配方优化

为了优化泡沫的配方，开展了一系列实验，如表 6-4-3～表 6-4-9 所示。

由表 6-4-3 可知，以 1.5%土粉+0.15%纯碱+0.2%XC+0.1%烧碱为基液，发泡剂加量逐步增加至 0.3%，泡沫稳定剂 XC 加量逐步增加至 0.2%时，密度可降至 $0.72 g/cm^3$ 以下，但静止 20h 后会分层，说明泡沫稳定性差。

由表 6-4-4 可知，以 2.0%土粉+0.2%纯碱+0.2%XC+0.1%烧碱为基液，逐步增加发泡剂含量至 0.3%，密度可降至 $0.76 g/cm^3$ 以下，但静止 20h 后会分层，说明泡沫稳定性差。

表 6-4-3　1.5%土粉+0.15%纯碱+0.2%XC+0.1%烧碱基液实验数据

编号	项目	密度/(g/cm³)	漏斗黏度/s	R600/R300	R200/R100	R6/R3	G10″/G10′	pH	体积/mL	静止20h后密度
1	1.5%土粉+0.15%纯碱+0.2%XC+0.1%烧碱	1.01	51	33/24	21/17	8/7	6/11	8.5~10	1500	1h后分层，0.96g/cm³
2	1#+0.1%GWFOM-LS（低速搅拌30min）	0.72	136	45/35	26/21	11/10	10/15		1500~1750	分层，上层小于0.7g/cm³，下层0.95g/cm³
3	2#+0.1%GWFOM-LS（低速搅拌30min）	0.71	142	47/34	27/20	12/11	11/16		1500~1850	分层，上层小于0.7g/cm³，下层0.93g/cm³
4	3#+0.1%GWFOM-LS（低速搅拌30min）	<0.7	155	55/42	35/29	15/13	14/20		1500~1900	分层，上层小于0.7g/cm³，下层0.90g/cm³
5	4#+0.1XC（低速搅拌30min）	0.7	133	46/35	27/22	12/10	12/17		1500~1850	分层，上层小于0.7g/cm³，下层0.90g/cm³
6	5#+0.1XC（低速搅拌30min）	<0.7	158	56/44	36/31	18/15	15/22		1500~1900	分层，上层小于0.7g/cm³，下层0.86g/cm³

注：R600、R300、R200、R100、R6、R3分别为六速旋转黏度计转速为600r/min、300r/min、200r/min、100r/min、6r/min和3r/min的读数；G10″和G10′分别为六速旋转黏度计转速为旋转10min和10s时的读数。

表 6-4-4　2.0%土粉+0.2%纯碱+0.2%XC+0.1%烧碱基液实验数据

编号	项目	密度/(g/cm³)	漏斗黏度/s	R600/R300	R200/R100	R6/R3	G10″/G10′	pH	体积/mL	静止20h后密度
1	2.0%土粉+0.2%纯碱+0.2%XC+0.1%烧碱	1.01	53	39/30	24/19	9/8	7/12	8.5~10	1500	分层，上层0.72g/cm³，下层0.86g/cm³
2	1#+0.1%GWFOM-LS（低速搅拌30min）	0.76	122	46/34	28/21	15/12	11/16		1500~1800	分层，上层小于0.7g/cm³，下层0.81g/cm³
3	2#+0.1%GWFOM-LS（低速搅拌30min）	0.72	131	45/35	29/23	16/13	12/18		1500~1850	分层，上层小于0.7g/cm³，下层0.76g/cm³
4	3#+0.1%GWFOM-LS（低速搅拌30min）	小于0.7	157	58/47	37/32	20/16	15/25		1500~1900	分层，上层小于0.7g/cm³，下层0.76g/cm³

表 6-4-5 3.0%土粉+0.3%纯碱+0.2%XC+0.1%烧碱基液实验数据

编号	项目	漏斗黏度/s	密度/(g/cm³)	R600/R300	R200/R100	R6/R3	G10"/G10'	pH	体积/mL	静止 20h 后密度/(g/cm³)
1	3%土粉+0.3%纯碱 +0.2%XC+0.1%烧碱	55	1.02	41/32	26/21	11/9	8/13	8.5~10		
2	1#+0.1%GWFOM-LS (低速搅拌 30min)	116	0.92	45/33	28/23	13/12	11/15		1500~1650	0.92
3	2#+0.1%GWFOM-LS (低速搅拌 30min)	125	0.82	44/32	27/22	12/11	12/16		1500~1750	0.83
4	3#+0.1%GWFOM-LS (低速搅拌 30min)	132	0.79	47/35	28/21	13/11	11/16		1500~1750	0.79
5	4#+0.1%GWFOM-LS (低速搅拌 30min)	146		55/44	34/29	16/13	13/19		1500~1800	0.75

表 6-4-6 3.0%土粉+0.3%纯碱+0.2%XC+0.1%烧碱基液实验数据

编号	项目	漏斗黏度/s	密度/(g/cm³)	R600/R300	R200/R100	R6/R3	G10"/G10'	pH	体积/mL	静止 20h 后密度/(g/cm³)
1	4%土粉+0.3%纯碱 +0.2%XC+0.1%烧碱	59	1.02	45/35	30/25	13/10	9/15	8.5~10		
2	1#+0.1%GWFOM-LS (低速搅拌 30min)	68	0.98	50/38	33/27	17/15	14/22		1500~1650	0.98
3	2#+0.1%GWFOM-LS (低速搅拌 30min)	90	0.95	52/41	34/27	19/15	15/23		1500~1700	0.95
4	3#+0.1%GWFOM-LS (低速搅拌 30min)	105	0.91	51/40	33/27	19/14	15/23		1500~1750	0.91
5	4#+0.1%GWFOM-LS (低速搅拌 30min)	121	0.86	53/42	35/28	20/16	16/25		1500~1800	0.86
6	2#(高速搅拌 5min, 7000~8000r/min)	108	0.90	44/33	29/23	16/13	13/18		1500~1750	0.90
7	3#(高速搅拌 5min, 7000~8000r/min)	120	0.87	45/32	30/24	18/13	12/20		1500~1800	0.87
8	4#(高速搅拌 5min, 7000~8000r/min)	136	0.78	50/38	31/25	19/14	13/20		1500~1800	0.78
9	5#(高速搅拌 5min, 7000~8000r/min)	145	0.74	53/40	34/27	19/15	15/23		1500~1850	0.74

注: 5 号样品 (静置 5h) +0.1%HFX-101 (低速搅拌 30min),密度升至 0.97g/cm³; 9 号样品 (静置 5h) +0.1%HFX-101 (低速搅拌 30min),密度升至 0.85g/cm³。

表 6-4-7　5.0%土粉+0.4 %纯碱 +0.2%XC+0.1%烧碱基液实验数据

编号	项目	漏斗黏度/s	密度/(g/cm³)	R600/R300	R200/R100	R6/R3	G10″/G10′	pH	体积/mL	静止 20h 后密度/(g/cm³)
1	5%土粉+0.4%纯碱+0.2%XC+0.1%烧碱	65	1.02	54/44	39/33	22/16	16/25			
2	1#+0.1%GWFOM-LS (低速搅拌 30min)	73	0.99	57/45	41/33	23/17	17/25		1500~1650	0.99
3	2#+0.1%GWFOM-LS (低速搅拌 30min)	85	0.97	59/48	43/34	25/19	18/26		1500~1700	0.97
4	3#+0.1%GWFOM-LS (低速搅拌 30min)	107	0.94	62/49	45/34	26/18	17/27		1500~1750	0.94
5	4#+0.1%GWFOM-LS (低速搅拌 30min)	112	0.90	65/52	47/35	27/19	18/29	8.5~10	1500~1750	0.90
6	2# (高速搅拌 5min，7000~8000r/min)	89	0.96	58/47	42/31	24/17	17/25		1500~1700	0.96
7	3# (高速搅拌 5min，7000~8000r/min)	125	0.88	59/48	43/33	25/19	18/26		1500~1750	0.88
8	4# (高速搅拌 5min，7000~8000r/min)	138	0.81	62/49	45/34	26/18	17/27		1500~1800	0.81
9	5# (高速搅拌 5min，7000~8000r/min)	149	0.73	65/52	47/35	27/19	18/29		1500~1850	0.73

注：5 号样品（静置 5h）+0.1%HFX-101（低速搅拌 30min），密度升至 1.02 g/cm³；9 号样品（静置 5h）+0.2%HFX-101（低速搅拌 30min），密度升至 1.02 g/cm³。

表 6-4-8　0.4 %XC+0.1%烧碱基液实验数据

编号	项目	漏斗黏度/s	密度/(g/cm³)	R600/R300	R200/R100	R6/R3	G10″/G10′	pH	体积/mL	静止 20h 后密度
1	0.4%XC+0.1%烧碱	65	1.0	50/37	31/24	12/10	9/13			
2	1#+0.1%GWFOM-LS (低速搅拌 30min)	92	0.95	52/38	32/25	13/11	10/14		1500~1700	1h 后分层 上层 0.97g/cm³，下层 1.0g/cm³
3	2#+0.1%GWFOM-LS (低速搅拌 30min)	129	0.89	56/42	37/28	14/12	11/15		1500~1750	1h 后分层 上层 0.95g/cm³，下层 0.99g/cm³
4	3#+0.1%GWFOM-LS (低速搅拌 30min)	137	0.82	57/43	38/29	16/13	12/17		1500~1800	1h 后分层 上层 0.96g/cm³，下层 1.0g/cm³
5	4#+0.1%GWFOM-LS (低速搅拌 30min)	143	0.75	60/45	39/31	17/13	12/19	8.5~10	1500~1800	1h 后分层 上层 0.97g/cm³，下层 0.99g/cm³
6	5#+1.0 %土粉 (低速搅拌 30min)	145	0.76	63/47	42/35	18/14	13/18		1500~1800	分层，上层 0.96g/cm³，下层 1.0g/cm³
7	6#+1.0 %土粉 (低速搅拌 30min)	151	0.74	65/48	43/35	19/15	14/20		1500~1800	分层，上层 0.94g/cm³，下层 0.99g/cm³
8	7#+1.0 %土粉 (低速搅拌 30min)	158	0.72	68/50	45/37	20/16	15/22		1500~1850	分层，上层 0.90g/cm³，下层 0.99g/cm³

表 6-4-9 0.4% PAC-RL +0.1%烧碱基液实验数据

编号	项目	漏斗黏度/s	密度/(g/cm³)	R600/R300	R200/R100	R6/R3	G10"/G10'	pH	体积/mL	静止 20h 后密度
1	0.5% PAC-RL+0.1%烧碱	69	1.0	66/48	39/27	5/3	3/6			
2	1#+0.1%GWFOM-LS（低速搅拌 30min）	95	0.94	68/49	41/29	6/4	4/8		1500~1700	1h 后分层，上层 0.96g/cm³，下层 0.99g/cm³
3	2#+0.1%GWFOM-LS（低速搅拌 30min）	129	0.87	70/51	43/31	7/5	5/9		1500~1750	1h 后分层上层 0.97g/cm³，下层 1.0g/cm³
4	3#+0.1%GWFOM-LS（低速搅拌 30min）	133	0.79	73/52	44/32	7/6	6/9	8.5~10	1500~1800	1h 后分层，上层 0.95g/cm³，下层 1.0g/cm³
5	4#+0.1%GWFOM-LS（低速搅拌 30min）	149	0.73	74/52	45/33	8/6	7/10		1500~1800	1h 后分层，上层 0.95g/cm³，下层 0.99g/cm³
6	5#+1.0％土粉（低速搅拌 30min）	152	0.75	75/53	46/35	9/7	7/11		1500~1800	分层，上层 0.97g/cm³，下层 1.0g/cm³
7	6#+1.0％土粉（低速搅拌 30min）	155	0.73	75/52	46/34	10/8	8/13		1500~1850	分层，上层 0.95g/cm³，下层 1.0g/cm³
8	7#+1.0％土粉（低速搅拌 30min）	150	0.74	77/54	47/36	11/9	9/15		1500~1800	分层，上层 0.93g/cm³，下层 1.0g/cm³

由表 6-4-5 可知，以 3.0%土粉+0.3%纯碱+0.2%XC+0.1%烧碱为基液，逐步增加发泡剂含量至 0.4%，密度可降至 0.75g/cm³，静止 20h 后，不会出现分层，泡沫依然稳定。

由表 6-4-6 可知，4%土粉+0.3%纯碱+0.2%XC+0.1%烧碱为基液，逐步增加发泡剂含量至 0.4 %，低速搅拌 30h，密度可降至 0.86g/cm³，静止 20h 后，不会出现分层，泡沫依然稳定。高速搅拌 5min 后，密度降至 0.74g/cm³，静止 20h 后，不会出现分层，泡沫依然稳定，说明设备的性能对发泡的效果影响很大。

由表 6-4-7 可知，5%土粉+0.4%纯碱+0.2%XC+0.1%烧碱为基液，逐步增加发泡剂含量至 0.4 %，低速搅拌 30min，密度可降至 0.80g/cm³，静止 20h 后，不会出现分层，泡沫依然稳定。高速搅拌 5min 后，密度降至 0.73g/cm³，静止 20h 后，不会出现分层，泡沫依然稳定，说明设备的性能对发泡的效果影响很大。

由表 6-4-8 可知，0.4%XC+0.1%烧碱为基液，逐步增加发泡剂含量至 0.4%，低速搅拌 30min，密度可降至 0.75g/cm³，静止 20h 后，出现分层。土粉加量逐步增加至 0.3%，密度降低至 0.72g/cm³，静止 20h 后，出现分层。

由表 6-4-9 可知，0.4%PAC-RL+0.1%烧碱为基液，逐步增加发泡剂含量至 0.4%，低速搅拌 30min，密度可降至 0.73g/cm³，静止 20h 后，出现分层。土粉加量逐步增加至 0.3%，密度降低至 0.74g/cm³，静止 20h 后，出现分层。

通过实验，得到如下结论：

(1)当体系里土粉的含量为 1%～2%时，由于体系结构力不强，形成泡沫容易。但泡沫稳定性差。

(2)当土粉含量大于 2%的为泡沫体系里，由于形成结构力适当，从而形成的泡沫性能稳定。

(3)从 PAC-RL 和 XC 两种泡沫稳定剂单一实验结果：配置的微泡沫体系，泡沫稳定性也差，后期加入土粉含量达到 3%，由于大分子稳定剂的影响，后期加入土粉不易水化，使体系形成结构力弱，导致泡沫不稳定。

(4)由于实验采用高、低两种搅拌方式，导致结果很大差异。充分证明了微泡沫体系形成具备重要的条件：设备状态良好，保障顺利施工，要求固控设备(振动筛、除砂器、除泥器等)、搅拌器等完好率必须达到 100%，使用率达到 100%。

(5)微泡沫体系配方：(3%～5%)土粉+(0.2%～0.3%)纯碱+(0.2%～0.5%)XC+(0.1%～0.2%)烧碱+(0.3%～0.5%)GWFOM-LS，按照优化配方的微泡沫钻井液如图 6-4-4 所示。

二、地面配套装备

乍得潜山地层裂缝溶洞发育，导致钻井过程中出现不同程度的漏失，严重的甚至泥浆失返，井底压力难以平衡地层压力，大量油气涌入井筒，钻井液漏失和溢流现象共存，井下复杂情况频发，影响下部地层钻井作业，同时井控风险、环保风险及地面火灾风险非常高。2013～2015 年在 Baobab 地区数口井的潜山地层钻进过程中，井漏溢流频发，

图 6-4-4　形成微泡照片

原油从井口喷至转盘面，最终因井控风险和环保风险大，提前完钻和完井。

为切实有效地对井内油气进行控制，满足乍得当地严苛的环保要求，降低井控风险，乍得项目作业部自 2016 年潜山井开钻以来，引入控压钻井技术，通过利用旋转防喷器（rotating control device，RCD）实现闭环钻井作业，在钻进过程中井内流体得到了有效控制。此外，可以实现在较小的压力窗口内，确保整个钻井过程中井底压力的平衡，控制地层漏失速度，同时减少地层油气不断进入井筒，降低井控风险。

RCD 控压钻井装备主要包括旋转防喷器和液压站两部分。旋转防喷器包括旋转总成和壳体总成，主要作用是密封钻杆外环空，静密封压力可达 35MPa，动密封压力可达 17.5MPa，在溢流情况发生时能够继续进行正常钻井和起下钻作业，消除井控风险，满足现场安全和环保要求。液压站主要用于旋转总成的卡封和旋转部分冷却和润滑，以保证旋转防喷器良好的工作状态。

乍得潜山油藏是主力油藏之一，目前正处于开发评价阶段，对该地层的认识急需更多有效的地质数据作为依托，因此潜山完钻后的电测数据显得尤为重要。但是，潜山地层裂缝溶洞发育，钻井液漏失和溢流现象共存，井控风险高，常规电缆测井作业无法安全有效控制井口，2013～2015 年多口潜山井因为井漏溢流频发，井控风险大而临时取消测井作业。

为了获取宝贵的潜山地层地质数据，乍得作业现场引进电缆防喷器设备（表 6-4-10）。利用废旧套管加工连接短节，上部连接电缆防喷器，下部坐入半封闸板内，在电测过程中若有溢流情况发生能够实现快速关井，待压井作业完成后继续进行电测作业。

表 6-4-10　电缆防喷器参数

名称	型号	公称通径/mm	工作压力/MPa	工作温度/℃	适用介质	重量/kg
电缆防喷控制头	DFK12-35	120	35	−29～121	石油、天然气、泥浆	65
单闸板防喷器	SFZ16-35	160	35	−15～121	石油、水、H_2S	250

电缆防喷器的使用，为乍得潜山地层电缆测井作业的顺利施工，成功获取宝贵的地质资料提供了安全可靠的设备和技术保障。

三、现场应用效果

为了减少漏失，建立循环，避免井下复杂发生，同时获取宝贵的地质信息，首先在Baobab C1-13 井试验微泡钻井液，取得成功后推广应用至其他两口井，取得良好的堵漏防漏效果，并且获得了宝贵的岩屑录井及气测数据，为地层解释提供重要参考。

Baobab C1-13 井为第一口微泡钻井液试验井，该井位于 Bongor 盆地地区，是一口评价、开发直井。该井设计井深 1508m，实钻井深 1510m 完钻。

(1)2016 年 10 月 23 日 18:00 一开开钻，一开井身结构为 17 1/2″×293m+12 3/8″×292.4m。

(2)2016 年 10 月 26 日 06:45 二开开钻，二开井身结构为 12 1/4″×1214.5m+9 5/8″×1213.5m。

(3)2016 年 11 月 01 日 16:15 三开开钻，并采用微泡沫钻井液体系，施工井段为1214.5～1510m。

1. 微泡沫钻井液配制工艺

由于邻井钻遇潜山低压地层发生了失返性漏失，无法获取录井和气测数据。为了降低低压潜山地层钻进时的钻井液漏失量，建立循环，采取微泡沫钻井液作为循环介质，下面介绍可微泡钻井液现场配置过程。

(1)二开固井施工结束后，循环罐中的全部老浆转至备用泥浆池，清理干净循环罐后打水。

(2)循环罐中加入 0.1%～0.2%烧碱，调整循环水的 pH 为 8.5～10。

(3)通过混合漏斗往主循环罐加 0.2%～0.5%苏打粉+4% API 膨润土，充分循环并水化不小于 8h。

(4)往备用循环罐加 0.3%～0.5%XC 稳定剂，并循环、水化均匀。

(5)把稳定剂胶液与循环罐里水化好的坂土浆混合，并充分循环、搅拌。

(6)微泡沫体系基浆性能均匀后，往循环罐中加入 0.2%～0.5% GWFOM-LS，控制加入量、速度，用好固控设备和搅拌器，从而实现要求的微泡沫密度值。

2. 微泡沫钻井液性能维护和调整方法

(1)当微泡沫体系不稳定时，补充 XC 稳泡剂胶液维护。

(2)当微泡沫体系切力不足时，补充水化好的 API 膨润土浆维护。

(3)当体系密度需降低时，补充 GWFOM-LS 来调整。

(4)当体系密度需升高时，需补充 XC 稳泡剂胶液、水化好的 API 膨润土浆或用HFX-101 进行调整。

(5)当体系密度偏低（小于 7ppg），严重影响上水或流动性较差时，需补充 XC 胶液稳泡剂、水化好的 API 膨润土浆维护或用 HFX-101 进行调整。

钻进过程中顺利建立循环，返出的钻井液及岩屑如图 6-4-5 和图 6-4-6 所示。完钻后，在测井过程中换成清水，发生失返性漏失，实测漏失液面 280m，折算地层压力当量密度为 0.77g/cm^3，地层压力与 Baobab C1-12 井相当，说明采用密度为 0.7～0.9g/cm^3 微泡沫钻井液达到了很好的防漏堵漏效果，解决了无法建立循环的问题。

图 6-4-5　微泡沫钻井液从井里返出流态

图 6-4-6　微泡沫钻井液携带钻屑情况

3. 防漏效果

使用的微泡沫钻井液，从进、出口密度指标来看，误差为 0.02g/cm^3 左右，属于正常误差范围(因水基体系，受地温影响，水气化后导致密度变化)。

这次施工 Baobab C1-13 井发生井漏而没有失返：如导致无法正常录井，不能捞砂取样，影响潜山油藏信息发现，也潜藏井控隐患。如果钻井液失返，钻屑不能及时带出井眼，也有可能发生其他井下复杂风险(如起钻遇卡、下钻遇阻或卡钻等)，说明此井用微泡沫钻井液起到了作用。该井钻至 1341m 出现井漏后(漏速为 4～5m³/h)，然后采取措施：将微泡沫密度由 0.85g/cm³ 调至 0.70g/cm³ 后。漏速由 4～5m³/h 降到漏速 1m³/h 左右，最终由于密度降至 0.70g/cm³ 后泥浆泵上水和返出量受到影响(因泡沫多、流动性变差，正常现象)。在现场监督的指挥下，把微泡沫钻井液密度又恢复到 0.85～0.86g/cm³，泵上水和环空返量正常(有利于携带钻屑，但漏速又恢复到 4～5m³/h。但完钻前(钻至 1510m)一直没有失返，这又说明微泡沫钻井液起到了作用。该井从 1341m 发生漏失，至完井全井共漏失钻井液 152m³。而 Baobab C1-12 井漏失 3276m³，漏失量降低 3124m³。

4. 绘制岩性柱状图，获得 10 处气测显示

深度为 1227.2m 时的气测值为 16%，1255.2m 时的气测值为 2.95%，1259.2m 时的气测值为 3.85%，1269.6m 时的气测值为 1.27%，1276.2m 时的气测值为 1.10%，1292.8m 时的气测值为 3.39%，1309m 时的气测值为 5.73%，1327.4m 时的气测值为 3.85%，1354.8m 时的气测值为 10.99%，1447.4m 时的气测值为 2.63%。

截至 2016 年年底，现场实施两口井，漏失量大幅降低，钻井时间也相对缩短，应用效果如表 6-4-11 所示。

表 6-4-11 微泡沫钻井液应用统计表

井号	钻井液类型	钻井液密度 /(g/cm³)	漏失量/m³	潜山顶深/m	钻进时间/天	完井时间/天	机械钻速 /(m/h)	节约时间 /h
Baobab C1-16	清水	1.02	3180	1313～1600	3.59	5.09	6.06	
Baobab C1-12	清水	1.02	3276	1326～1610	5.09	7.43	6.68	
Baobab C1-13	微泡	0.70～0.90	152	1214～1510	2.15	5.01	6.6	49
Baobab C1-10	微泡	0.70～0.90	85	1222～1530	4.04	6.03	4.8	18

第七章

丛式井工厂化钻井技术与实践

第一节　丛式井工厂化钻井可行性论证

一、井工厂技术简介

"井工厂"的理念主要应用在非常规油气开发过程中，国外公司一直在强调"井工厂"这一理念，但却没有具体的概念，其具体做法如下：采用三维地震资料进行水平井优化设计，设计井眼轨道及方位，垂直于最大主应力方向，同时避开断层破碎带及可疑水层；采用可移动钻机钻工厂化钻井作业组，每井组数 3～8 口井(甚至更多，目前最多达到 30 口井)，钻井泵、泥浆罐、直流钻机的电控房(SCR 房)无须搬动，防喷器挂在井架底座一起移动，移动的动力依靠液压千斤顶，移动方向可以纵向也可以横向，地下水平井段间距为 300～400m。"井工厂"的理念是在整个钻、完井过程中不断进行总体优化和局部优化的理念，不是一项单一技术。具体应当体现在三个方面：①按照相关标准进行设计和施工；②程序化、流水化作业，提高设备的利用率；③规模化、批量化运行和管理。

这个模式集成快速移动钻机、流水线式的同步建井程序等，可进行远程控制、多方协调作业，实现多井场作业实时管理。工厂化钻、完井打破以往"钻井—完井—返排—生产"模式，实行按顺序、分批量作业模式。在同一井场通过两台钻机协同作业实现批量钻井，其中一台钻机依次完成同一井场所有井表层井段的钻井和固井作业，另一台快速移动钻机依次完成各井余下井段的钻井和固井作业，依次类推，直到完成所有井的全部作业。多口井依次一开，依次固井，依次二开，再依次固井。这个作业模式，钻机省去大量的注水泥、水泥候凝和测井时间，有效提高钻机利用率，降低施工作业总成本。通过对钻井液的重复利用，减少钻井液用量。一个井场实施多口井的钻井施工作业，钻井废物可集中处理，提高处理效率。

完井后，非常规油气井进入投产阶段。在此阶段，油井开发的地面设施可按标准化设计、标准化施工，多口井可共享基础设施。井场处理后的油气，可集中输送到下一站进行进一步的处理。另外，投产后油井生产状态的监测管理，多口井集中进行。这样可大大节约油井投产后的集输设施建设及后期管理费用。

根据国外井工厂开发理念，总结认为实施井工厂开发必须具备以下条件：①油气井的设计、钻井、完井、压裂、投产应具规模化；②油气井的设计、钻井、完井、压裂和投产应具标准化，具有可重复性、可学习性。

"井工厂"是一种规模化作业流程，它采用的是"精益制造"的生产方式，将各项工作标准化和专业化，采用流水线的方式实现规模化作业，并使用生产数据来决定工厂化作业的模式。"井工厂"的作业模式可分成五部分：标准化作业、优化过程、策略一致性、持续改进及信息技术的应用。

二、乍得丛式井开发方案布置及要求

依据乍得区块的开发特点、工厂化钻井在国内外的成熟应用、长城钻探在国内(四川和苏里格)成功经验，同时结合钻井防碰、轨道优化、泥浆、固井等一系列钻井技术等，在技术和管理上形成适合乍得特点的"乍得井工厂技术"。

针对 Daniela、Raphia、Phoenix 和 Lanea 油田各断块的构造形态、含油面积、储层特征，以提高储量控制程度为目的，同时考虑最大限度提高水驱控制程度进行注采井网优化设计。在复杂断块油藏井网部署时均采用以不规则为主的井网。

依据 2.2 期开发方案，开发区块主要为 Daniela、Raphia、Phoenix 和 Lanea 油田，总计部署 17 个钻井平台 81 口井，单平台井数 2～10 口。其中 3 个平台布置 10 口井、1个平台布置 8 口井、1 个平台布置 6 口井、1 个平台布置 5 口井、2 个平台布置 4 口井、6 个平台布置 3 口井、3 个平台布置 2 口井，详细丛式井部署方案如表 7-1-1 所示。

根据开发方案，结合地下井网分布、完井方式、采油设计和后期集束管理等，工程要点如下。

(1) Daniela 及周边油田采用平台丛式井方案，井型以直井和定向井相结合，Raphia S5-D1 井为一口大斜度井，钻井方案参考定向井方案施工。

(2) Daniela 油田主力油藏分布于 Daniela-1 块 P 组上部，油藏埋深范围为 1170～1410m，井深按 1500m 进行设计；Phoenix 油田主力油藏分布于 Phoenix-1 块的 P 组，油藏埋深范围为 600～1660m，井深按 1700m 进行设计；Raphia 油田 Raphia S-1 油藏埋深范围为 810～990m，Raphia S-5 油藏埋深范围为 790～1480m，Raphia S-8 油藏埋深范围为 910～1360m，井深按平均 1450m 进行设计；Lanea 与 Raphia 井深类似按照 1450m 井深进行设计。

(3) 直井采用 5 1/2″套管固井射孔完井，定向井采用 7″套管固井射孔完井。

(4) 注水开发，注水井口压力 10MPa。

81 口井中有直井 5 口，定向井 76 口，丛式井布井方式为工厂化钻井的实施创造了条件。

表 7-1-1　丛式井部署方案

平台	井号	垂深/m	直井数	定向井数	总数
DAN 1-26	Danie 1-8、Danie 1-9、Danie 1-26	1481	1	2	3
DAN 1-14	Danie 1-3、Danie 1-10、Danie 1-14、Danie 1-15、Danie 1-16、Danie 1-27、Danie 1-28、Danie 1-29、Danie 1-11、Danie 1-12	1481	1	9	10
DAN 1-17	Danie 1-1、Danie 1-4、Danie 1-17、Danie 1-18、Danie 1-19、Danie 1-20、Danie 1-30、Danie 1-31	1481	1	7	8
DAN 1-22	Danie 1-2、Danie 1-5、Danie 1-21、Danie 1-22、Danie 1-23、Danie W-1	1481	1	5	6
DAN Pad1	Danie 1-6、Danie 1-7、Danie 1-13、Danie 1-24、Danie 1-25	1481	0	5	5
R-S8-Pad1	Ronier S8-T1、Ronier S8-T2、Ronier S8-T3、Ronier S8-M1、Ronier S8-M2、Ronier S8-M3 Ronier S8-M5、Ronier S8-B2、Ronier S8-B3、Ronier S8-B5	1388	0	10	10
R-S8-Pad2	Ronier S8-T4、Ronier S4-T5、Ronier S8-M6、Ronier S8-M7、Ronier S8-M8、Ronier S8-B4、Ronier S8-B6、Ronier S8-B7、Ronier S8-B8、Ronier S8-B9	1588	0	10	10
R -S5- Pad	Ronier S5- 4、Ronier S5- 3、Ronier S5- 2、Ronier S5- 6	1579	0	4	4
R S-1- Pad	Ronier S1- 1、Ronier S1-2	1097	0	2	2
L-E2- Pad1	Lanea E2- 6、Lanea E2- 7、Lanea E2- 17	1154	0	3	3
L-E2- Pad2	Lanea E2-1、Lanea E2-2、Lanea E2-16	1154	0	3	3
L-E2- Pad3	Lanea E2-4、Lanea E2-15、Lanea E2-20	1154	0	3	3
L-E2- Pad4	Lanea E2-9、Lanea E2-18	1154	0	2	2
L-E2- Pad5	Lanea E2-8、Lanea E2-11	1154	0	2	2
L-E2- Pad6	Lanea E2-10、Lanea E2-19、Lanea E2-21	1154	0	3	3
Lan 1-1	Lanea 1- 1、Lanea 1- 4、Lanea 1- 6	1453	1	2	3
Phoenix-1	Phoenix 1-5、Phoenix 1-1、Phoenix 1-2、Phoenix 1-3	1795	0	4	4

三、乍得丛式井工厂化钻井技术评价

1. 工厂化钻井的优势

工厂化钻井就是采用移动钻机依次钻多口不同井的相似层段，固井后，再顺次钻下一层段。通过重复作业提高钻具组合利用率、钻井液利用率；通过大量的不占用井口操作(离线作业)及无钻机测井、固井方式实现交叉作业、提高钻机进尺工作时效，由于要满足多口井重复使用，废弃物排放减少；减少搬安时间和井场征迁建设费用。通过重复作业的学习曲线管理提高作业效率，实践证明，配套的技术和管理使单井的建井周期可以缩短一半左右。

鉴于乍得油田地面环境复杂、环保要求高、钻井开发投入成本高等问题,实施有效的工厂化作业钻完井技术,减少非作业时间,缩短建井周期,降低作业成本。从已钻井看,单井平均钻井周期 12~15 天,搬家频繁,井场多,占地多,这对于环保要求苛刻的乍得而言,采用工厂化钻井有不可多得的优势。

2. 现有钻井基本能满足施工要求

长城公司在乍得共有 10 部钻机分别是 4 台 30C 车载钻机、4 台 40D 车载钻机、2 台 50D 车载钻机和 2 台 50D 电动钻机其中有 2 台 40D 钻井已配备滑轨,基本能满足施工要求。30C 车载钻机钻井能力有限,泵功率较小(F1000),处理事故、复杂能力有限,相比较不适合在乍得项目打定向井。GW58 队和 GW58 队钻机属于 40D 电动钻机,钻井能力较强,设备状况相对较好,且配备了比较先进的顶驱系统,处理事故能力及作业能力大大增强,经过适当改造后,可以适合工厂化钻井施工。

3. 工厂化钻井经济效益评价

乍得项目作为 CNPC 一个海外勘探项目,由于所在国家特殊的地理位置、自然环境和社会经济情况,面临着作业费用特别是钻井费用偏高的问题,在目前国际油价低迷的状态下,如何降低油田开发费用是目前面临的一个重要课题。从世界各大有公司经验来看,作业成本特别是钻井成本在油田开发总成本中占有很大比例,因此可以通过采用成熟、先进的作业手段和钻井方法来降低作业成本,从而降低油田总体开发成本,提高经济效益,主要有:①减少占地面积,降低井场修建费用;②降低钻机搬迁频率;③确保生产作业持续;④减少集输管线长度;⑤通过学习曲线管理,提高完钻井施工效率;⑥钻完井物资集中采购存储;⑦钻井液重复利用,减少钻井液费用;⑧同无害化作业结合,可降低钻井成本;⑨所在国对安保和环保要求高,工厂化钻井技术能降低安保及环保费用。

工厂化钻井技术是否适合乍得项目,还需要从各方面论证,综合考虑。以下仅从钻前作业及钻井作业方面对从事井的经济性进行评价,而对于开发地面工程建设方面费用的影响及定向井对产量的影响方面未作评价,主要包括:①基于工厂化钻井作业工厂化开发,批量化钻完井作业,同时也为压裂、试油、试气批量化作业创造条件;②设备的成熟配套,保证钻井施工的连续性;③选用先进的技术,通过简化优化,从方案设计、钻头、井眼轨迹控制、泥浆、离线设施等配套技术等有效支撑钻井工厂化作业;④是科学的管理,通过团队协作,统一指挥,整体行动。确保联合交叉作业,无缝对接。具有系统化、集成化、标准化、自动化、协同化、流程化的特点。

第二节 钻机改造及装备配套

一、项目现有钻机评价

目前,乍得项目共有 5 支钻井队参与钻井作业,其中 GW125、GW86、GW199 的钻机都属于 30C 车载钻机，本身钻井能力有限，泵功率较小(1000hp)，处理事故、复杂能力有限，相比较不适合在乍得项目打定向井。GW184 钻机属于 50D 电动钻机，钻井能力较强，但是该钻机设备状况较差，在乍得项目施工期间发生多次钻机设备故障造成的停工，而且该设备比较特殊，在国内各种配件少，设备改造成本较大。GW58 钻机和 GW59 钻机属于 40D 电动钻机，钻井能力较强，设备状况相对较好且配备先进的顶驱设备，综合考虑，比较适合工厂化钻井施工。乍得项目现有钻机的基本情况如表 7-2-1 所示。

表 7-2-1 乍得项目现有钻机基本情况

井队名称	动迁时间	钻机型号	钻深/m	备注
GW125	转承 EnCana	车载 30C	2500	5″ 钻杆
GW184	2008-1	50D	4500	5″ 钻杆
GW211	2009-1	40D	3200	5″ 钻杆
GW86	2009-5	车载 30C	3000	4 1/2″ 钻杆
GW199	2010-1	车载 30C	2500	5″ 钻杆
GW58	2009-7	40D	3200	5″ 钻杆
GW59	2009-8	40D	3200	5″ 钻杆

二、项目现有钻机设备配套改造

1. 设备配套改造要求

现有钻机主机整体移运系统改造遵循"安全、可靠、经济、实用、方便"的原则，能满足 HSE 规范要求。改造后钻机主机不进行拆装可携带满立根钻具整体直线平移，一次性最多可钻 10 口井(井间距 5m)，最大平移距离 45m，1 号泥浆罐采用吊车吊运，在 1 号罐和 2 号罐之间需增加转浆系统，其余泥浆罐及泥浆泵、发电房、VFD 房等设备保持在原来位置，平移时主机井口套管头不高于地面 200mm。

2. 设备配套改造方案

钻机底座及绞车下方增加总长 35m 的导轨，底座通过连接在端部的两套液缸拖动，以 3mm/s 速度在导轨上携带满钻具平移。泥浆罐(除 1 号罐外)、泥浆泵、发电房、VFD 房等设备位置不变。加长地面高压管汇及地面电缆槽，加长绞车及钻台区电缆，新电缆与原电缆之间采用电缆转接箱。

钻机主体采用轨道式移动系统，将钻机主体安装在两组轨道上，通过安装在底座两侧的双作用液缸同步工作，满足钻机在工厂化钻井施工范围内往返移动。

设计高架导流管实现钻井液的回流，在高架导流管底部设置泥浆、放喷、工业水、气、补给等管线，满足井口泥浆回流的要求。设计地面电缆槽和折叠电缆桥架，满足钻台设备动力输送和控制的要求(图 7-2-1)。

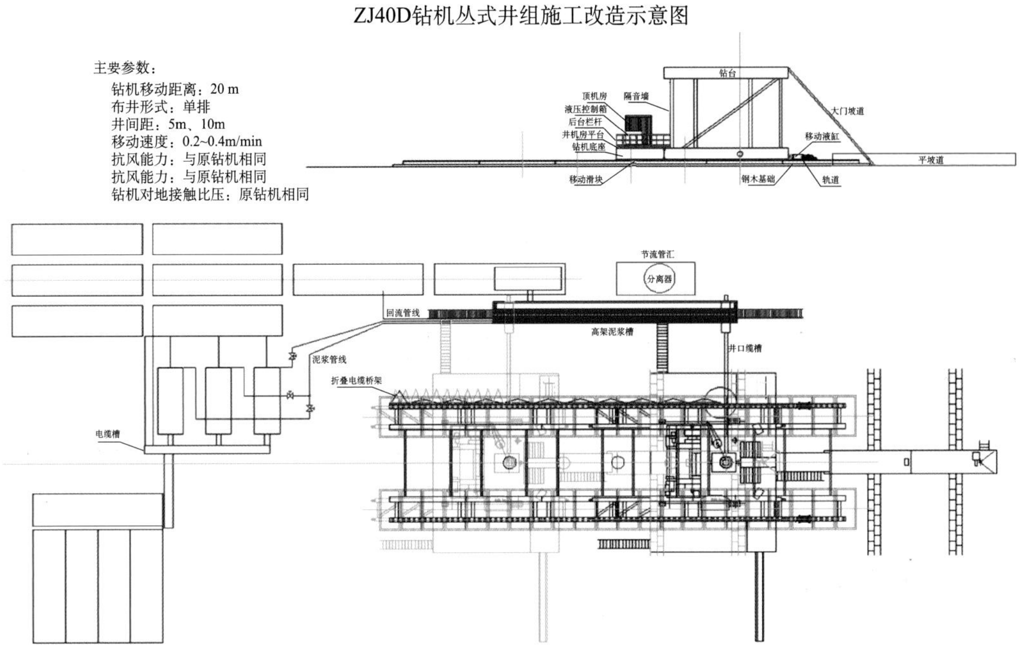

ZJ40D钻机丛式井组施工改造示意图

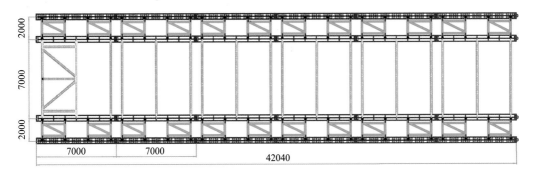

主要参数：
钻机移动距离：20 m
布井形式：单排
井间距：5m、10m
移动速度：0.2~0.4m/min
抗风能力：与原钻机相同
抗风能力：与原钻机相同
钻机对地接触比压：原钻机相同

图7-2-1 ZJ40D钻机工厂化钻井组施工改造示意图

3. 结构形式

钻机轨道式移动系统包含移动系统、高架导流槽、动力传输三部分。

钻机轨道移动系统在原有 ZJ40D 钻机的底座下方布置 42m 轨道(图 7-2-2)，通过移动装置在液压缸的推动下，实现钻机主机在 20m(10m×2)范围内的移动。实现井架(满立根)、底座等部件的快速运移。

1)移动系统

移动系统主要由轨道、滑板、液压移动系统等组成。

图7-2-2 轨道布置图(单位：mm)

设计轨道长度为 42m，满足钻机主机在 20m(10m×2)范围内的移动(图 7-2-3、图 7-2-4)。

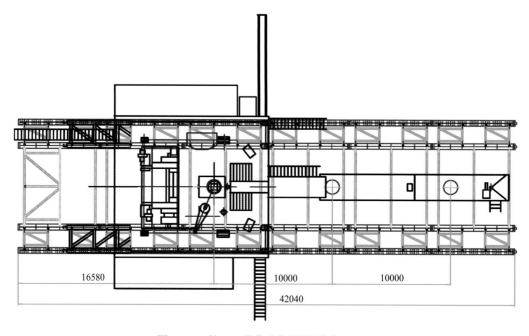

图 7-2-3　第一口井作业位置图(单位：mm)

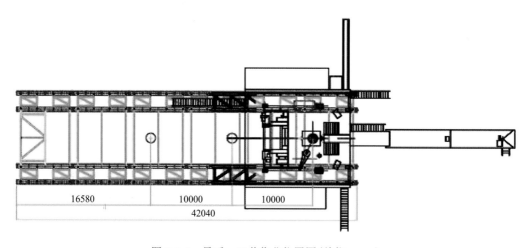

图 7-2-4　最后一口井作业位置图(单位：mm)

采用液压移动系统实现钻机的移动，液压移动部件主要包括液压站、双作用液压缸、控制装置及管线、棘爪装置。液压站为钻机移动的动力源，为执行部件液压缸提供动力。控制装置实现两部液缸的同步、换向、速度调节。液压系统的额定压力为 31.5MPa，两部液缸同时作用，推(拉)动钻机移动。控制箱设有同步装置，精度为 97%(该移动系统不会产生累计误差)。

2) 高架导流槽

高架导流槽位于固控系统及钻机之间，它通过利用高架管及高架管上辅助管线实现钻机与固控系统之间连接。高架导流槽管线与渡槽管线均保证倾角为 50°，一般钻井工况条件下可以使钻井液正常流动。管线主要由泥浆导流管、补给管线，清水管线、气管线及冲洗管线组成。此部分高架导流槽有高架管线、支撑架、渡槽部分改造及布置在地面电缆槽和固控罐的增加管线组成。

该导流槽在综合国内外钻井系统优点的基础上，结合人工岛钻井工艺的实际需要而设计的新产品，同时采用许多成熟的新工艺、新技术，具有设计合理、使用方便的特点。

高架导流槽主要为钻井液返回时泥浆流通管线，钻井液通过泥浆渡槽流到高架导流槽，再通过高架导流槽返回到泥浆罐分配器中，实现回流。通过此套方案可以使钻机在移动过程中不需要移动固控系统实现钻机快速移动，节省人力与物力。在高架导流槽上留有与井距相匹配的位置连接口，可以快速地连接到渡槽及渡槽的辅助管线上，并通过高架槽体上的辅助管线实现供水供气和泥浆补给工作。

在整套高架导流槽及渡槽主管线上安装有三根 3″管线和一根 2″管线，其中一根 3″管线上带有 1″ 管线，此管线为冲洗管线，用于在一开时大量淤泥堵塞导流管时冲洗管线用，此管线一端连接在立管闸门组上 2 7/8″的高压接口处，保证冲洗过程中冲洗泥浆压力，其余两根 3″管线分别为清水管线和泥浆补给管线，清水管线连接与泥浆罐清水管线中，从渡槽引到钻台面上，在钻台面上装有 3″不锈钢球阀及倒刺，用于清洗钻台面设备；补给管线连接在固控系统补给罐上由于提供钻机起下钻时的泥浆供给。2″管线为气管线，管线两端分别通过胶管连接在钻机底座气瓶上和通过固控罐引自气源房的管线上。

4. 主要技术参数

1) 移动系统主要技术参数

适应钻机类型为 ZJ40D；底座净空高度为 1.7m(含轨道、钢木基础高度)；底座移动速度为 4m/h；工作压力为 21MPa；液压系统额定工作压力为 31.5MPa；单缸额定工作拉力为 130t；泵站型号为 BZ 31.5-93；电动油泵为 63S14-1B；电动机为 Y250M-4。

2) 高架导流槽主要技术参数

外形尺寸为 Φ377 管 22000mm；支架为 5 个；辅助管线为 4 根。

5. 设计制造依据标准、规范

根据《石油钻机和修井机》（GB T23505—2009），钻机设计制造依据的标准、规范性的文件如下。

(1)《钻井和修井井架、底座规范》（API 4F）。

(2)《美国钢结构手册》（AISC）。

(3)《钢结构设计规范》（GB 50017）。

(4)《石油天然气工业、健康、安全与环境管理体系》及 HSE 要求的有关条款(SY/T

6276—1997 ISO/CD14690)。

    (5)《美国钢结构焊接规范》（AWS－D1.1)。

    (6)《涂装前钢材表面锈蚀等级和除锈等级》（GB 8923)。

    (7)《色漆和清漆漆膜的划格式试验》（GB 9286)。

    (8)《海洋石油安全规定》。

    (9)《石油天然气钻井健康安全环境管理体系指南》（SY/T 6283—1997)。

    (10)《浅海钻井安全规程》（SY/T 6307—1997)。

    (11)《起重机设计规范》。

    (12)《石油钻采机械产品用碳素钢和普通合金铸件通用技术条件》。

    (13)《石油钻采机械产品涂漆通用技术条件》（SY 5308)。

    (14)《钻前工程及井场布置技术要求》（SY/T 5466—2004)。

6. 移动系统配置清单

移动系统配备清单如表 7-2-2 所示。

表 7-2-2　移动系统配备清单

名称规格	单位	数量	单重/t	备注
轨道 400mm×500mm×7000mm	件	24	3.550	
连接架 1	件	24	0.930	
连接杆	件	16	0.310	
连接架 2	件	1	1.210	
销子	件	48	0.007	轨道间连接
销子	件	36	0.007	轨道与连杆连接
别针	件	48		
滑板	件	36	0.094	
压板	件	36	0.021	
螺栓 M30mm×2mm×45mm	件	144		滑板用
螺栓 M30mm×175mm（带平垫、螺母）	套	72		压板用
螺栓 M30mm（带平垫、螺母）	套	288		轨道与连接架连接
液压移动装置	套	2		棘爪装置、液压缸
液压控制系统	套	1		液压站、控制箱、管线
过桥走道	套	1		
钢木基础 4000mm×2000mm	套	42		

三、工厂化钻井定向工具配套

目前，在参与乍得项目钻井作业的五支钻井队伍，施工钻井均为直井，缺少定向井钻井所需的工具和仪器，如果要进行工厂化钻井，还需要动迁相关的工具和仪器，定向工具配套清单如表 7-2-3 所示。

表 7-2-3 定向工具配套清单

名称	规格	单位	数量	备注
随钻震击器	6 1/4″	根	1	
无磁钻铤	6 1/2″	根	2	内径 71.4mm
变径稳定器	外径 215	根	1	
无线随钻测斜仪	随钻测量定向工具(MWD)	套	2	
配合接头				根据钻具结构定

第三节 乍得丛式井工厂化钻井平台优化设计

钻井平台及井口布置优化是顺利实施工厂化作业的关键问题之一，需要在明确了解区块的地质构造并做出可开采的经济评价之后，首先就对整个区块的开发进行综合规划，便于低成本开采，获得综合经济效益。

一、工厂化钻井井场布置要求

在井场总体优化设计的前提下，井工厂开发模式下，钻井井场及钻前道路标准化设计和施工，保证钻井施工安全，减低施工难度，有利于油气井工厂后续管理和维护作业，有利于节约土地和降低成本。在进行井工厂地面井场设计时，应结合各地区的地貌特征及外部关系等实际情况，布置钻前工程施工工作。

(一)井场布置原则

在经过井工厂的井场总体设计后，井场位置，油井数量都可确定，在这种前提下，再进行井工厂井场的布局，布局的总体原则如下。

(1)满足地质设计、钻井和采油工艺要求，有利于提高管理水平和经济效益。

(2)根据钻机整体运移需要，宜采取钻机和钻井泵分开驱动来布置。

(3)为满足后期完井施工作业，生产测试作业。

(4)污水处理，废弃物回收处理等设施应综合布置。

(5)井场的设施布置应满足防喷、防爆、防火、防毒、防冻等安全要求。

(6)合理用地，方便施工。

(7)在特殊的地理环境，应有切实有效的防护设施。

(二)井工厂井场布置技术要求

1. 井场位置

根据《丛式井井场布置原则及要求》(SY/T 6241—1996),井场位置总体设计需满足安全施工和保护环境的目的。

(1)一般油、气井井场边缘距民房、高压输电线路及其他永久性设施的距离应按相关标准的有关规定执行。安全距离如果不能满足上述规定的,应组织相关单位进行安全、环境评估,按其评估意见进行处理。

(2)含硫油气田的井工厂井场应选在较空旷的位置,井场距民房的距离应按有关规定执行。

2. 井场地面井位的确定

井组间距离不小于 20m,井组内井间距离不小于 3m。

3. 场地及场内道路

根据《丛式井井场布置原则及要求》(SY/T 6241—1996),场地及场内道路需满足节约用地和保护环境的目的。

(1)井工厂井场场地应平坦坚实,中部应稍高于四周,井组间应有排水沟。

(2)井工厂井场场地应满足钻井、试修施工作业要求。

(3)作业井场处于乍得灌木丛区,增加必要的防火设施和防污设施。

(4)井场内道路应坚实平整,保证井场内所有井在建井周期内车辆畅通,路宽不少10m。

4. 井场主要设备布置

根据《丛式井井场布置原则及要求》(SY/T 6241—1996),井场及主要设备布置许满足安全施工和提高生产管理技术水平的目的。

(1)根据原钻机生产厂家提供的平面布置图、技术说明及钻工厂化钻井所需钻机运移的工艺要求布置。

(2)含硫油气田的井,所有设备的安放位置应按有关规定执行。

(3)钻井设备、试修设备、采油设备分布分区布置。

5. 井控设备的布置

根据《丛式井井场布置原则及要求》(SY/T 6241—1996),井控设备的布置需满足安全施工和压井管汇、节流管汇和防喷管线管理细则要求。

(1)防喷器远程控制台应布置在井场左前方,距井口不少于 20m。

（2）压井管汇的技术要求按有关规定执行。

（3）节流管汇的技术要求按有关规定执行。

（4）放喷管线应接两条：一条通循环系统，便于回收钻井液；另一条接出井场外，长度不小于 75m，直径不小于 127mm，管线拐弯处夹角不小于 120°。每隔 10~15m 应打一个水泥基墩，用 U 形卡子固定牢靠。基墩尺寸为 0.9m×0.8m×1m（长×宽×高）。含硫油气田的井，放喷管线按有关规定执行。

（5）放喷管线出口位置按有关规定执行。根据国内外井工厂经验，在条件许可的情况下，井场尽量布置成长方形，井工厂井场大小，应根据油气井开发计划决定。井工厂开发模式下，除上述因素外，还应综合考虑整个区块内井场的布局，包括井场数量和位置、集输工厂的规模和数量、集输管线的走向等。尽量减少对环境的破坏，减少耕地的占用。基于此原则，修建井场道路时应避开易泥沼等不良地段，按照通行安全、经济实用的原则选择线路，充分利用原有道路。在修筑钻前道路是需要考虑是否沿途埋设集输管线，如果需要，尽量减少占地面积。工厂化钻井井场的布置要求如表 7-3-1 所示。

表 7-3-1　工厂化钻井井场布置要求

平台	井数	排列方式	钻机型号	井场面积
DAN 1-26	3	单排	30C	110×130m
DAN 1-14	10	单排	40	120×175m
DAN 1-17	8	单排	40	120×165m
DAN 1-22	6	单排	40	120×155m
DAN Pad1	5	单排	40	120×150m
R-S8-Pad1	10	单排	40	120×175m
R-S8-Pad2	10	单排	40	120×175m
R-S5-Pad	4	单排	40	120×135m
L-E2-Pad1	3	单排	30C	110×130m
L-E2-Pad2	3	单排	30C	110×130m
L-E2-Pad3	3	单排	30C	110×130m
L-E2-Pad6	3	单排	30C	110×130m
Lan 1-1	3	单排	30C	110×130m
Phoenix-1-Pad1	4	单排	30C	110×135m

二、平台优化设计

（一）丛式平台井方案设计

根据 Daniela 油田油藏工程推荐的井位部署，平台规划按照直井与定向井相结合、平均井斜角最小、总井深最小和施工难度最小为原则，提出以下两套平台规划方案。

（1）建 5 个多井平台，平台井数分别为 3 口、10 口、8 口、6 口、5 口，其中 4 口为直井，28 口为定向井，定向井最大井斜角为 43.17°，最小为 13.9°，平均为 26.22°，定向井平均井深 1623.4m，具体方案如表 7-3-2 所示。

表 7-3-2　Daniela 油田丛式平台井方案 1

平台	井数	井号	X 坐标	Y 坐标	垂深/m	位移/m	井斜角/(°)	设计井深/m
DAN-N26	1	Daniela N-8	427662	1118667	1500	534.02	28.35	1630.36
	2	Daniela N-9	428625	1118509	1500	470.51	25.14	1601.36
	3	Daniela N-26	428195	1118700	1500	0	0	1500
DAN-N14	1	Daniela N-3	428625	1117738	1500	419.08	22.47	1581.01
	2	Daniela N-10	429424	1117990	1500	460.43	24.62	1597.54
	3	Daniela N-14	429044	1117730	1500	0	0	1500
	4	Daniela N-15	429004	1117425	1500	307.61	16.53	1543.8
	5	Daniela N-16	428764	1117142	1500	651.26	33.97	1691.06
	6	Daniela N-27	429072	1118089	1500	360.09	19.35	1559.96
	7	Daniela N-28	429244	1117522	1500	288.56	15.5	1538.54
	8	Daniela N-29	429124	1117287	1500	450.17	24.09	1593.3
	9	Daniela N-11	429874	1117470	1500	869.77	43.17	1827.58
	10	Daniela N-12	428412	1117293	1500	768.37	39.12	1760.84
DAN-N17	1	Daniela N-1	429066	1116888	1500	370.6	19.91	1563.49
	2	Daniela N-4	429866	1116816	1500	439.94	23.56	1589.17
	3	Daniela N-17	429436	1116909	1500	0	0	1500
	4	Daniela N-18	429297	1116602	1500	337	18.11	1552.55
	5	Daniela N-19	429833	1116561	1500	527.93	28.05	1627.48
	6	Daniela N-20	429627	1116421	1500	524.05	27.85	1625.66
	7	Daniela N-30	429319	1117166	1500	282.38	15.16	1536.91
	8	Daniela N-31	429500	1117160	1500	259.03	13.9	1531.05
DAN-N22	1	Daniela N-2	430866	1116514	1500	425.4	22.8	1583.45
	2	Daniela N-5	430644	1115659	1500	544.89	28.89	1635.57
	3	Daniela N-21	430409	1116619	1500	452.17	24.19	1594.12
	4	Daniela N-22	430579	1116200	1500	0	0	1500
	5	Daniela N-23	430911	1115862	1500	473.78	25.31	1603.17
	6	DAN W-1	429924	1116043	1500	673.55	34.99	1703.68
DAN Pad1	1	Daniela N-6	431582	1116105	1500	605.31	31.82	1666.1
	2	Daniela N-7	432716	1115450	1500	772.6	39.29	1763.51
	3	Daniela N-13	432061	1115086	1500	559.54	29.61	1642.72
	4	Daniela N-24	431228	1115614	1500	738.87	37.87	1742.48
	5	Daniela N-25	432229	1115917	1500	383.44	20.59	1567.94

（2）建 5 个多井平台，2 个单井平台。多井平台井数分别为 3 口、8 口、8 口、6 口、5 口，其中 6 口为直井，26 口为定向井。定向井最大井斜角为 39.29°，最小为 13.9°，平

均为 25.1°，定向井平均井深 1610.2m，具体平台规划方案如表 7-3-3 所示。

表 7-3-3 Daniela 油田丛式平台井方案 2

平台	井数	井号	X坐标	Y坐标	垂深/m	位移/m	井斜角/(°)	设计井深/m
DAN-N26	1	Daniela N-8	427662	1118667	1500	534.02	28.35	1630.36
	2	Daniela N-9	428625	1118509	1500	470.51	25.14	1601.36
	3	Daniela N-26	428195	1118700	1500	0	0	1500
DAN-N14	1	Daniela N-3	428625	1117738	1500	419.08	22.47	1581.01
	2	Daniela N-10	429424	1117990	1500	460.43	24.62	1597.54
	3	Daniela N-14	429044	1117730	1500	0	0	1500
	4	Daniela N-15	429004	1117425	1500	307.61	16.53	1543.8
	5	Daniela N-16	428764	1117142	1500	651.26	33.97	1691.06
	6	Daniela N-27	429072	1118089	1500	360.09	19.35	1559.96
	7	Daniela N-28	429244	1117522	1500	288.56	15.5	1538.54
	8	Daniela N-29	429124	1117287	1500	450.17	24.09	1593.3
DAN-N17	1	Daniela N-1	429066	1116888	1500	370.6	19.91	1563.49
	2	Daniela N-4	429866	1116816	1500	439.94	23.56	1589.17
	3	Daniela N-17	429436	1116909	1500	0	0	1500
	4	Daniela N-18	429297	1116602	1500	337	18.11	1552.55
	5	Daniela N-19	429833	1116561	1500	527.93	28.05	1627.48
	6	Daniela N-20	429627	1116421	1500	524.05	27.85	1625.66
	7	Daniela N-30	429319	1117166	1500	282.38	15.16	1536.91
	8	Daniela N-31	429500	1117160	1500	259.03	13.9	1531.05
DAN-N22	1	Daniela N-2	430866	1116514	1500	425.4	22.8	1583.45
	2	Daniela N-5	430644	1115659	1500	544.89	28.89	1635.57
	3	Daniela N-21	430409	1116619	1500	452.17	24.19	1594.12
	4	Daniela N-22	430579	1116200	1500	0	0	1500
	5	Daniela N-23	430911	1115862	1500	473.78	25.31	1603.17
	6	DAN W-1	429924	1116043	1500	673.55	34.99	1703.68
DAN Pad1	1	Daniela N-6	431582	1116105	1500	605.31	31.82	1666.1
	2	Daniela N-7	432716	1115450	1500	772.6	39.29	1763.51
	3	Daniela N-13	432061	1115086	1500	559.54	29.61	1642.72
	4	Daniela N-24	431228	1115614	1500	738.87	37.87	1742.48
	5	Daniela N-25	432229	1115917	1500	383.44	20.59	1567.94
DAN-N11	1	Daniela N-11	429874	1117470	1500	0	0	1500
DAN-N12	1	Daniela N-12	428412	1117293	1500	0	0	1500

(二)丛式平台井方案对比分析

井场对比主要参照依据：①参照标准 SY/T 5505—2006；②ZJ30 钻机单井平台面积不小于 70m×70m=4900m²；③平台井组同排井间距要求为 2.5～5m，选择 5m，若两台或两台以上钻机同时施工，排间距要求不小于 30m，按 30m 设计，该方案均按单排井设计；

④参照现场规格，则平台面积 $A=[105+(N-1)\times5]m\times[100+(M-1)\times30]m$（$N$ 为单排井数，M 为井排数）。

1. 井场建设投资对比

参考《乍得项目公司关于钻井相关经济评价意见》，按照建一个 100m×105m 的井场费用 10 万美元、一口水井 1.5 万美元进行对比计算，方案 1 中 32 口井需要建 5 个井场，比全部采用单井可节约井场及水井建设费用 297.5 万美元，方案 2 需要建 7 个井场，比全部采用单井节约井场及水井建设费用 275.6 万美元，具体明细如表 7-3-4 所示。

表 7-3-4 井场建设投资对比

方案	平台	井数	井排数	丛式平台面积/m²	单井井场总面积/m²	节约投入		
						面积/m²	水井投资/万美元	井场投资/万美元
方案 2	DAN N-26	3	1	11500	31500	20000	3	19.0
	DAN N-14	8	1	14000	84000	70000	10.5	66.7
	DAN N-17	8	1	14000	84000	70000	10.5	66.7
	DAN N-22	6	1	13000	63000	50000	7.5	47.6
	New Pad	5	1	12500	52500	40000	6	38.1
	DAN N-11	1	1	10500	10500	0	0	0.0
	DAN N-12	1	1	10500	10500	0	0	0.0
	合计	32		86000	336000	250000	37.5	238.1
方案 1	DAN N-26	3	1	11500	31500	20000	3	19.0
	DAN N-14	10	1	15000	105000	90000	13.5	85.7
	DAN N-17	8	1	14000	84000	70000	10.5	66.7
	DAN N-22	6	1	13000	63000	50000	7.5	47.6
	New Pad	5	1	12500	52500	40000	6	38.1
	合计	32		66000	336000	270000	40.5	257.1

2. 钻机搬迁费用对比

参考《乍得项目公司关于钻井相关经济评价意见》，按照大搬 3.5 天，小搬 0.5 天，搬家费用日费 4.6 万美元/天计算，方案 1 搬家需要 31 天，搬家总费用 142.6 万美元，比全部采用单井可节约时间 81 天和搬家费用 372.6 万美元，方案 2 搬家需要 37 天，搬家总费用为 170.2 万美元，比全部采用单井可节约时间 75 天和搬家费用 345 万美元，具体明细如表 7-3-5 所示。

表 7-3-5 本钻机搬迁费用对比

方案	平台	井数	大搬次数	小搬次数	总时间/天	总搬家费用/万美元	节约投入 时间/天	节约投入 搬家费用/万美元
方案1	Daniela N-26	3	1	2	4.5	20.7	单井需要大搬32次,需要时间112天,费用515.2万美元	
	Daniela N-14	10	1	9	8	36.8		
	Daniela N-17	8	1	7	7	32.2		
	Daniela N-22	6	1	5	6	27.6		
	New Pad	5	1	4	5.5	25.3		
	合计	32	5	27	31	142.6	81	372.6
方案2	Daniela N-26	3	1	2	4.5	20.7	单井需要大搬32次,需要时间112天,费用515.2万美元	
	Daniela N-14	8	1	7	7	32.2		
	Daniela N-17	8	1	7	7	32.2		
	Daniela N-22	6	1	5	6	27.6		
	New Pad	5	1	4	5.5	25.3		
	Daniela N-11	1	1	0	3.5	16.1		
	Daniela N-12	1	1	0	3.5	16.1		
	合计	32	7	25	37	170.2	75	345

3. 钻井费用对比

根据《乍得项目公司关于钻井相关经济评价意见》,直井费用 114 万/口,定向井费用 155 万美元/口进行经济评价(表 7-3-6)。

表 7-3-6 钻井费用对比

项目	直井方案	丛式井方案1 直井	丛式井方案1 定向井	丛式井方案2 直井	丛式井方案2 定向井
井数	32	4	28	6	26
单井费用/万美元	114	114	155	114	155
合计/万美元	3648	4796		4714	
对比增加/万美元		1148		1066	

4. 钻井总投资对比

按照 Daniela 油田油藏工程推荐的井位部署,与全采用直井方案对比,丛式井方案 1 钻井总投资多支出 478 万美元,丛式井方案 2 钻井总投资多支出 445.6 万美元,详细对比如表 7-3-7 所示。

表 7-3-7 钻井总投资对比

项目	直井方案费用/万美元	丛式井方案 1		丛式井方案 2	
		费用/万美元	对比	费用/万美元	对比
井场建设	368	70.4	−298	92.4	−276
钻机搬迁	515	142.6	−373	170.2	−345
钻井费用	3648	4796	1148	4714	1066
合计	4531	5009	477	4976.6	445

5. 井口及地面投资对比

按照 Daniela 油田油藏工程推荐的井位部署，丛式平台方案 1 需建设 3 座油气计量站(OGM)，一座中心处理站(CPF)，单井平台 5 座(3 座与 OGM 合建，1 座与 CPF 合建)；丛式平台方案 2 需要建设 3 座 OGM，一座 CPF，丛式井平台 5 座(3 座与 OGM 合建，1 座与 CPF 合建)，2 个单井平台；全直井方案则需要建设 2 座 OGM，一座 CPF，32 个单井平台。与全采用直井方案对比，丛式井方案 1 总投资节省支出 4348 万美元；丛式井方案 2 总投资节省支出 4192 万美元，具体如表 7-3-8 所示。

表 7-3-8 井口及地面投资对比

项目	直井方案费用/万美元	丛式井方案 1		丛式井方案 2	
		费用/万美元	对比	费用/万美元	对比
井口配套装置	960	300	−660	348	−612
计量站(OGM)	895	1342	447	1342	447
集输干线(API 5L Gr.B)8″/10″	199	149	−50	149	−50
单井管线(API 5L Gr.B)3″/4″	1069	68	−1001	115	−954
注水管线	1883	837	−1046	837	−1046
66kV 输电线路	930	166	−764	180	−750
预备费	7584	6877	−707	6903	−681
其他	6082	5515	−567	5536	−546
合计			−4348		−4192
总投资	46644	42298		42451	

注：API 5L 表示管线钢的标准；Gr.B 表示等级，其中 B 代表屈服强度 245MPa，一般站外管线都执行这个标准。

6. 技术风险分析

根据地层岩性特点、已钻井复杂情况和定向井的轨迹设计，钻井施工中的技术风险包括以下几个方面。

(1)Daniela 已完钻井存在井壁不稳定，存在起下钻、电测遇阻现象，尤其是 K 层中下部至 P 层顶部层段，地层岩性为泥页岩及砂岩间互，因此定向井钻进中可能会出现较直井更为严重的井壁失稳带来的工程风险。

(2)已完钻井井斜、方位控制比较困难，可能增加定向井轨迹控制难度；

(3)若采用丛式井方案，方案 2 中达定向井最大井斜 39.29°，方案 1 中最大井斜角为 43.17°，造斜段和稳斜段长度达 1200m 左右，增加了钻进难度，而且起下钻、电测、下套管阻卡问题会更加突出。

(4)丛式井增加了投产施工及后期维护和修井检泵等修井施工的难度。

(5)由于井斜角相对较大，可能对采油工具下入带来一定难度。

7. 丛式井方案论证认识与建议

通过上述钻井难度分析、成本对比、后期管理等综合考虑，采用此丛式井钻井方案有以下认识及建议。

(1)从整体上看，丛式井方案总建设费用要比全直井低，作业周期短。

(2)丛式井方案 1 比全直井方案钻井和地面少投入 3870 万美元，丛式井方案 2 此两项相比少投入 3746.4 万美元。

(3)两个丛式井方案均比全直井方案提前至少 2 个月完成钻井工作量。

(4)针对钻井中可能存在的风险，结合已完成井的分析研究，认为通过技术方案的优化，尤其是钻井液技术的优化，可以降低相关钻井风险。

(5)定向井对测井、采油工具下入带来一定难度，但井斜角均不超过 60°，对工具下入影响不大。

(6)采用丛式平台井组能够为后期井的巡查和地面管理提供方便，减少人力投入。

综合对比建议采用丛式平台井方案，平台部署推荐方案 1。

第四节 丛式井工厂化钻井现场实施

一、施工作业顺序优化

施工作业顺序的优化受不同地区的条件制约采取的措施不同，例如，中国四川威远，是先钻一开、二开后(采用水基泥浆)，再平移钻三开、四开(采用油基泥浆)。而苏里格是先用修井进行一开批钻完后，在进行二开、三开为一批次，四开为一批次的作业。乍得项目在 1 期、2.1 期和 2.2 期应用实践证明，采用 2 层井身结构是有效的，完成能满足开发需要。

乍得项目的批钻顺序是先打完所有井的一开，再从最后一口井开始返回按顺序打二开，其中 DAN-N22(6 口井)、 DAN-N14(8 口井)两个平台中已完钻的 1 口井均为第 1 口井， DAN-N17 已完钻的 1 口井排为 8 口井中的最后一口井。

通过井眼轨迹的防碰分析、井眼轨迹优化及各平台原老井场的利用等综合考虑，DAN-N22 井场布置 6 口井(5 口新井+1 口老井)，井口布局如图 7-4-1 所示；DAN-N17 井场布置 8 口井(7 口新井+1 口老井)，井口布局如图 7-4-2 所示；DAN-N14 井场布置 10

口井(9 口新井+1 口老井)。

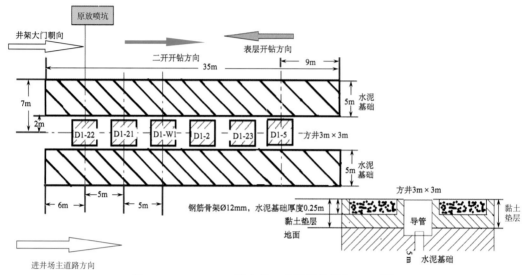

图 7-4-1　DAN-N22 平台井口建设示意图(5+1 口井)

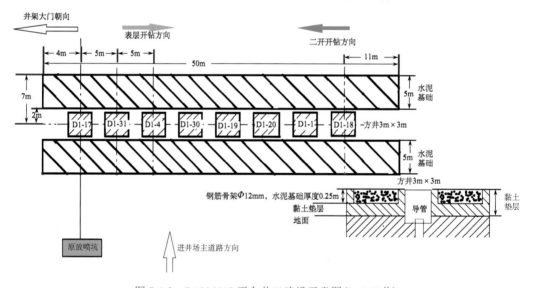

图 7-4-2　DAN-N17 平台井口建设示意图(7+1 口井)

二、井眼轨迹及防碰设计

1. 工厂化钻井井口排列方式及适用范围

(1)直线形单排排列：适合于井场内井数较少的陆地工厂化钻井。有利于钻机及钻井设备移动。井距一般为 3～5m。

(2)双排或多排排列：同一排井距一般为 3～5m，两排之间的距离一般为 30～50m。这种排列适合于一个井场上打多口井(十几口到几十口)。

（3）环状排列及方形排列：这两种排列方式适用于在陆地或浅海人工岛上钻工厂化钻井，在一个井场上钻几十口井。可采用多台钻机同时作业。

（4）网状密集排列适用于海上工厂化钻井井场。

2. 工厂化钻井设计应注意的问题

（1）根据工厂化钻井井场内各井目标点相对于井场井口位置的方位，合理分配井场上各井口相对应的目标点，做到合理布局，避免出现两井交叉，减少钻井过程中井眼轨迹控制的难度。

（2）各井造斜点的深度要互相错开，一般井场井数较少时应错开 50m 以上距离．井数较多错开距离也大于 30m。

（3）优选各井井身剖面类型，特别相近井的井身剖面选择要讲究，以防碰撞和干扰。

（4）钻井顺序应先钻水平位移大、造斜点浅的井，后钻水平位移小、造斜点深的井，以防定向造斜时，邻井套管的磁干扰。

（5）当井网内各井设计完毕后，必做防碰计算、校核，防止两井眼相交。

3. 乍得工厂化钻井设计

（1）根据水平位移及地层岩性合理选择造斜点，邻井造斜点错开 50m。

（2）井身剖面采用直-增-稳三段制剖面，结合该地区地层自然造斜率较高特点，优化钻井参数，实现快速钻井。

（3）井斜角不大于 60°，平均井斜角最小，总井深最小。

（4）满足电缆测井及采油工具下入要求，狗腿度不大于 5°/30m。

（5）考虑到平台井数较多，位移较大，为了防碰、保证井身质量，避免空间交叉，采用 MWD 定向，加强井眼轨迹防碰监测分析。

（6）直井段和定向井段测斜间距不得大于 50m，防碰关键井段测斜间距不大于 10m。

三、定向井钻井特点、难点及对策

1. 乍得 H 区块上部地层特点、难点

（1）上部松软地层胶结疏松，机械钻速高，造斜困难，很难确定造斜率。

（2）有效控制井段短，而相对位移比较大，井眼轨迹控制调节余量小，精度要求高。

（3）由于地层疏松，井眼易失稳,钻进中必须提高井眼轨迹控制精度和加快钻井速度，从而使施工难度增大。

（4）井浅地层软，钻速高，稳斜段易降井斜，采油工艺要求稳斜段狗腿度实际控制在 1.5°/30m 以内，以减小采油作业时的杆管磨损。

（5）井浅相对位移比较大，而且由于排量比较低，易发生黏卡事故。

2. 定向井钻井技术对策

(1)由于造斜段地层软,选择能满足携岩要求的较低排量配合钻头进行定向造斜,降低水力破岩的作用,确保工具造斜率,并视地层具体情况,在首选 0.75°单弯螺杆钻具的情况下,同时配备 1°单弯螺杆钻具进行造斜,确保造斜率接近设计值。

(2)使用随钻测斜仪进行造斜段井眼轨迹控制,可以保证螺杆钻具实际造斜率主要用于增井斜,以达到全力增斜的目的,同时由于随钻监测,可及时调整施工方案和采取对策,确保实钻轨迹按设计运行。

(3)采用 PDC 钻头的复合钻井技术进行稳斜段控制。其中采用 PDC 钻头可减小方位漂移,而采用单弯螺杆钻具复合钻井既可防止稳斜段降斜,而且由于没有扶正器,可防止黏卡。

(4)钻井液中加入防塌润滑剂降低摩阻和扭矩,钻井过程要及时短起钻。

四、斜井段井眼轨迹控制技术

1. 井眼轨迹控制难点

(1)针对丛式开发定向井,井眼轨迹控制方面的实钻资料基本没有,只有在实钻中边探索边积累经验。

(2)根据已钻直井资料显示 Ronier 和 Mimosa 区块地层容易导致直井井斜,增加造斜和稳斜段的困难。

(3)若平台布置几组丛式井组,则给现场施工带来了较大的防碰难度。

(4)稳斜段方位自然漂移没有固定的规律,给造斜结束时选择合理"预留角"带来了选择上的判断困难。

(5)由于部分区块的地层较软,而且在不同的方位上具有较强的非均质性,在稳斜段使用相同的钻具组合和钻井参数可能在不同方向、不同井深具有不同的增斜效果,这给每次选择合理的钻具组合入井带来了较大的难度。

(6)该地区定向井 215.9mm 裸眼井段都较长,考虑地层影响,给钻井过程中带来的附加阻力和扭矩都相对较大,要时刻注意防卡钻。

(7)因造斜时测量仪器本身具有一定长度,造成测点较实际井深滞后,在钻进过程中常需要准确预测钻头处的井斜、方位,尤其在选择造斜结束点时,井底方位是否合适会关系到稳斜段是否有"扭方位"作业。

2. 斜井段井眼轨迹控制技术

(1)造斜段。定向造斜井段是井眼轨迹控制的关键井段。选用适合的螺杆和钻头造斜时配合随钻测量仪器(MWD)等踪监测造斜有利于造斜时方位控制。针对该区域构造的已钻的定向井少,方位漂移规律尚不清楚的情况下,主要以同井场的已钻井实钻数据资料为参考，同时分析设计方位与该区域构造的地层走向和倾角的相对位置关系，选择造斜结束点的方位"预留角"和井斜。

在造斜过程中为了确保定向准确，在开始定向造斜时加密测量工具面、井斜、方位，把握井下动力钻具的反扭角的大小，随着井斜方位的稳定，适当放宽测量间距。在钻进过程中若遇设备原因暂时停钻，活动钻具时要防止钻具转动，上提下放时若钻具转动要重新定向。同时，实钻中应根据实际井身轨迹变化情况按需要拟定待钻轨迹，适时调整工具面角，钻井参数以保证井斜和方位的变化在预计范围内。

(2)稳斜段。该井段主要参考同井场已钻井实钻资料，采用稳斜钻具组合达到微增斜、稳斜或微降斜中靶的目的。掌握每次钻具组合的钻进效果并进行中靶分析，发现问题及时分析并做出处理措施。

第五节　钻井废弃物处理技术

一、钻井废弃物特点及危害

1. 钻井废弃物特点

在石油钻井过程中，将产生大量的钻井废弃物，如钻井污水、废弃钻井液、钻屑、含有污油的混合物。

钻井液是一种相当稳定的胶态悬浮体系，含有黏土、加重材料、各种化学处理剂、污水、污油及钻屑等。危害环境的主要化学成分有烃类、盐类、各类聚合物、重金属离子、重晶石和沥青等改性物，这些污染物具有高色度、高石油类、高化学需氧量(COD)、高悬浮物、高矿化度等特性，是石油勘探开发过程中产生的主要污染源之一。另外，钻井岩屑通常含有重金属和原油等有毒物质，返排至地面将对环境产生污染。

2. 钻井废弃物对环境危害

(1)污染地表水和地下水资源。

(2)钻井废水中的重金属滞留于土壤，影响植物生长，危害人畜健康。

(3)高 pH、高浓度的可溶性盐及石油类造成土壤板结，危害植物生长。

(4)废物中有机处理剂使水体 COD 和生化需氧量(BOD)增高，影响水生生物正常生长。

二、钻井废弃物处理工艺

钻井液废弃物管理思路是减少生成、循环利用、适当处理、最终排放。

目前，钻井废弃物处理较为成熟的方法有固液分离法、固化法、焚烧法、水处理法，也可以进行微生物处理和回注等。

1. 岩屑固化工艺

1）岩屑的接收与初步处理

（1）使用螺杆输送器接收振动筛、离心机及除砂除泥器中分离出来的岩屑。

（2）岩屑使用振动筛或甩干机进行再次甩干处理（图 7-5-1）。

（3）底流回收至循环系统，固相装车送至集中处理站。

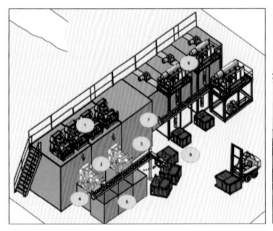

图 7-5-1　岩屑固化工艺

2）岩屑的晾晒与固化

（1）拉至集中站后在场地上进行晾晒降低含水率至 20%～30%。

（2）加入固化剂混拌后固化，放至场地养护。

（3）固相浸出液完全达标。

（4）或加入固化剂后进行压砖（图 7-5-2）。

图 7-5-2　岩屑制砖

3) 岩屑制砖系统

(1) 特殊固化剂能将土壤或其他矿物直接固化（水泥无法固化土壤含量超过 20%的矿物）。

(2) 拉至集中站后在场地上进行晾晒降低含水率至 20%～30%。

(3) 加入固化剂后压砖成型。

(4) 养护后可直接铺路。

2. 废弃钻井液固液分离工艺

废弃物处理总体工艺流程及示意图分别如图 7-5-3 和图 7-5-4 所示。

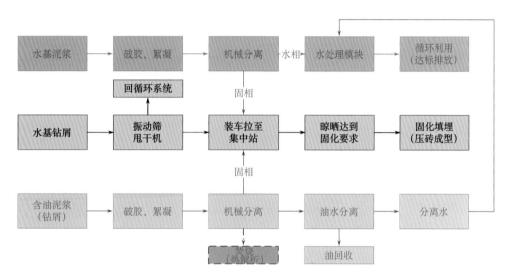

图 7-5-3　废弃物处理总体工艺流程图

固液分离系统主要为以下三个步骤。

(1) 混合与存储系统。

预混酸/碱(pH 调节)；配凝聚剂与絮凝剂；充分搅拌溶解。

(2) 传送系统。

传送化学剂到泥浆中；传送泥浆到分离装置中；螺杆泵传送。

(3) 絮凝分离系统。

加入破胶剂使固液分离；送至离心机甩出固相和液相；水按需要进一步处理，回收使用(图 7-5-5)。

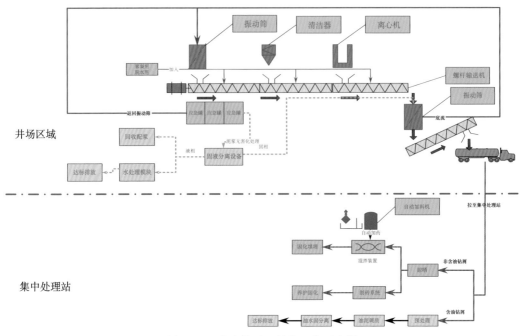

图 7-5-4　废弃物处理总体工艺示意图

图 7-5-5　絮凝分离系统

3. 废弃钻井液水处理工艺

水处理工艺包括：硅藻土分离系统，可满足一般排放要求；膜过滤分离系统，达到离子分离级别；低温蒸发分离系统，水分直接全部蒸发，固相固化处理(图 7-5-6)。

1)硅藻土过滤系统处理工艺

分离系统：①待处理水与硅藻土混合；②板框压滤；③精密过滤；④压滤器；⑤滤芯。

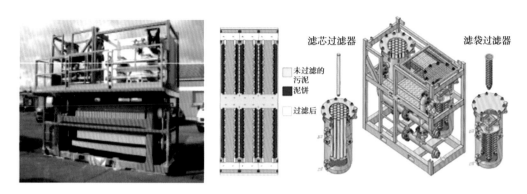

图 7-5-6 硅藻土压滤器与双桶滤芯/滤袋过滤器

2)膜过滤系统处理工艺

膜过滤系统可过滤无机离子、有机分子等(图 7-5-7)。

图 7-5-7 膜过滤系统处理设备

3)低温蒸发系统处理工艺

低温蒸发系统是一种利用不同温度下含湿量的变化进行蒸发结晶从而实现废水回收及零排放的系统。随着温度升高水分子逸出动能快速提升，加速分离(图 7-5-8)：①进水水质要求低(对来水水质没有限制)；②运行温度低(<60℃)；③运行压力低(常压运)；④冷凝液水质好[TDS (总溶解固体)<100mg/L]；⑤浓缩结晶一体化(不需要单独的结晶

151

系统）；⑥回收几乎所有的水资源；⑦得到干盐；⑧废水完全零排放。

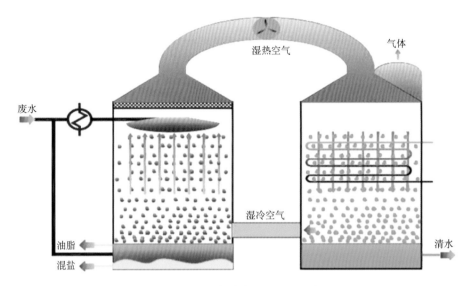

图 7-5-8　低温蒸发系统与处理工艺流程图

4. 含油废弃物（钻井液、钻屑和油泥等）处理工艺

1）含油废弃物各国标准

法国：湿地要求土壤中含油量小于 5000ppm（0.5%），旱地含油量小于 2.0%。

丹麦：土壤中的油含量规定小于 0.1%。

荷兰：土壤中的油含量小于 10mg/L，这是世界上要求最严格的。

加拿大：工业垃圾填埋要求 TPH（总石油烃）≤3%；筑路要求 TPH 必须小于 5%；排到土壤时，最大碳氢化合物的含量不超过 2%。

美国：通常而言，2% 的 TPH 含量是自然黏土填埋能够接受的最高值，但是产油区有时允许更高 TPH 的原油废弃物进入填埋场。

2）主体工艺

该工艺由预处理单元、回掺热水加药单元、污泥调质单元、油水分离单元、离心分离单元等组成（图 7-5-9），各模块采用撬装，方便运输。

处理范围包括含油钻屑、含油泥浆、油田落地油泥、集中站罐底泥、水等。

3）进料系统

用泵将污泥池内上部稀液直接送至调质罐和油水分离系统；用挖掘机将污泥池底固含高的油泥送入螺旋输送自动加料系统，再送至预处理系统，进料流程如图 7-5-10 所示。

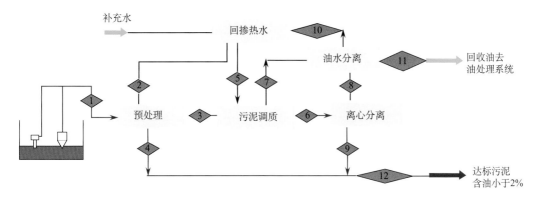

图 7-5-9　含油废弃物(钻井液、钻屑和油泥等)处理工艺流程图

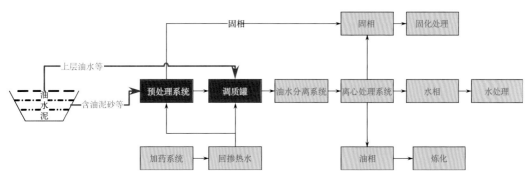

图 7-5-10　进料流程图

4)预处理系统

组成：进料站、栅格、转鼓分离装置、曝气沉砂装置、螺旋推进器。

流程：栅格将大颗粒的固体等杂物截留下来，转鼓分离装置筛分出颗粒大于 20mm 的颗粒，再经曝气沉砂去除大于 5mm 的颗粒，后进入污泥调质系统(图 7-5-11)。

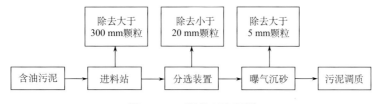

图 7-5-11　预处理流程图

5)调质系统

调质系统如图 7-5-12 所示，其流程包括：①油水固分离，在分离出的油泥中加药、回掺热水进行破胶、油水分离。②液固分离，分离后油水进入油水分离系统，固相进入离心分离系统。

图 7-5-12　调质系统

6) 油水分离系统

设备：立式罐。

流程：加入破乳剂使油水彻底分离，分离出的水经循环泵去送至污水处理系统分离出的油外输。

7) 离心处理系统

设备：两相卧螺式离心机。

流程：在离心力的作用下，污泥很快分成沉渣层和液相。液相溢流至离心机下方的中间罐，用泵提升至油水分离撬。

处理后达到的指标：污泥中含油不大于 2%；油中含水不大于 2%；水中含油不大于 1000mg/L。

5. 含油钻屑微生物法无害化处理工艺

其工艺原理如图 7-5-13 所示。筛选出进行岩屑无害化处理的石油微生物嗜油菌，并进行扩繁，完成石油降解菌生产及该菌种的筛选、培养、扩繁、储存及激活的方法，进行工业生产。

处理每吨岩屑加入 20~30kg 石油降解菌，岩屑处理周期 2~3 个月。按每吨岩屑加入 30kg 石油降解菌母液，加入营养添加剂、活化剂等，使用后 1~2 个月，含油率均降至 2% 以下。

6. 废弃钻井液回注工艺

(1) 回注流程如图 7-5-14 所示。

(a) 嗜油菌培养和扩繁情况

(b) 螺旋输送器（收集振动筛排放的钻屑）

(c) 螺旋输送器（通往甩干器）

(d) 岩屑经甩干器甩干后向微生物处理区输送

(e) 微生物处理区的嗜油菌正在处理含油钻屑

图 7-5-13　含油钻屑微生物法无害化处理工艺图

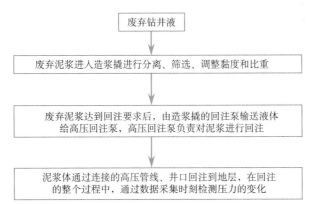

图 7-5-14　回注流程图

（2）回注地层要满足以下条件：①回注地层一般选择砂岩或泥砂岩地层；②回注地层距油层距离要足够远；③回注地层附近不能有断层；④回注地层附近不能有水源井；⑤回注层上面要有盖层，防止上窜至地面，盐岩地层、白垩系地层、砂岩地层都适合作为盖层，主要是因为它能够阻止地下污水层上窜运移至地面；⑥回注地层最好是天然裂缝性地层；⑦回注地层的破裂压力不能太高。

（3）环空回注。

环空回注的回注地层选择在固井时水泥未返高至外层套管鞋，要留有的裸眼段，该段裸眼段需要是泥岩或泥砂岩。

环空回注作为油管回注的补充，可作为废泥浆和岩屑回注的另一重要回注方案，环空回注的地层选择在固井时水泥未返高至外层套管鞋，留有的裸眼段。该段裸眼段需要是泥岩或泥砂岩。

7. 钻井废弃物一体化撬装处理系统

1）模块一：破胶、絮凝系统

（1）单元一：药剂配制加入设备。

由破胶、液位指示与控制、溶解、加量控制、输送及电气自动控制设备组成（图7-5-15）。

（2）单元二：破胶混凝设备。

由泥浆液位指示控制、搅拌破胶、泥浆加压输送、电气自动控制设备组成。

破胶剂：利用高分子对 pH 比较敏感的特性，开发了新型破胶药剂，不需要使用昂贵的有机高分子聚合物即可对泥浆进行破胶。

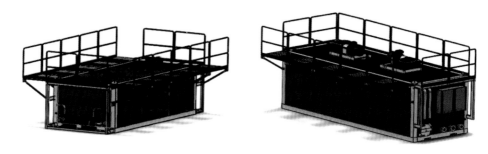

图 7-5-15　药剂配制加入设备

2）模块二：水处理系统

化学处理：对污水进行化学氧化，再采用管式分离进行分离氧化污泥，分离达到超滤标准要求，可以进行反渗透处理，确保水质达标排放。

电化学处理：由电絮凝设备、曝气鼓风设备、污水缓冲调节设备、污水分离设备、电氧化设备、加药设备、过滤设备等组成。

连续自动化快速氧化絮凝、不加药剂或少加药剂即可实现对污水的氧化、脱色（图7-5-16）。

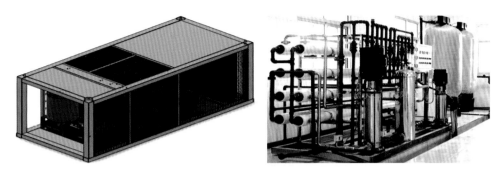

图 7-5-16　水处理系统

三、乍得项目钻井废弃物无害化处理

目前乍得项目共有 5 支废弃泥浆处理队伍,其中中国石油长城钻探工程有限公司(以下简称长城钻探)提供 3 套钻井废弃物处理设备,北京华盛坤泰环境科技股份有限公司(以下简称华盛坤泰)提供 2 套钻井废弃物处理设备。长城钻探和华盛坤泰处理工艺技术和处理设备不尽相同,但产出终端固体和水都能满足当地环境指标。

1. 长城钻探钻井废弃物处理技术

钻井废弃物不落地深度处理系统 GW-DWTS-8001 是长城钻探钻井液公司自主研发的不落地钻井废弃物处理系统,其流程如图 7-5-17 所示。

从整个设备组成上划分系统包括:①真空吸附单元;②不落地接收处理单元;③三相分离单元;④一体化加药机单元;⑤废物固化单元;⑥气浮单元;⑦板框单元;⑧电化学;⑨反渗透膜;⑩深度氧化。

从处理工艺上划分可分为:①固液分离;②油水分离;③固废无害化处理;④废水无害化处理;⑤固液输送。

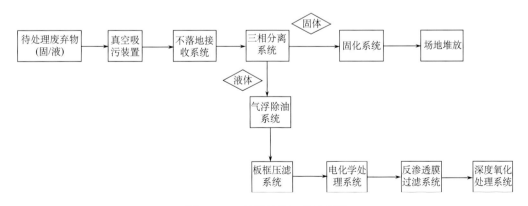

图 7-5-17　长城钻探工艺流程图

总体上能达到岩屑表面油清洗、岩屑重金属稳定、岩屑总体固化、泥浆存贮回用、中水存贮回用、泥浆破胶分离、废水重金属稳定、废水可溶离子过滤、废水 COD、BOD 深度降低、废水达标排放等相关要求，是一套可以实现钻井废弃物不落地处理、自动回收及深度达标处理排放的紧凑、撬装化设备。

(1)真空吸附系统。真空吸附系统(图 7-5-18)主要针对野外作业现场的污物回收，包括污水、污泥、稠状物及半固态颗粒等流体物的快速清理回收。

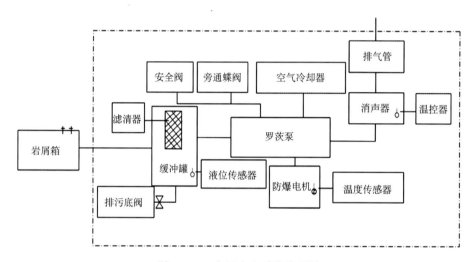

图 7-5-18　负压真空系统流程图

(2)不落地接收系统。不落地接收系统(图 7-5-19)主要以随钻不落地处理为基本目标兼具钻后处理，完全实现钻屑、泥浆的不落地处理，现场无需泥浆坑，无需处理的泥浆、中水可直接回用，节约成本。

图 7-5-19　不落地接收系统

(3)三相分离系统。三相分离系统(图 7-5-20)主要通过加入破胶剂、絮凝剂等，并使用离心机振动筛等分离设备完成油、水、固三相的分离。

图 7-5-20　三相分离系统

(4)一体化加药系统。一体化加药系统(图 7-5-21)主要是对药剂的投放与搅拌，通过三个单元，完成三种药剂的配置，通过多级搅拌，使干粉与清水充分搅拌、形成浓度均匀的絮凝液，具备初级存储与输出功能。

图 7-5-21　一体化加药系统

(5)固化系统。固化系统(图 7-5-22)主要是通过添加重金属稳定剂、固化剂、干燥剂等处理剂对废弃物进行深度固化处理。

(6)气浮除油系统。气浮除油系统(图 7-5-23)主要通过气浮机鼓泡，产生的微气泡将油吸附在其表面后上浮，再由刮油器将油刮到排污仓，水相则自动溢流到储水罐，实现油、水的分离。

图 7-5-22　固化系统

图 7-5-23　气浮除油系统

（7）板框压滤系统。污水进入板框压滤机后，在压力的作用下，水相通过滤布，固相截留在滤布表面，从而实现污水的固液分离功能，其工作流程如图 7-5-24 所示。

（8）电化学处理系统。电化学处理系统（图 7-5-25）主要是利用污水在酸性条件下，在装有铁和碳的罐内形成大量微小原电池，通过氧化还原反应，降低污水的 COD，其工艺流程如图 7-5-26 所示。

（9）反渗透膜处理系统。反渗透膜处理系统（图 7-5-27）主要利用污水在压差作用下通过反渗透膜的选择性截留，从而清除水中的一价及二价离子，其工艺流程如图 7-5-28 所示。

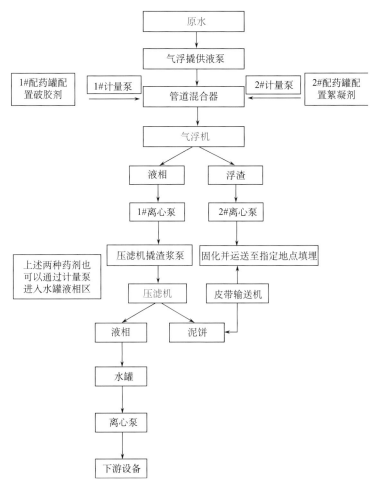

图 7-5-24 气浮/板框压滤单元工作流程

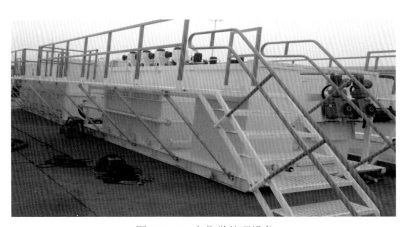

图 7-5-25 电化学处理设备

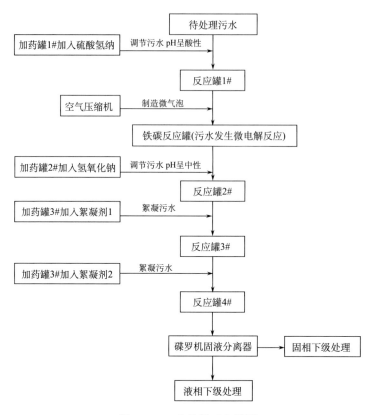

图 7-5-26　电化学工艺流程

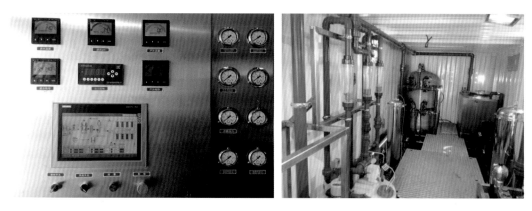

图 7-5-27　反渗透膜装置

(10)深度氧化系统。深度氧化设备(图 7-5-29)具备制造臭氧的功能,并利用臭氧的强氧化性对水进行深度氧化处理,进一步降低水中的 COD,最后通过活性炭的吸附作用,降低水的色度,其工艺流程如图 7-5-30 所示。

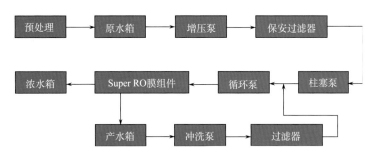

图 7-5-28　反渗透膜系统工艺流程

图 7-5-29　深度氧化装置

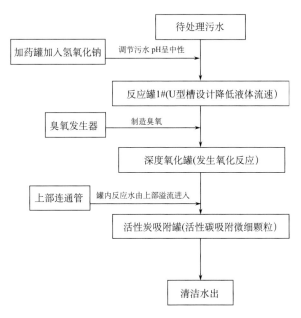

图 7-5-30　深度氧化工艺流程

1)废弃物随钻处理施工方案

不落地接收系统直接与振动筛对接，接收钻进过程中产生的钻屑：①钻屑为含油钻屑，直接在不落地接收系统中进行洗油作业，洗油后的岩屑再传送至下一级处理系统；②当快速钻进时，返出岩屑的数量和速率均很大的时候，调节变频螺旋的推送速度，以保证及时将岩屑传送至下一处理环节；③当雨季作业，遭遇大量降水，或洗油时用水量较大时候，可直接通过不落地接收系统配备的隔膜泵将液体传送至下一级净化设备进行处理或存储。

通过破胶和絮凝等措施，在三相分离系统初步实现固、液和油的分离。

三相分离出的固体传输至固化系统进行固化及重金属离子去除，固化后堆放至晾晒场地。

含油液相进入到气浮除油装置进行除油，不含油液相直接进入板框压滤系统进一步进行固液分离，并将分离的液体存储至储油罐或储水罐，以备生产使用。

如果处理后的水需要直接排放，板框压滤设备分离出的水需进入到电化学系统降低其 COD，并通过叠螺机进行二次压滤分离。

电化学处理后将水泵入到反渗透处理系统，清除水中的一价及二价离子。

经过反渗透膜处理后的水相进入到深度氧化系统，进一步降低其 COD，并经过活性炭吸附除色，检测达标后直接排放，不达标继续循环处理。

2)废弃物钻后处理施工方案

先对泥浆坑中的液体进行处理，采用螺杆泵等供液设施，直接进入三相分离系统，进行固、液、油的初级分离，并根据处理后的水相用途确定下步处理流程；处理后的水相存储在软罐中，用水罐车倒运供钻井生产使用或达标直接排放。

坑中的液相处理完后，先利用真空吸污系统将可吸入的固状物直接吸入到不落地接收系统，并输送至三相分离系统。如果坑中固体为大块状的固体，也可使用挖掘机直接将固体转运至缓存罐中，浸泡粉碎后再由真空吸污系统将其转运至不落地接收系统，进行下一步处理，后续处理流程与随钻处理方案一致。

2. 华盛坤泰钻井废弃物处理技术

1)华盛坤泰废弃物无害化处理技术及工艺

华盛坤泰废弃物无害化处理技术如图 7-5-31 所示。

2)工艺特点

华盛坤泰废弃物无害化处理技术特点如图 7-5-32 所示。

(1)优点：工艺简单、便于操作，处理效率高，处理后的固、液相均达到排放标准，且固相适合植物生长。

(2)缺点：集成化和自动化程度不高，需要逐步改进，加强设备的模块化配套。

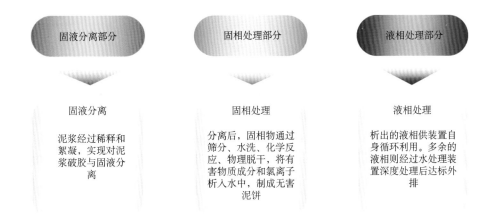

图 7-5-31 华盛坤泰废弃物无害化处理技术

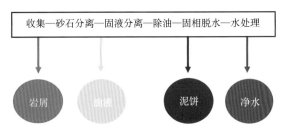

图 7-5-32 华盛坤泰废弃物无害化处理技术特点

3) 整体工艺流程及对应设备

钻井废弃物处理工艺流程如图 7-5-33 所示。

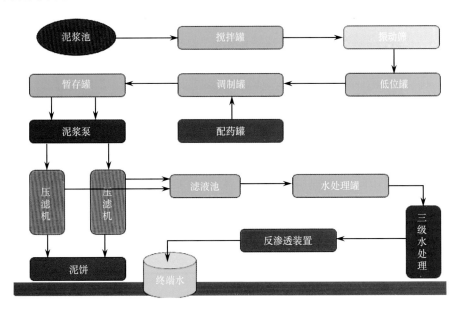

图 7-5-33 华盛坤泰钻井废弃物处理工艺流程

(1)低位罐。其主要功能是：①进行废弃泥浆的收集；②通过低位罐里的沙石分离器对收集进来的废弃泥浆进行沙石分离。

(2)进料罐。由挖掘机进料，经过进料罐进行浆体搅拌、稀释，同时去除浆体中的废弃物(图 7-5-34)。

图 7-5-34　华盛坤泰钻井废弃物处理工艺进料罐

(3)振动筛。通过振动电机及筛网的共同作用，筛分出调浆稀释后的废弃泥浆中所含的大块固体物质，如大块的沙石等(图 7-5-35)。

图 7-5-35　华盛坤泰钻井废弃物处理工艺振动筛

(4)暂存罐。其主要功能是：①对加入混凝剂、絮凝剂的浆体进行进一步搅拌，成为均质浆体；②通过压滤机进料泵进入压滤机，进行浆体固液分离。

(5)清水罐。清水罐(图 7-5-36)的主要功能是：①对经水处理系统处理后的清水进行排放前的暂存；②为前处理过程中所需的药品调制提供清水；③为进料罐提供浆体稀释时所需清水。

图 7-5-36 华盛坤泰钻井废弃物处理工艺清水罐

(6)水处理罐。水处理罐(图 7-5-37)的主要作用是对经过固液分离产生的压滤液进行静置沉淀、斜板沉淀、石英砂过滤，是压滤液进入水处理设备前的初步处理，减轻水处理设备的负荷。

图 7-5-37 华盛坤泰钻井废弃物处理工艺水处理罐

(7)压滤机。压滤机(图 7-5-38)的作用是将经过混凝、絮凝处理同时进行重金属物质去除后的废弃泥浆进行固液分离，分离后产生的固体经过达标测试后进行填埋或筑路，产生的压滤液经过水处理设备进行处理。

(8)三级水处理系统。三级水处理系统(图 7-5-39)作用是对经过水处理罐处理后的压滤液进行处理，通过石英砂、纤维棉、活性炭三级过滤及精密过滤装置，去除压滤液中的污染物质，最后通过超滤装置将污染物质进一步去除，其处理流程如图 7-5-40 所示。

图 7-5-38　压滤机

图 7-5-39　华盛坤泰钻井废弃物处理工艺三级水处理系统

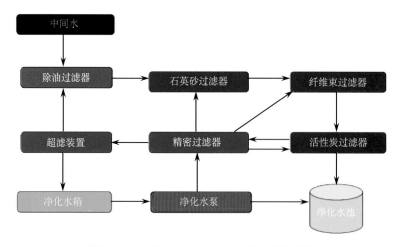

图 7-5-40　液相处理-三级水处理工艺流程图

(9)反渗透装置。反渗透装置(图 7-5-41)的作用是将三级水处理系统处理过的水通过两级微孔过滤膜和反渗透膜(RO 膜),进一步除去水中小分子污染物,使外排水能够达到相应排放标准,其处理流程及添加剂如图 7-5-42 和图 7-5-43 所示。

图 7-5-41 华盛坤泰钻井废弃物处理工艺反渗透装置

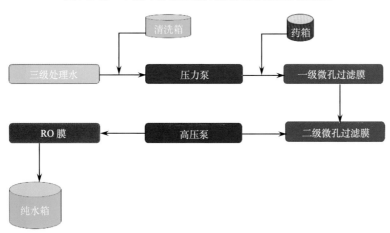

图 7-5-42 液相处理-反渗透处理工艺流程图

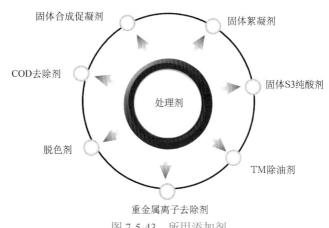

图 7-5-43 所用添加剂

4)产出终端固体和水检测

(1)重金属测定。

重金属测定装置如图 7-5-44 所示。

图 7-5-44　重金属测定装置

重金属检测采用 AA6100 型原子吸收分光光度计，该仪器可以检测出固体废弃物及水中金属元素(Ag、As、Ba、Cd、Cr、Cu、Ni)等 70 余种，检测精度为 μg/L。

样品溶液经石墨炉雾化、干燥、原子化三个过程转变为基态蒸汽，通过对吸收空心阴极灯发出的特征辐射进行选择性吸收，通过吸收强度和样品浓度存在的关系，从而精确检测出样品中重金属含量。

(2)含油率测定。

含油率测定装置如图 7-5-45 所示。

图 7-5-45　含油率测定装置

采用 OIL-8 型红外测油仪，以四氯化碳萃取样品中的油类物质，测定其总油含量，通过硅酸镁将其中动植物油类极性物质吸附后，通过石油类物质在特定波段下的吸光度，检测出其中所含石油类物质含量。

（3）COD 测定。

COD 测定仪如图 7-5-46 所示。

图 7-5-46　COD 测定仪

采用 COD-571 型化学需氧量测定仪，样品通过先消解后分光测定的过程，能对样品进行准确、快速地检测。

（4）BOD 测定。

BOD 测定仪如图 7-5-47 所示。

图 7-5-47　BOD 测定仪

采用 CY-2 型 BOD 测定仪及 SPX 系列培养箱对水质中生化需氧量进行测定，对水质进行 5 天恒温培养，保证足够溶解氧供微生物进行生化反应，水样中有机质通过氧化作用，转变为氮、碳、硫的氧化物，通过压力变化测定其水样中的 BOD。

5）产出物综合利用

钻井废弃物经过一系列物理、化学反应处理后，最终获得合格的终端固体（图

7-5-48)和终端水(图7-5-49)。对终端固体和终端水进行后续合规化处理,降低处理成本,结合生产现场实际情况,终端固体可以就地回填井场坑沟(图7-5-50),修筑井场(图7-5-51),修筑油田道路(7-5-52);终端水可以用于现场调配钻井液,道路洒水维护(7-5-53)。

图 7-5-48　产出的终端土

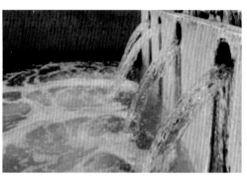

图 7-5-49　产出的终端水

图 7-5-50　合格终端土回填井场泥浆坑

图 7-5-51　合格终端土修建井场

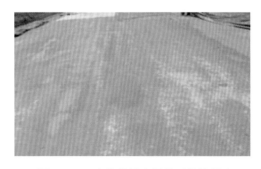

图 7-5-52　合格终端土固化后修筑道路

图 7-5-53　合格终端水洒路

3. 乍得项目钻井废弃物不落地措施

为尽可能消除钻井作业过程中的环保隐患,乍得项目公司引进无坑钻井作业模式,避免作业过程中产出的钻屑、废弃钻井液、原油和生活污水与地表土直接或间接接触，通过对废弃钻井液的转运和处理，从源头消除钻井和试修的废弃钻井液对环境污染的隐患，确保钻井和试油作业安全环保运行。

无坑钻井优点如下。

(1)避免了钻屑和废弃钻井液直接与地面接触，消除了污染风险，满足苛刻的环保要求。

(2)采用无坑钻井模式，可减少钻井液存储坑、污水坑开挖、回填、井场恢复费用及防渗布材料及铺设费用。

(3)使用钻屑收集罐、废弃钻井液暂存罐和生活污水罐，避免废弃物对周边土壤和水体的污染，控制需进行处理的固体和液体量，降低废弃物处理费用(图 7-5-54)。

(4)使用暂存罐对二开钻井液或压井液进行存储，可以重复利用于下口井作业，大幅度降低钻井液费用和废弃钻井液处理费用。

(5)无坑作业模式中的各罐体及材料可进行多井重复利用，有效降低环保投资成本，响应低油价形势下降本增效的要求。

无坑钻井作业需要新增的设备如下。

(1)一个 $40m^3$ 的岩屑收集罐，放置于振动筛下方。

(2)一个 $20m^3$ 的微粒收集罐，放置于离心机下方。

(3)一个 $200m^3$ 的钢骨架软体泥浆暂存罐，主要用于临时存储二开钻井液以备循环利用，放置于距循环罐20m 位置处(图 7-5-55)。

图 7-5-54 岩屑收集罐与泥浆暂存罐

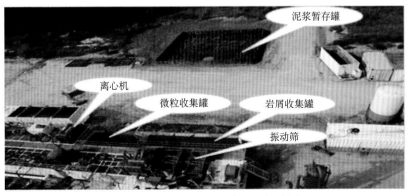

图 7-5-55 无坑作业设备现场摆放图

1)无坑钻井现场实施

无坑钻井现场摆放如图7-5-56所示,1#钻屑收集罐置于振动筛下,2#置于离心机下,分别用于随钻收集振动筛筛出的钻屑和离心机分离出的微细颗粒。根据现场情况,用翻斗车(经改造)和泥浆罐车及时将钻屑和废弃钻井液转运至废弃物处理队进行处理。

单井一开结束后,将循环罐内水基钻井液泵入钻井液暂存罐,随后转走或直接装罐车转走。固井时返出的混合液到1#钻屑收集罐,该部分废液将被立即转运,防止其在罐内胶结。完井清罐时,将完井钻井液泵入钻井液暂存罐,部分钻井液将在下口井循环利用,剩余部分转运至废弃物处理队进行处理(图7-5-57)。

图 7-5-56　无坑钻井现场摆放

图 7-5-57　钻屑收集与处理

钻屑收集罐、翻斗车等设备下方均铺设防渗布，避免装运作业过程中溅洒的固液体污染地表土。

2）生活污水收集罐

取消原钻、修井队的井场生活污水坑，将闲置集装箱改造为钢体生活污水收集罐，安排泵车定期收集转运并进行处理，满足当地的环保要求。生活污水收集罐如图 7-5-58 所示。

图 7-5-58　生活污水收集罐

第二篇

试 修 篇

第八章

试修作业概况

第一节　概　　述

乍得油田高峰期曾投入四部修井机进行试油、完井与修井作业。目前受低油价影响，放慢勘探开发节奏，投入一部 XJ450 修井机和一部 XJ650 修井机作业。

一、试油、完井修井工作量完成情况

历年完成的试修工作量情况如表 8-1-1 所示。

表 8-1-1　历年完成的试修工作量统计

年份	试油/层	修井/井次	投产/口
2007	6	0	0
2008	28	0	0
2009	125	0	0
2010	90	0	50
2011	67	14	10
2012	62	29	8
2013	40	13	65
2014	14	3	31
2015	14	43	2
2016	15	30	21
合计	461	132	187

从表 8-1-1 可以看出，在勘探为主的时段，主要以试油工作为主；进入一期或 2.1 期投产时，修井机工作重心转向新井及老井钻塞投产。

二、试油环保措施发展

1. 勘探期

乍得油田勘探期，试油产出的原油均通过燃烧器焚烧掉。原油燃烧过程中产生的烟较大，对周围的环境有一定的影响。

2. 开发期

进入开发期后，在 CPF 建成卸油台，在 WMC 建成污水储集池。试油、完井和修井期间产出的原油用油罐车拉至 CPF 卸油台卸掉，产出的污水用油罐车拉卸至 WMC 污水储集池。试修井作业实现了原油不落地闭环式作业。

第二节　试修相关技术应用

根据乍得油田特点，针对性采用先进、成熟的试修井工艺技术。乍得油田发展到现在，形成的特色试修井主要技术如下。

1. APR+TCP 射孔测试联作技术

乍得油田套管完井试油时均采用 APR+TCP 测试联作技术。APR 测试器是一种环空加压操作井底开关井的测试器，结合油管传输射孔工艺(TCP)可具备以下优点：①全通径；②操作压力低，并且操作简单方便；③可对地层进行酸洗或挤注作业，也可进行抽汲、测压等各类钢丝作业等；④可进行负压射孔，且射孔后不动管柱立即进行测试。该技术在乍得油田测试成功率为 100%。

2. MFE 潜山裸眼地层跨隔测试技术

MFE 地层测试工具是一种常规测试工具，它通过上提下放管柱实现井底开关井，可用于不同尺寸的套管井和裸眼井的地层测试，具有成本低、操作保养方便、环境适应性强等特点。随着乍得油田潜山花岗岩裂缝性油藏的陆续发现，为了认识潜山内幕，需对该油藏进行笼统试油或者分层试油。对于潜山层段短，地质上认为没必要分层测试的地层，一般采用 APR 测试工具座套测裸工艺，对整个裸眼段进行总体测试评价。对于需进行分层测试的潜山裸眼段，应用 MFE 裸眼封隔器井底支撑跨隔测试工艺。该技术在乍得油田测试成功率为 99%。

3. 试油封层技术

乍得油田常用的封层上返试油技术有注水泥塞、油管输送/电缆输送可钻式桥塞、油管输送可取式桥塞及油管输送裸眼可钻式桥塞。

4. 桥塞钻除技术

乍得油田桥塞钻除工具主要采用三牙轮钻头、磨鞋、套铣筒等。

驱动方式采用转盘、动力水龙头、井下螺杆。井下螺杆因其安装、操作简单快捷，是目前常用的钻塞工艺。

5. 裸眼桥塞封层技术

乍得油田潜山裸眼井段裂缝非常发育，封层上返打水泥塞时会出现水泥浆漏失、水泥塞面难以控制等隐患，致使打水泥塞一次成功率低。针对这一问题，研制开发出一种新型工具——裸眼可钻桥塞，并联合注灰进行封层作业，从而简化潜山裸眼封层工艺，提高封层施工成功率，实现裸眼段精确定位封堵。经过现场三口井实验，该工具达到了预期封层目的，完全能够满足现场施工需要。该工具已获得国家专利。

6. 裸眼井底填砂技术

采用 MFE 工具进行裸眼跨隔测试时，根据标准（SY/T 5483—2005），其支撑尾管长度不能超过 150m，对于支撑尾管长度超出 150m 安全长度的井，为能应用 MFE 工具进行跨隔测试，乍得油田采用砾石充填抬高井底工艺，从而缩短支撑尾管长度。该工艺在 Baobab C1-1 井进行了成功应用。

7. 超长裸眼段分层测试技术

Baobab C02 井裸眼段长 1600m，无法应用 MFE 裸眼跨隔测试工具。经过研究，根据乍得油田试油层段信息，采用水力扩张式套管外封隔器先完井，将裸眼段分为若干段，然后在套管内采用 APR+TCP 联作测试工艺，成功实现该井分层试油。目前该井已下螺杆泵生产管柱，试抽合格，下一步准备正式投产。

8. 纳维泵求产技术

纳维泵（NAVI 泵）是美国克里斯坦森公司在 NAVI 钻的基础上不断改进而制造出来的一种井下螺杆泵，通过管柱的转动带动其旋转实现排液，它可以泵送黏度较高或带较多固相的液体，因此非常适合稠油井排液。在 Baobab C2-1 井试油时，乍得油田成功应用 NAVI 泵+APR 测试工艺，实现稠油井连续排液测试。由于与 NAVI 泵配合使用的 RD 安全循环阀只能通过环空压力动作一次，不能重复开关井，故采用该工艺只能实现一开一关井。

9. 复合式井口应用

对于潜山三开井，三开完钻后要拆防喷器（BOP），后安装油管头、下压井管柱完井。拆完 BOP 安装油管头为空井筒作业，存在较高井控安全隐患，尤其大部分潜山井漏涌交替，导致井控风险进一步加大。为解决这一问题，调研引进复合式井口。

复合式井口是将套管头与油管头设计成一个整体，它有以下几个特点。①结构紧凑，满足空间狭小的作业要求，并且节省安装时间；②整个钻井过程中，无需拆卸 BOP，降低了潜山井的井控风险；③套管悬挂器采用芯轴式，结构上将悬挂与密封分开，先悬挂套管并固井后再安装密封装置。

目前该井口已成功在 Baobab C1-18 井应用，后续将应用于其他三开潜山井。

10. 高能复合射孔

高能复合射孔技术是将深穿透射孔和高能气体压裂在一次下井过程中同时完成的工艺技术，是发展较快的射孔增产技术。其作用机理是导爆索在引爆射孔弹的同时引燃推进剂，由于射孔弹的爆轰和推进剂的燃烧存在时间差，所以射孔弹先在套管和地层间形成一个通道，推进剂燃烧释放的高压气体随即对射孔孔道进行冲刷、压裂，破坏射孔压实带，使孔眼周围和顶部形成多道裂缝，达到改善近井地带导流能力的目的。

该技术已在乍得油田应用多次，部分井应用效果非常显著，增产效果明显，如 Baobab N-1 井。目前正在对复合射孔工艺进行优化，适当降低射孔弹孔密，增加推进剂药量，使推进剂爆燃时在地层内形成更长的裂缝。

上述十类应用技术，有针对性地解决了试修井作业所遇到的问题，为乍得油田开发方案编制及油田增储上产提供了有力保障。

第九章
完井及试油

第一节 完 井 方 法

乍得油田采用两种完井方式，砂岩油藏套管射孔完井和基岩潜山油藏裸眼完井。

一、完井方式选择依据

(1)油层与井眼之间应保持最佳的连通条件，具有较高的完善程度，使油井发挥最大生产能力。

(2)油层与井筒之间应具有最大的渗流面积，油流阻力最小。

(3)有效封隔油水层，防止互窜。

(4)有效控制油层出砂，防止井壁坍塌，确保油井长期生产。

(5)满足注水开发的要求。

(6)有利于保护油层套管，延长油井使用寿命。

(7)便于修井和井下作业，能够进行各种采油工艺增产措施及各种井下测试。

(8)施工工艺简单，综合经济效益好。

二、完井方式使用条件

常用的完井方式有射孔完井、裸眼完井、割缝衬管完井及砾石充填完井等，表9-1-1列出了各种完井方式的适用条件。

三、乍得油田油藏地质特点

乍得油田储层岩性总体上分为砂岩油藏和基岩潜山花岗岩油藏。砂岩油藏含油层系多，主力含油层系突出，分别为K层、R层、P层。砂岩储层物性变化大，纵向上储层

183

自上而下逐渐变差，孔隙度为 13%～30%，渗透率为 10～2000mD。油藏均属未饱和油藏，地饱压差区别大(1.1～14MPa)，气油比低(2.9～91.7m³/m³)，后期砂岩油藏将进行分层注水或分层酸化、压裂改造等。

表 9-1-1　完井方式及其适用条件

完井方式	适用条件
射孔完井	(1) 有气顶或有底水，或有含水夹层、易塌夹层等复杂地质条件，而且要求实施分隔层段的储集层 (2) 各分层之间存在压力、岩性等差异，而要求实施分层测试、分层采油、分层注水、分层处理的储集层 (3) 要求实施水力压裂作业的低渗透储集层 (4) 砂岩储集层、碳酸盐岩孔隙性储集层
裸眼完井	(1) 岩性坚硬致密，井壁稳定不坍塌的碳酸盐岩或裂缝型砂岩储集层 (2) 无气顶、无底水、无含水夹层及易塌夹层的储集层 (3) 单一厚储集层，或压力、岩性基本一致的储集层 (4) 不准备实施分隔层段、选择性处理的储集层
割缝衬管完井	(1) 无气顶、无底水、无含水夹层及易坍塌夹层的储集层 (2) 单一厚储集层，或压力、岩性基本一致的多层储集层 (3) 不准备实施分隔层段、选择性处理的储集层 (4) 岩性较为疏松的中砂粒储集层
套管砾石充填	(1) 有气顶或有底水，或有含水夹层、易塌夹层等复杂地质条件，而要求实施分隔层段的储集层 (2) 各分层之间存在压力、岩性差异，而要求实施选择性处理的储集层 (3) 岩性疏松出砂严重的中、粗、细砂粒储集层

潜山油藏岩性主要为花岗岩和混合花岗岩，局部见混合片麻岩、中性侵入岩。部分完钻井的储层溶蚀孔洞、裂缝较为发育。钻井过程中潜山储层漏失严重，潜山花岗岩岩性致密、坚硬，井眼坍塌情况很少。

四、乍得油田完井方式

根据完井方式设计依据及适用条件，结合乍得油田油藏地质特点，砂岩油藏均采用套管射孔完井，潜山花岗岩油藏采用先期裸眼完井。套管完井井身结构如图 9-1-1 所示，先期裸眼完井井身结构如图 9-1-2 所示。

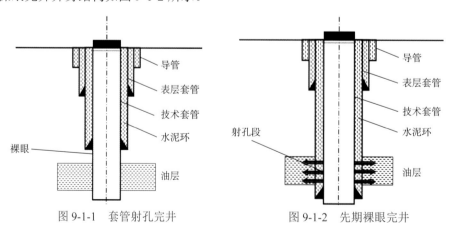

图 9-1-1　套管射孔完井　　　　　　图 9-1-2　先期裸眼完井

第二节 射 孔 工 艺

乍得油田油井射孔段厚度基本为 50～250m，射孔层数多，有的区块如 Baobab S 地层压力数高，适合用油管传输射孔，一次下井射开含多个小层的巨厚射孔段，而电缆传输射孔，因其携带射孔枪长度有限，每次下井射开射孔段长度不超过 10m，多次起下电缆射孔增加射孔成本和井控风险，不适用于乍得油田。

乍得油田采用的油管传输射孔工艺主要包括油管传输聚能射孔、油管传输负压射孔、二级起爆射孔和高能复合射孔。

一、油管传输聚能射孔

乍得油田非自喷井均采用油管传输聚能射孔工艺。

1. 基本原理

采用硬连接的方式是把一口井所需射开油气层的射孔器全部串联在一起，形成硬连接管串，利用油管下入井中，通过测量油管内的放射性曲线或磁定位曲线，校正射孔器深度，使所有射孔器对准目的地层，利用投棒或加压起爆方式，一次性射开全部目的层。

射孔枪上一般安装两种起爆器：一种是油管内投棒撞击起爆，另一种是环空加压起爆。这样做的目的是在一种起爆方式失效的情况下，可立即采用另一种方式起爆，保障施工正常进行。

2. 技术特点

(1)输送能力强，一次下井可同时射开较长的井段或多个层段的地层。
(2)适用于高压油气井，施工安全可靠，井口防喷效果好。
(3)适用于稠油井。

3. 乍得油田射孔参数

根据生产套管尺寸，确定射孔枪型，在 5 1/2″套管内使用 102 枪，在 7″套管内使用 127 枪。无论采用哪种枪型，射孔弹、孔密、相位角等参数基本相同。以 5 1/2″套管内射孔为例，其射孔基本参数如表 9-2-1 所示。其管柱示意图如图 9-2-1 所示。

表 9-2-1 射孔参数

参数	射孔枪型	射孔弹弹型	孔密/(孔/m)	相位角/(°)	射孔孔径/mm	射孔穿深/mm
数值	102mm(4″)	SDP44RDX38-1	16	90	11.6	900

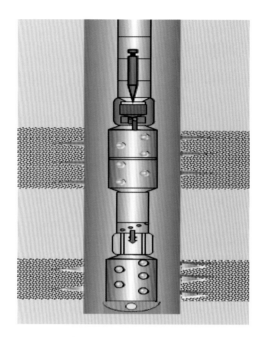

图 9-2-1　油管传输射孔

二、油管传输负压射孔

乍得油田自喷井均采用油管传输负压射孔工艺。

1. 基本原理

利用油管连接射孔枪下到油层部位校深，调整管柱，安装井口，根据设计的负压差值，抽汲降低油管和环空内液面到一定高度，投棒起爆。

2. 技术特点

负压射孔时，井筒内的液柱压力低于地层压力，压力差的存在使地层流体产生一个反向回流，能较好地清洁射孔孔道，地层流体向射孔孔眼中流动将会带走足够多的金属碎屑，降低射孔伤害，从而打开地层流体向井筒内流动的通道。

3. 射孔参数

射孔参数同油管传输聚能射孔工艺。

4. 负压值确定

根据产层渗透率，确定保证射孔孔眼完全清洁，并能去掉周围射孔压实带中的伤害物质所需的最小负压差（$\Delta p_{\min}$）。

$$\Delta p_{\min}\left(\mathrm{oil}\right)=2.17/K_{\mathrm{a}}^{0.3}$$

$$\Delta p_{\min}(\text{gas}) = 0.017 / K_{\text{a}}, \qquad K_{\text{a}} < 1 \times 10^{-3} \mu \text{m}^2$$

$$\Delta p_{\min}(\text{gas}) = 4.97 / K_{\text{a}}^{0.18}, \qquad K_{\text{a}} > 1 \times 10^{-3} \mu \text{m}^2$$

式中，K_{a} 为产层岩心渗透率，$10^{-3} \mu \text{m}^2$；$\Delta p_{\min}$ 为油井或气井射孔最小负压差，MPa。

依据相邻泥岩声波时差，确定保证孔眼稳定产出，且不出砂允许最大负压差值（$\Delta p_{\max}$）。

$$\Delta p_{\max}(\text{oil}) = 24.132 - 0.03994 \Delta t_{\text{as}}$$

$$\Delta p_{\max}(\text{gas}) = 33.095 - 0.05244 \Delta t_{\text{as}}$$

式中，$\Delta p_{\max}$ 为射孔允许最大压差，MPa；Δt_{as} 为声波时差，$\mu \text{s} / \text{m}$。

负压射孔压差选值原则：测试压差（Δp_{SR}）主要根据储层岩性、固结程度和声波时差（Δt_{as}）确定。

对于相邻泥岩 $\Delta t_{\text{as}} < 250 \mu \text{s} / \text{m}$ 的固结砂岩或灰岩、白云岩等

$$\Delta p_{\text{SR}} = \Delta p_{\max}$$

对于相邻泥岩 $250 \mu \text{s} / \text{m} \leqslant \Delta t_{\text{as}} \leqslant 295 \mu \text{s} / \text{m}$ 的固结砂岩

$$\Delta p_{\text{SR}} = 0.8 \Delta p_{\max} + 0.2 \Delta p_{\min}$$

对于相邻泥岩 $\Delta t_{\text{as}} \geqslant 295 \mu \text{s} / \text{m}$ 的有出砂史、岩石胶结以钙质为主的砂岩层

$$\Delta p_{\text{SR}} = 0.6 \Delta p_{\max} + 0.4 \Delta p_{\min}$$

对于有出砂史、邻近泥岩 $\Delta t_{\text{as}} \geqslant 295 \mu \text{s} / \text{m}$、胶结类型以泥质为主的砂岩层

$$\Delta p_{\text{SR}} = 0.4 \Delta p_{\max} + 0.6 \Delta p_{\min}$$

三、复合射孔

乍得油田复合射孔工艺一般用于油水井解堵，增产增注，已成功应用于四口井，增产效果明显，特别是 Baobab 1-5 井，复合射孔后日增产原油 90m³/d。

1. 基本原理

复合射孔是将射孔和高能气体压裂在一次下井过程中同时完成的工艺技术。它是将聚能射孔弹和火药（即推进剂）一起下井,利用炸药爆炸和火药燃烧的速度差(炸药的爆轰时间为微秒级,火药的燃烧时间为毫秒级),先对地层射孔产生孔眼,再利用推进剂燃烧形成的高温高压气体对射孔孔道进行冲刷、压裂、破坏射孔压实带,最终在孔眼周围形成多道长达数米的裂缝,达到改善近井地带导流能力的目的。普通射孔和复合射孔对比如图 9-2-2 所示。

2. 技术特点

(1)由于火药的升压速度为毫秒级,不像射孔那样对地层造成压实作用,而是改造射孔破坏带,使破坏带内的压实层形成多条裂缝,减轻射孔对地层造成的二次污染。

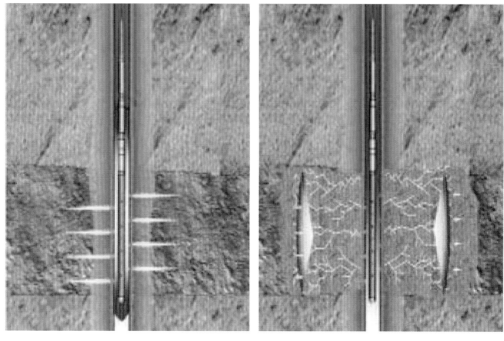

(a) 常规聚能射孔   (b) 复合射孔

图 9-2-2 常规聚能射孔和复合射孔

(2)火药燃烧产生的气体对地层产生脉冲加载，当其作用力超过岩石破裂压力时，井筒周围的地层便产生多条不受地层最小主应力控制的裂缝。由于裂缝延伸方向的剪切应力分量使裂缝产生微量错动，裂缝不完全闭合，从而显著增加射孔孔眼与地面沟通的深度和广度，并在一定程度上改造近井带地层，增大地层流体向井筒内的渗流面积，有效降低地层污染。

3. 复合射孔参数

复合射孔参数如图 9-2-2 所示。

表 9-2-2 复合射孔参数

参数	射孔枪型	射孔弹弹型	复合火药型号	孔密/(孔/m)	相位角/(°)	射孔孔径/mm	射孔穿深/mm
数值	F102-13-90	SDP44RDX38-1	FHY1-2	13	90	11.6	1130

4. 复合射孔效果

复合射孔前后产量对比如表 9-2-3 所示。

表 9-2-3　复合射孔前后产量

井号	作业时间	措施前产量/(m³/d)	措施后产量/(m³/d)	累计增产油/m³
Ronier 4	2011-9-13	6	128	87451
Ronier 6	2011-9-27	0	16	2303
Mimosa 4	2013-10-19	12	24	12646
Baobab 1-5	2016-8-10	0	82	29161

四、爆燃压裂

爆燃压裂也称高能气体压裂(high energy gas fracture，HEGF)。它是利用火药或火箭推进剂在井筒中快速燃烧产生大量高温高压气体在产层上压出辐射状多裂缝体系，改善近井地带的渗透性能，从而增加油气井产量和注水井注入量的一项增产措施。

2017 年 4 月，对 Phoenix E-2 井实施爆燃压裂。

1. 基本情况

该井于 2010 年 2 月 15 日钻完井；2013 年 12 月 11～23 日进行射孔完井，共 5.59m/2 层，1702.96～1704.36m/1.4m(射孔段顶底深度/射孔段厚度)，渗透率为 25.55mD；1704.96～1709.15m/4.19m，渗透率为 127mD，分别属于低、中等渗透率油层。下电潜泵(ESP)完井，试抽出油 1.2m³，供液不足，关井。2016 年 5 月 25 日开井，投产后依旧供液不足，间抽一段时间采油清洗生产管线，后关井。

2. 施工简况

(1)搬安后，用清水 25m³ 反洗井，洗出原油 10.0m³。起出原井 ESP 管柱，检测电缆三项直阻及对地绝缘正常，电泵轴盘动灵活，起钻过程中，剥落电缆表面附着泥浆沉淀物，如图 9-2-3 所示。

(2)下刮削管柱，下至 1756.63m 遇阻，正冲洗至人工井底 1762.12m，用清水 40m³ 洗井至进出口水性一致，出口返出 1m³ 泥浆和水混合物。

(3)下高能气体压裂工具对原层位进行压裂射孔。射孔压裂层段为 1702.96～1704.36m，1704.96～1709.15m。本次设计孔密 4 发/m，复合药饼 12 发/m，使用规格为外径 120mm，孔密 13 孔/m，相位角 90°，松子身长 4.31m 的射孔枪两根，共装配 SDP44RDX38-3 射孔弹 23 发和 FHY2-1-102 的复合药饼 66 发(14g/发)，为增加射孔效果，管串中带有封隔器。射孔弹和复合火药装枪位置设计如图 9-2-4 所示，复合火药盒每三个固定在一发射孔弹上，爆燃时每米爆燃药量 168g。射孔弹和复合火药装枪实物图如图 9-2-5 所示。

图 9-2-3　泥浆沉积物

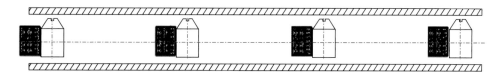

图 9-2-4　射孔弹和复合火药装枪位置

（4）校深后，投棒点火，井口无油气显示。起出后检查射孔发射率为 100%。并检查射孔枪膨胀和弹架情况如下。

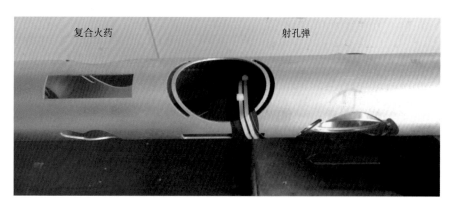

图 9-2-5　射孔弹和复合火药装枪实物图

① 射孔枪枪身轻微变形。新射孔枪外径为 102mm，射孔后枪身直径最大处为 105.30mm，直径最小处为 101.40mm，如图 9-2-6 所示。

② 拆枪。经检查复合药饼已全部引爆，射孔枪管里只剩炸碎的弹架，如图 9-2-7 所示。

图 9-2-6 射孔后射孔枪丈量

图 9-2-7 炸碎的弹架

（5）下 ESP 完井管柱，按照设计要求下入完井管柱，下入 ESP 型号为 QYB101-03/1300S,管柱及井口试压合格，检查电缆三项直阻及对地绝缘正常。

（6）试抽。该井于 2017 年 4 月 29 日 10:45 开泵试抽，间歇泵抽至 4 月 30 日 17:00，累计产液 18.88m³，其中产水 5m³，水和泥浆混合物为 5.3m³，水、油和泥浆混合物为 3.2m³，产油 5.38m³。返出物见图 9-2-8。

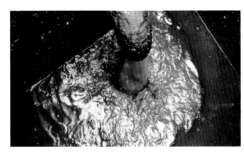

图 9-2-8 返出的油和泥浆混合物

5 月 1 日下午 15:30，查看该井井底压力情况：井底压力恢复至 7.14MPa，井底温度 77.2℃，套压 1.5MPa。

3. 爆燃压裂效果评价

（1）根据出液过程分析，主要原因可能是油层本身含油丰度低，供液不足，导致试抽

191

后期出液不连续。爆燃压裂后地层返出 8.5m³ 泥浆混合物，说明爆燃压裂对近井地带的改造确实有效果。

(2)复合药饼数量不够(空枪段只打开一个压力释放孔)，爆燃后对地层产生的压裂作用不明显。后续井进行爆燃压裂时，研究提高复合药饼药量，使产生的裂缝尽可能长，从而达到更好的解堵效果。

五、二级起爆射孔工艺

乍得油田在射孔夹层厚度大于 15m 的井，应用二级起爆射孔工艺，已成功应用于 Phoenix 1-5、Baobab N1-25 等六口井。

1. 基本原理

采用油管代替夹层枪，在上级射孔器头部安装投棒起爆装置，在下级射孔器尾部安装压力起爆装置。射孔时，先环空加压引爆下级射孔器，然后投棒引爆上级射孔器，通过两级起爆，完成大跨距夹层井射孔。

2. 技术特点

(1)可以一趟管柱完成大跨距夹层射孔，不用分两次射孔，节省作业时间和成本，同时降低人员劳动强度。

(2)用油管代替夹层枪，节省射孔材料费用。

(3)该技术只适用于新井射孔完井，对于地层已射开的补孔井，井内已不能建立压力空间，所以不能使用压力起爆技术。

六、射孔质量控制

(1)当射孔弹发射率小于90%时，要重新补孔。

(2)采用负压射孔的井，负压液面深度要达到设计要求。当井深小于 1500m 时，液面深度误差不大于50m；当井深大于1500m时，液面深度误差不大于70m。

(3)射孔深度误差标准如下：当射孔井段深度小于1500m时，误差小于20cm；当射孔井段深度大于1500m时，误差小于30cm。

第三节　试油工艺

乍得油田试油采用地层测试工艺，均为钻完井后测试。根据不同的完井方式，测试工艺分为套管内测试和裸眼内测试。在套管内使用 APR+TCP 联作测试工艺，在裸眼内使用 MFE 井底支撑测试工艺或 APR 坐套测裸工艺。同时根据地层和原油的特点，针对性地使用一些特殊试油工艺，如稠油井 NAVI 泵+APR 联作测试工艺和超长裸眼段试油工艺。

一、APR+TCP 联作测试工艺

该测试工艺在乍得油田应用 96 口井/410 层，测试成功率为 100%，是应用最多的测试工艺。

APR 测试器特点：全通径 APR 是环空加压测试器，可在不动管柱的情况下通过环空加压与泄压实现井下测试阀多次开关井操作，以获得测试层的产量、压力、液性、表皮系数、污染程度、渗透率及油水边界等地层特性参数。

APR 测试工具具有以下特点：①全通径且通径大，对高产量井的测试特别有利，流动阻力小，有利于解除地层污染；②在不起下管柱的情况下，可对地层进行酸洗或挤注作业，及进行各种绳索作业；③在测试管柱不动的情况下，利用环空压力的施加和释放实现多次开关井，操作方便、简单；④与 APR+TCP 联作测试时，可通过投棒引爆射孔枪；⑤由于该工具需环空加压实现井下开关井，所以只能在套管内使用。

二、APR 坐套测裸工艺

根据试油地质目的，对不需要分层试油的潜山裸眼地层，采用 APR 坐套测裸工艺。测试管柱结构如图 9-3-1、图 9-3-2 所示。

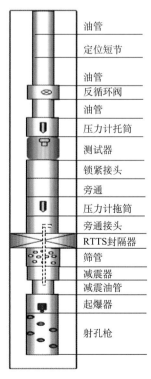

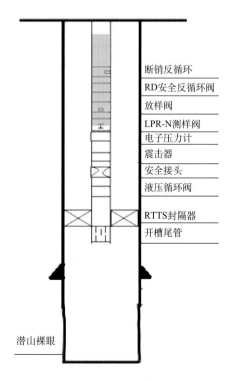

图 9-3-1　APR+TCP 联作测试管柱　　　　图 9-3-2　APR 坐套测裸管柱

三、MFE 井底支撑式裸眼测试工艺

该工艺在乍得油田应用 41 井次/53 层，作业成功率为 99%。乍得油田裸眼井井筒两种尺寸为 6 1/8″和 8 1/2″。在 6 1/8″裸眼中测试采用 4 3/4″钻铤做支撑，使用 4 3/4″规格裸眼封隔器和 5″MFE 进行跨隔测试；在 8 1/2″井筒中采用 6 1/2″或 6 5/8″钻铤作为支撑进行跨隔测试。根据潜山裸眼测试目的和要求，井底支撑测试一般分为两种情况：一是单封隔器封上测下，管柱图如图 9-3-3 所示；二是双封隔器跨隔测试，管柱图如图 9-3-4 所示。

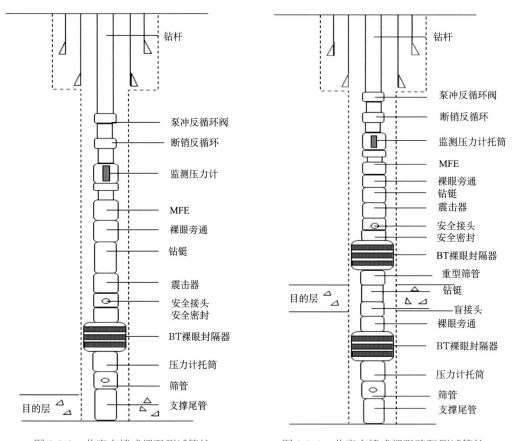

图 9-3-3　井底支撑式裸眼测试管柱　　　　图 9-3-4　井底支撑式裸眼跨隔测试管柱

四、稠油井试油工艺

1. 抽汲排液技术

乍得项目大部分非自喷井试油排液时需进行抽汲，抽子一般下到液面以下 150～250m，上提时可以在井底产生 1.5～2.5MPa 的压降。堵塞在井底油层附近的污物在液流

的冲刷携带下，被排到井内。

但对原油黏度较大或含气量较大的油井，抽汲时分别会出现抽子在井内下放困难和顶抽子发生危险，对地面环境污染比较严重。在解释为气层、含气油层，含硫化氢、一氧化碳等有毒有害气体的井，以及环境敏感地区的井，禁止抽汲作业。

2. NAVI 泵排液-ARP 测试联作工艺

乍得油田 Baobab C2-1 井试油时，根据地质设计预测，该井产稠油。为了成功进行稠油井排液、测试，调研应用 NAVI 泵+APR 测试工艺，并在 Baobab C2-1 井试油时取得成功。

NAVI 泵是一种由钻杆驱动转子的螺杆泵。为了更好地求取产能和液性，可在测试管柱上加上 NAVI 泵等举升工具，同时进行测试、排液，停泵后可自动关井。

1) NAVI 泵适用范围

(1) 非自喷、弱自喷的低压高产油水层或稠油井。

(2) 可泵送各种类型的流体(原油、水、钻井液或比重大、黏度高、带有固体性质的液体)。

(3) 扬程为 400m，只能适应 7″以上套管，使用具有一定的局限性。

(4) 能泵送含砂量较高的液体。

(5) 出砂严重的井要准备测试防砂管。

(6) 4 3/4″纳维泵理论排量大于 300m³/d(以厂家提供参数为准)。

2) NAVI 泵-APR 测试管柱及操作步骤

NAVI 泵-APR 测试管柱结构如图 9-3-5 所示。NAVI 泵与 APR 管柱进行组合，可以利用 NAVI 泵的排液功能进行排液，获取测试地层的液性、产能等参数，同时利用破裂盘(rupture disk，RD) 安全循环阀可实现井下关井，取得完整且准确的地层压力数据。

施工步骤(以乍得 Baobab C2-1 井为例)如下所示。

(1) 下钻。按设计管柱结构，依次将 APR 测试工具及 NAVI 泵下入井内。下钻时，泵以上管柱全部加满清水液垫。

(2) 坐封。下完全部测试工具及钻杆后，接上方钻杆，调整管柱。上提管柱，右转 3～5 圈，然后慢慢下放，坐封封隔器。坐封后，环空加压 3.5MPa，验证封隔器。

(3) 启动泵用低速(10～25r/min)转动方钻杆，启动泵，将泵的剪切销钉剪断。启动泵时，应小心转动方钻杆，确定泵是否正常工作。

(4) 排液、测试。分别用不同转速操作泵进行排液作业。泵速度应逐渐增加，其临界转速为 130r/min，正常转速应不超过 100r/min，扭矩不超过 1355N·m。排液时记录不同泵速相对应的产液量；根据所得数据选择最优泵速，求产 4～6h。

(5) 停泵、关井、循环、起钻。停止方钻杆转动即可停泵。停泵后环空加压打开 RD 安全循环阀，关闭安全循环阀的球阀，实现井下关井测压力恢复，同时打开循环孔进行反循环压井后起钻。

Baobab C2-1 井应用 NAVI 泵+APR 测试工艺形成如下经验。

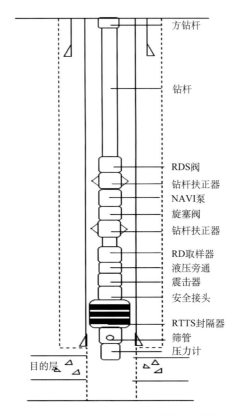

图 9-3-5　NAVI 泵+APR 测试排液联作管柱

（1）Baobab C2-1 井用动力水龙头作为 NAVI 泵的动力源，与常规转盘相比，拆装简单，不用安装方钻杆，省时省力，对扭矩和转速进行无极调节，满足测试所需排量要求。

（2）NAVI 泵排液与抽汲排液相比，NAVI 泵能够连续不间断排液，使地层流体不间断地进入井筒，尽快达到稳定状态，取得合格的产量资料。

（3）为了保证 NAVI 泵平稳运行，使用扭矩 1kN·m。由于采用 3 1/2″钻杆传送扭矩并作为流体通道，如果采用高转速（80r/min），钻杆转动时的摆动幅度大，触碰 BOP 和套管，容易造成钻杆和套管的磨损，对井口装置造成损害，NAVI 泵转速定为 60r/min 较为合理。

Baobab C2-1 井所使用 NAVI 泵技术参数如表 9-3-1 所示。

表 9-3-1　Baobab C2-1 井 NAVI 泵技术参数

参数	数值
型号	SLB127×8
外径/mm	127
重量/kg	500
额定压差/MPa	8.0

续表

参数	数值
最大压差/MPa	9.0
额定转速/(r/min)	30~120
工作扭矩/(N·m)	840
最大扭矩/(N·m)	1100
每转排量/(L/r)	0.65
密封压力/MPa	10.0
适用井温/℃	<90
最大静拉伸载荷/kN	<630

五、长裸眼段试油工艺

以 Baobab C-2 井为例，说明管外封隔器分段完井及试油工艺的应用。Baobab C-2 井裸眼段长 1668.23m，无法正常使用 MFE 测试工具。通过调研，水力扩张式管外封隔器、遇油/遇水自膨胀封隔器均可用于对潜山长裸眼段进行分层，然后在套管内进行分层测试，通过综合考虑安全和经济因素，决定采用水力扩张式管外封隔器将裸眼段分隔成五段，然后在套管内用用 APR+TCP 联作测试工艺进行测试。

1. Baobab C-2 井基本情况

Baobab C-2 井是 Baobab 区块的一口探井，该井于 2013 年 4 月 17 日开钻，2013 年 6 月 6 日完钻。9 5/8″技套下深 531.77m，三开 8 1/2″钻头钻进，完钻井深 2200m。钻进全过程持续发生漏涌，同时伴有原油返出。三开钻井过程中累计漏失钻井液约为 2765m³，最大漏速为 35.0m³/h，起钻溢流 14 次，为减少漏失，共泵入 LCM 和高黏稠浆 369.6m³。钻井过程中，累计出稠油 340m³，油 API60 为 16.39。

根据该井测试方案，需对该井裸眼段进行分层测试，一共 5 层，施工前该井套压 380psi。油层基本数据如表 9-3-2 所示，井身结构如图 9-3-6 所示。

表 9-3-2　油层基本数据表

序号	地层	测试层段/m	油层/m	渗透率/mD	孔隙度/%	含水饱和度/%	射孔段/m	射孔厚度/m	测试目的
1	潜山	1420.0~2200.0	3.88	2.51	6.42	70.1			确认液性和产能
2	潜山	1215.0~1362.0	103.55	6.99	6.79	31	1278~1280	2	
3	潜山	980.0~1119.0	43.76	7.48	5.66	42.8	1039~1041	2	
4	潜山	848.0~920.0	22.55	62.39	10.1	22.6	868~870	2	
5	潜山	532.0~810.0	174.08	99.12	10.5	32	550~552	2	

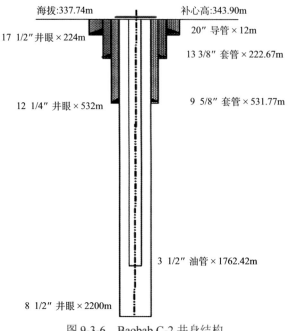

图 9-3-6　Baobab C-2 井身结构

2. 管外封隔器的选择

本次作业采用国内某厂生产的 HXK 系列水力扩张式管外封隔器，考虑到该井以后投产及上措施需要，要求厂家对封隔器进行相应改造，封隔器采用逐级打压坐封，每个封隔器设置不同的坐封压力。

1) 结构及工作原理

管外封隔器结构如图 9-3-7 所示，阀系结构如图 9-3-8 所示。

图 9-3-7　HXK 系列水力扩张式管外封隔器结构示意图
1. 接箍；2. 提升短接；3. 阀接头；4. 胶筒总成；5. 连接短接

工作原理：该水力扩张式封隔器随套管下入井下设计位置后（管柱最下端下入球座），投球使管柱内腔封闭，向管柱内缓慢打压，压力达到阀系设计打开压力后，液体经控制阀进入胶筒内囊腔（单流结构），在液力作用下使胶筒膨胀，外胶筒紧贴井壁，从而密封环形空间并锚定在井壁上，当胶筒充分进液并达到设定座封压力后封隔器完成座封，然

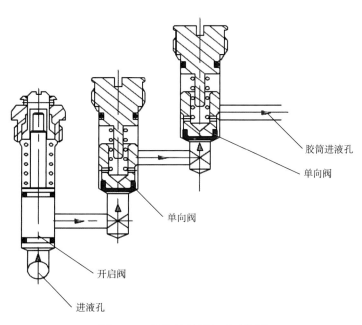

图 9-3-8　管外封隔器阀系结构图

后泄压进行下一步作业。

2）封隔器规格参数

水力扩张式管外封隔器技术参数见表 9-3-3。

表 9-3-3　HXK 系列水力扩张式管外封隔器技术参数表

参数	数值
产品名称	套管外封隔器
规格型号	HXK140/192
总长/mm	3200
最大外径/mm	Φ192
内通径/mm	Φ124
胶筒密封长度/mm	1200
5 套封隔器座封进液压力/MPa	8、9、11、13、15
工作压力/MPa	35
耐温/℃	150
连接丝扣	5 1/2″LTC
适应井径	8 1/2″～9 1/2″

3）完井施工工序

Baobab C-2 井下管外封隔器施工难点如下。

（1）Baobab C-2 井地层压力系统复杂，井筒不稳定，井漏和溢流现象同存，在起原

199

井管柱、通井管柱时会因抽汲作用导致溢流，在下封隔器时会因压力激动导致井漏，进而产生溢流。若未及时关井，原油可能会溢出转盘面，污染环境。

（2）该井下入的封隔器胶筒外径 192mm，长 3200mm，为大直径工具，且一共下入五个，在下入过程中，很可能有遇卡风险。

（3）该井钻进时出大量稠油，若井场的储油空间不足，可能会导致作业暂停。稠油流动性差，增加转运难度。

Baobab C-2 井下管外封隔器施工步骤如下。

（1）泄压、热洗。观察套压 380psi。开主阀放 3 1/2″油管内气体，无原油返出。开套管闸门，环空泄压至 0（出口接至岩屑罐），发现少量原油返出，立即关井；将循环管线接至热洗车，出口管线接至油罐车。热水（水温 75℃）正洗井，回收原油 28m³，热洗时无漏失。

（2）热洗结束后，用井队钻井液泵常温清水正洗井，回收原油 20m³，漏失清水 52m³。

（3）从油管内正挤 7m³KCl 溶液（密度为 1.04g/cm³，漏斗黏度为 45s），判断井下安全后，安装井口设备。

（4）起管。起油管前安装自封封井器，防止管柱将原油带出井口。起油管前向环空反挤 17m³KCl 稠浆（密度为 1.04g/cm³，漏斗黏度为 85s）；起钻过程中，发现环空灌不进压井液一次，判断为溢流先兆，从环空反挤 15m³KCl 稠浆（密度为 1.05g/cm³，漏斗黏度为 85s）。

（5）刮削与通井。为安全顺利完成下管外封隔器工作，该井进行一次刮削和两次通井，具体步骤如下。

① 下 9 5/8″套管刮削器刮削 9 5/8″技套段通井过程中发现溢流一次，立即关 BOP 半封，同时装油管旋塞。环空反挤 15m³ KCl 稠浆（密度为 1.05g/cm³，漏斗黏度为 80s），打开油管旋塞阀，发现油管内有稠油冒出，正挤 2m³KCl 稠浆（密度为 1.05g/cm³，漏斗黏度为 80s）。

② 下裸眼段通井管柱，通 8 1/2″裸眼段：钻具结构：8 1/2″三牙轮钻头+浮阀 + 6 1/2″钻铤×1 柱 + Φ214mm 刚性扶正器 ×1 个 + 变扣 + 3 1/2″钻杆。若通井时发现溢流，则环空反挤 15m³KCl 稠浆（密度为 1.05g/cm³，漏斗黏度为 80s）。

③ 模拟通井。钻具结构：8 1/2″三牙轮钻头 + 6 1/2″钻铤×1 柱 + Φ214mm 刚性扶正器 + Φ214mm 刚性扶正器 + 6 1/2″钻铤×1 根 + 变扣 + 3 1/2″钻杆。下管柱前为防止溢流，主动向环空反挤 10m³KCl 稠浆（密度为 1.05g/cm³，漏斗黏度为 80s）。起模拟管柱时，在 817m 遇阻，上下活动管柱通过。

（6）下套管和管外封隔器：在下管外封隔器前环空主动反挤 10m³KCl 溶液（密度为 1.08g/cm³，黏度为 80s；顺利下套管至 1425.75m。座封 5 1/2″套管卡瓦后，井口套管内投球、打压、坐封封隔器。管外封隔器完井后井身结构如图 9-3-9 所示。

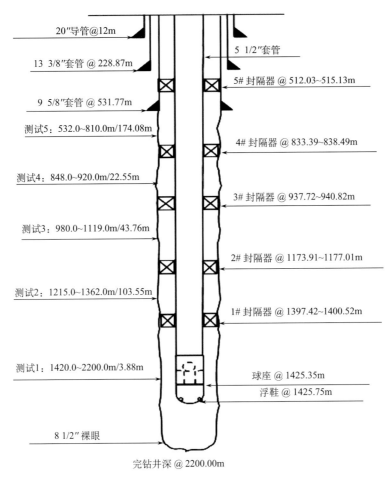

20″导管@12m

13 3/8″套管 @ 228.87m

5 1/2″套管

5# 封隔器 @ 512.03~515.13m

9 5/8″套管 @ 531.77m

测试5：532.0~810.0m/174.08m

4# 封隔器 @ 833.39~838.49m

测试4：848.0~920.0m/22.55m

3# 封隔器 @ 937.72~940.82m

测试3：980.0~1119.0m/43.76m

2# 封隔器 @ 1173.91~1177.01m

测试2：1215.0~1362.0m/103.55m

1# 封隔器 @ 1397.42~1400.52m

测试1：1420.0~2200.0m/3.88m

球座 @ 1425.35m

浮鞋 @ 1425.75m

8 1/2″裸眼

完钻井深 @ 2200.00m

图 9-3-9 管外封隔器-套管完井后井身结构示意图

六、测试工作制度

1. 测试压差控制

测试负压差值确定可参考本章第二节射孔负压差值确定。

2. 测试开关井制度

根据乍得油田砂岩油藏和基岩潜山油藏地质特点，优化开关井工作制度。目前，无论是套管内测试还是裸眼测试，均采用二开二关井工作制度，只是在测试时间分配上略有不同。

1）套管内测试工作制度（表 9-3-4）

表 9-3-4　套管内测试工作制度

序号	开关井	时间	目的
1	一次开井	10min	消除液柱压力对地层的影响，并有诱喷和一定解堵作用，同时可观察有无油气显示
2	一次关井	3h	取得产层原始地层压力
3	二次开井	先排液，液性稳定后开始测试，每个油嘴测6～8h，每个油嘴要测得稳定产量和压力	扩大泄油半径，求准产层的产量，地层压力和温度等，取得代表性样品
4	二次关井	为二开始时间的0.8～1.5倍	测取压力恢复曲线，从而计算油层参数

2）裸眼内测试工作制度（表 9-3-5）

采用 MFE 尾管井底支撑裸眼测试时，总测试时间一般控制在 16h 之内。

表 9-3-5　裸眼内测试工作制度

序号	开关井	时间	目的
1	一次开井	10min	消除液柱压力对地层的影响，并有诱喷和一定解堵作用，同时可观察有无油气显示
2	一次关井	2h	取得产层原始地层压力
3	二次开井	6～10h	扩大泄油半径，求准产层的产量、地层压力和温度等，取得代表性样品
4	二次关井	4h	测取压力恢复曲线，从而计算油层参数

潜山裸眼测试时间控制在 16h（不包括起下测试管柱时间）内主要由以下几个原因决定。

（1）测试规范（SY/T 5483—2005）限制。

（2）封隔器坐封位置以上裸眼段井壁掉块或者测试层出砂沉积在封隔器胶筒上，形成卡钻或者砂埋，封隔器解封不了或者解封后不能上提起钻。

（3）支撑钻挺撑在井底，若井底不实，相当于支撑钻挺插在井底，支撑段越长、时间越长越不利于起钻上提，一般支撑尾管不超过 150m。

（4）压井泥浆液结饼或结块，沉淀后积压在封隔器胶筒上面，造成解封或者起钻不易。

（5）裸眼段井壁不光滑，岩壁上有毛刺，扎入封隔器胶筒内，造成解封不易。

七、乍得油田常规试油工序

（1）通井、刮削。

目的：检查套管、井身质量、探井底。

通井规大端长度应大于 0.5m，外径小于套管内径为 6～8mm，大于封隔器胶筒外径 2mm，通井过程中遇阻不超过 20kN，保证起下测试管柱通畅。

对于潜山裸眼测试，要用钻头通洗裸眼段，方便裸眼封隔器坐封。

(2)洗井。

目的：清除套管内壁上黏附的固体物质或稠油、蜡质物质，以便于下一步施工；同时调整井内压井液使之符合射孔的要求，防止在地层打开后，污水进入油层造成地层污染。

洗井液用量不少于 2 倍的井筒容积，洗井排量不小于 $0.5m^3/min$，洗井期间不能停泵。将井内泥浆、污物及泥沙冲洗干净，达到进出口水性一致。

(3)试压。

采用清水增压试压，检验井底、套管、井口装置密封性，试压标准符合中石油套管试压规范(SY/T 5467—2007)要求。

(4)冲砂。

对于因井下有沉砂未达到人工井底或未达到要求深度的井，应进行冲砂。冲砂时应记录时间、方式、深度、冲砂液性能、泵压、排量、漏失量、冲砂进尺、冲出砂量、油气显示和井底深度。

(5)下联作测试管柱。

(6)射孔测试。

(7)打桥塞上返试油。

(8)起测试管柱。

(9)测试完若暂不投产，打桥塞或水泥塞暂毕封井。

第十章

油井检泵作业

乍得油田油井生产主要采用自喷和人工举升两种方式，人工举升采用螺杆泵或电潜泵生产。目前油田自喷生产油井占比 7.7%，螺杆泵生产油井占比 16.7%，电潜泵生产油井占比 75.6%。随着油田不断生产，人工举升的油井会出现需要对油井进行检泵的情况，例如，结蜡导致螺杆泵蜡卡；由于使用固相压井液导致压井液中的固相物质沉积，使导螺杆泵或电潜泵砂卡、砂堵；由于电潜泵井下电器故障导致停泵；供液不足导致泵欠载停机；改变工作制度加深或上提泵挂等。

第一节　螺杆泵井作业

乍得油田螺杆泵采油主要应用于 Ronier 区块及 Mimosa 区块的个别井。本节着重介绍螺杆泵的工作原理、系统组成、地面控制、管柱结构、乍得油田常见螺杆泵检泵故障及作业施工操作规程。

一、螺杆泵采油系统组成

乍得油田目前用的是地面驱动井下单螺杆泵采油系统。它主要由电控部分、地面驱动部分、井下螺杆泵和配套工具四部组成，其结构如图 10-1-1 所示。

1. 电控部分

电控箱是螺杆泵井的控制部分，控制电机的启动和停止。

2. 地面驱动部分

地面驱动装置是螺杆泵采油系统的主要地面设备，其功能是把动力传递给井下泵转子，使转子实现行星运动，实现抽汲原油的机械装置。

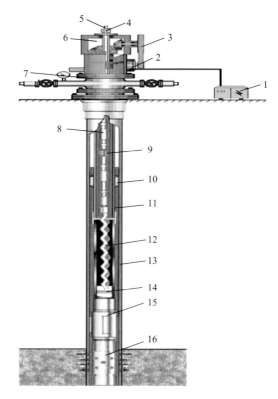

图 10-1-1 地面驱动井下螺杆泵结构示意图

1.电控箱；2.电机；3.皮带；4.方卡子；5.光杆；6.减速箱；7.专用井口；8.抽油杆；9.抽油杆扶正器；10.油管扶正器；
11.油管；12.螺杆泵；13.套管；14.定位销；15.防脱装置；16.筛管

3. 井下螺杆泵部分

井下单螺杆泵由定子和转子组成。定子由钢制外套和橡胶衬套组成。用丁腈橡胶衬套浇铸黏接在钢体外套内而形成的一种腔体装置。定子内表面呈双螺旋曲面，与转子外表面相配合。转子由合金钢的棒料经过精车、镀铬并抛光加工而成，如图 10-1-2 所示。

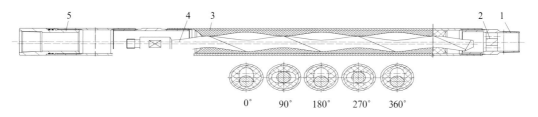

图 10-1-2 螺杆泵定子和转子

1.下接头；2.限位销；3.定子；4.转子；5.上接头

其工作原理为：螺杆泵是靠空腔排油，即转子与定子间形成的一个个互不连通的封闭腔室，当转子转动时，封闭空腔沿轴线方向由吸入端向排出端方向运移。封闭腔在排出端消失，空腔内的原油也随之由吸入端均匀地挤到排出端，同时又在吸入端重新形成新的低压空腔将原油吸入。这样，封闭空腔不断形成、运移和消失，原油便不断地充满、挤压和排出，从而把井中的原油不断地吸入，通过油管举升到井口，流量非常均匀。

4. 配套工具部分。

配套工具包括专用井口、光杆、抽油杆扶正器、油管扶正器、抽油杆防倒转装置、油管防脱装置、防抽空装置和筛管。

二、螺杆泵型号表示方法及基本参数

1. 型号表示方法。

如 GLB120-36 表示每转公称排量为 120mL、泵级数为 36 级的单螺杆抽油泵。

2. 基本参数

螺杆泵的基本参数如表 10-1-1 所示。

表 10-1-1　螺杆泵的基本参数

型号	基本参数								
	泵每转理论排量/(mL/r)	泵级数	泵转子连接抽油杆规格	泵外径/mm	泵定子连接螺纹用油管螺纹规格	适用套管直径/mm	推荐输入转速范围/(r/min)	泵日流量范围/(m³/d)	泵额定工作压力/MPa
GLB28-14	28	14	CYG19	73	2 7/8″ TBG 或 3 1/2″ TBG	≥114	50～300	2～12	5
GLB28-27		27							10
GLB28-40		40							15
GLB75-14	75	14		90				5～32	5
GLB75-27		27							10
GLB75-40		40							15
GLB120-14	120	14	CYG22					8～50	5
GLB120-27		27							10
GLB120-40		40							15
GLB120-40C		40							15
GLB150-40	150	40		102	3 1/2″ TBG	≥140		10～64	15
GLB200-14	200	14	CYG25					14～86	5
GLB200-27		27							10
GLB200-40		40							15

乍得油田油井生产套管尺寸主要为 139.7mm 和 177.8mm，螺杆泵型号主要为 GLB200-25、GLB120-27 和 GLB70-30。

三、螺杆泵采油系统的特点

(1)螺杆泵主要适用于稠油、含砂、高含气井的开采，具有体积小、安装方便、无污染、能耗低等易于推广的重要特征。

(2)螺杆泵的局限性主要为：①定子容易损坏；②定子的橡胶不适合在注蒸汽井中应用；③总压头较小，目前大多数现场应用是在井深1000m左右的井。

四、螺杆泵采油配套工艺技术

1. 管柱防脱技术

螺杆泵的转子在定子内顺时针转动，工作负载直接表现为扭矩，转子扭矩作用在定子上，定子的扭矩会使上部的正扣油管倒扣，造成管柱脱扣，采用张力油管锚进行防脱。

2. 杆柱防脱技术

1)抽油杆柱脱扣机理分析

(1)负载扭矩过大，停机后杆柱高速反转，造成抽油杆脱扣。

(2)停机后油管内液体回流杆柱反转造成抽油杆脱扣。

(3)转子在油套环空内的液力作用下转动，造成杆柱脱扣。

(4)施工作业过程中造成杆柱脱扣。在施工过程中，如果抽油杆连接螺纹上扣扭矩不够，当转子进入定子时，转子正转，从而会使转子上部抽油杆杆柱螺纹连接不紧处发生脱扣。

2)抽油杆柱防脱措施

在驱动头上安装机械防反转装置，使抽油杆不能反转，从而达到防止因抽油杆反转而造成的脱扣的目的。乍得油田采用定向离合器的原理，使抽油杆只能做单向转动。在离合器的外壳体上安装有刹车带。当需要上提杆柱时，可先放开刹车带，将弹性变形能释放出去，确保施工作业安全。

3. 管柱、杆柱扶正技术

1)管柱扶正技术

由于螺杆泵转子离心力的作用，定子受到周期性冲击产生振动。为减小或消除定子的振动，需安装扶正器，一般安装在定子上部的延长管上，为橡胶式扶正器。

2)抽油杆扶正技术

抽油杆柱在油管内转动，杆柱的转动会引起井口的振动及杆柱与管柱的摩擦，所以抽油杆柱必须实施扶正。扶正器一般安装以下几个位置：转子上部第二根抽油杆处，然后每隔五根抽油杆安装一个扶正器；在光杆处安装一个扶正器；光杆下步第一根抽油杆安装一个扶正器。

4. 螺杆泵井清防蜡解堵工艺技术

目前乍得油田主要采用热洗清蜡，热洗时先用吊车提出转子，使其脱离定子，在油套环空注入热水，反洗井进行清蜡。

5. 抽空保护技术

由于螺杆泵的定子和转子间采用过盈配合，因此转子在定子中高速旋转时会摩擦生热。如果产生的热量不能及时由液流携带走，定、转子间就会产生干磨、烧泵的情况。因此必须实施抽空保护技术，常用的技术有功率法和流量法。

6. 电流过载、欠载保护技术

7. 乍得油田螺杆泵检泵常见故障处理方法

1）蜡堵

螺杆泵井发生蜡堵造成机组不能运转时，通常要上吊车上提杆柱，使转子脱离定子，然后进行彻底洗井，洗通后，下放杆柱重新投产。如果洗井洗不通，又无其他解堵措施，只需启用修井机动管柱。

2）井下泵出现故障

一旦井下泵出现故障，需上修井机进行检泵。泵的故障一般表现为：定子胶筒脱胶、破碎，滑脱的胶筒有时进入延长管内。提出定子洗井时，地面泵压高，洗井不通，均为定子胶筒破碎碎片堵塞循环通道所致。

统计 2017 年几口井螺杆泵检泵井情况如表 10-1-2 所示。

表 10-1-2　螺杆泵检泵原因统计

序号	井号	完井时间	泵型	检泵次序	检泵时间	检泵原因	检泵周期/年
1	Ronier 1-11	2010-12-15	GLB200-25	1	2017-5-2	定子胶筒脱胶，转子表面损坏严重；起出抽油杆扶正器 26 个，损坏 17 个，扶正器限位金属环断裂或破碎	6.4
2	Ronier 18	2010-12-28	GLB120-27	1	2012-11-13	高含水井，封隔器抽吸找水，桥塞抽水层；检泵发现 13 个抽油杆扶正器损坏	1.9
				2	2017-5-8	1 个抽油杆扶正器未起出，判断全部破碎落井；定子胶筒脱胶滑脱进入整个延长管；泵扶正器损坏	4.5
3	Ronier 22	2011-1-18	GLB120-27	1	2014-2-20	抽油杆被卡，洗井循环不通，解卡后起出部分抽油杆，洗井循环成功；泵控泵（PCP）转子下部 1.5m 处断裂，落入 PCP 定子工作筒内；定子工作筒内橡胶磨损，下部尾管可见部分橡胶残片	3.1
				2	2017-5-12	定子胶筒整体脱胶，上端破碎部分洗井时返至地面，其余滑脱进入延长管；起油管前洗井，两次被破碎的定子碎胶皮堵死	3.2
4	Ronier 6	2011-1-11	GLB120-27	1	2012-9-25	抽油杆扶正器坏	1.7
				2	2017-5-17	定子胶筒整体脱胶、破碎	4.6

五、螺杆泵井下作业施工操作规程

螺杆泵井作业内容主要包括编写作业工程设计和支出授权(authorization for expenditure，AFE)、接井、作业准备、作业过程和作业完成后验收等。施工过程主要包括热洗、压井、起原井管柱、通井、刮削、冲砂、连接井下工具、下管柱、坐封锚定工具、下杆柱、替喷、安装地面机组、提防冲距、试运转和交井等。

1. 编写作业工程设计和 AFE

螺杆泵井作业前必须编写作业工程设计和 AFE，并通过公司管理层审批，方可开始进行作业。乍得项目修井作业均为日费模式，井上生产安排以监督根据作业工程设计发出的指令为准，必须严格执行作业工程设计，并确保该井成本控制在 AFE 内。

2. 接井

从采油厂接井。

3. 作业准备

井位勘察。乍得油田修井机采用大包搬迁模式，在搬迁之前必须确认两井之间的搬迁距离，由乙方测量，甲方监督进行复查并签字确认。

井场修建。主要对生产井场进行平整，以方便摆放修井机等作业设备，挖井场污水坑，摆放污水罐。

物资准备。根据作业工程设计，监督确认该次作业所需设备、工具和物资，并将物资申请发给库房并领取物资。

搬迁、安装。搬迁时在路口、村庄、拐弯等地方设置旗手，提醒来回车辆，注意安全。

4. 施工工过程

1)热洗、压井

将转子提出定子。用热水反循环将死油、死蜡替出，然后用相应的压井液压井，热洗、压井按标准《油气井压井、替喷、诱喷》(SY/T 5587.3—2004)规定执行。

2)起原井管柱、杆柱

若为自喷转抽作业，按作业工程设计要求起出原井自喷管柱；若原井为螺杆泵井，则先起出抽油杆，再起油管。

3)通井、刮削、探砂面

按标准《井下作业井筒准备》(SY/T 5587.5—2004)规定执行。

4)洗井

按标准《井下作业井筒准备》(SY/T 5587.5—2004)规定执行。

5)连接组配井下工具

将泵、锚定工具、抽油杆防脱器等井下工具在地面按施工设计连接上紧，应在锚定工具滑道上涂上黄油，锚定工具处于解封状态。

6)下管柱

(1)按地面设计要求配好管柱，用相应的通井规检验合格，并在丝扣上涂上丝扣油。

(2)按施工设计要求组配管柱，尾管不得少于三根。

(3)上扣扭矩达到要求，如表 10-1-3 所示。

(4)下入锚定工具时，在下入泵和第一根油管后，试坐油管锚，成功后，上提管柱解封，然后继续下管柱，操作要平稳。

(5)坐锚定工具。

表 10-1-3 油管上扣扭矩推荐值

规格		最小 /(N·m)	最佳 /(N·m)	最大 /(N·m)
2 7/8″	H-40	1270	1690	2110
	J-55	1680	2230	2790
	N-80	2340	3110	3900
	P105	2950	3900	4900
3 1/2″	H-40	1760	2340	2900
	J-55	2300	3090	3850
	N-80	3250	4300	5400
	P105	4120	5490	6850

7)下杆柱

(1)清点并测量检查抽油杆，按下井顺序配好杆柱，按设计要求加抽油杆扶正器。

(2)转子涂黄油后连接在第一根完整抽油杆上，以减少转子上的应力。同样原因驱动轴下部也必须装一根完整抽油杆。

(3)下抽油杆过程中速度要慢，当转子进入定子时，从地面可看到抽油杆转动，当转子碰到定子限位销时，指重表指针随之慢慢下降，这时上提抽油杆，装井口装置，再慢慢下放抽油杆，当转子再次碰到限位销时，按要求上提防冲距，使转子和限位销保持一定距离。

(4)吊起转子时，因上部连接一根抽油杆，整件较长，起吊速度要慢，并用手扶着转子中部以防转子弯曲损伤表面。

(5)下抽油杆过程中防止杆件弯曲变形，如已造成变形弯曲必须换掉，抽油杆螺纹要涂黄油上紧，扭矩符合规定值，如表 10-1-4 所示。

(6)转子碰到限位销后，不得转动抽油杆，以防扭坏抽油杆或泵。

表 10-1-4 D 级抽油杆上扣扭矩推荐值

规格	上扣扭矩 /(N·m)	承载扭矩 /(N·m)
3/4″	400	590
7/8″	600	940
1″	700	1050
1 1/8″	1000	2000

8）安装专用井口

将专用井口从光杆上穿入，坐在油管头法兰上，紧固好螺栓。

9）替喷

(1)将转子缓慢全部提出定子，关闭井口上清蜡阀门，连接好替喷管线。

(2)按规定进行替喷，直到井口见清水后停止。

(3)打开清蜡阀门，缓慢将转子放入定子，直至吊卡松弛。

10）安装地面机组

按要求安装完地面机组并上提防冲距，上提高度要符合表 10-1-5 要求。

表 10-1-5 泵挂深度与防冲距的关系

泵挂深度/m	700	800	900	1000	1600
上提防冲距/m	0.65	0.75	0.85	0.90	1.60

11）试运转

(1)加齿轮油。从减速箱注油孔处加入齿轮油，油面在油标 1/2～2/3 处。

(2)加密封填料。准确丈量每根密封填料长度，斜度大于 45°切割，密封填料表面涂上黄油，每层密封填料切口处要错开，最后压紧压盖。

(3)调电动机正反转：①将变压器、电控箱、电动机连接好，电动机采用三角形接法。②卸掉皮带，接通电源使电动机空转，如果光杆是逆时针方向转动，只需调换电缆任意两相相序，确保光杆为顺时针转动。

(4)设置过载保护电流

过载保护电流设置的经验数据如表 10-1-6 所示。

表 10-1-6 过载保护电流设置

电机功率/kW	低转速成电流/A	中转速电流/A	高转速电流/A
11	15	18	20
15	18	24	28
22	25	30	40
37	30	40	45

12）安装井口流程

连接生产管线并试压 600psi，15min 压力不降为合格。安装井口油套压表。

13）试抽

（1）启动的电动机同时监测运转电流。井口见液后，缓慢关闭生产阀门，观察油压表有无上升。如压力上升到规定值，且地面机组无异常现象，打开阀门，然后进行液量计量。如液量正常，可确认机组正常，投产成功。一般新井投产需试抽出 15m³ 纯油，然后停抽；老井检泵见纯油后即可停抽。

（2）试抽产出的原油、修井液等用油罐车运送至 CPF 卸油台或 WMC 卸掉。

14）交井

待试抽正常后与油井管理单位进行交接，然后正常投产。乍得油田螺杆泵井作业完成后井口装置如图 10-1-3 所示。

图 10-1-3　螺杆泵井

第二节　电潜泵井作业

乍得油田电潜泵在套管射孔完井和裸眼完井井中都有应用，主要应用在 Baobab 区块，Ronier 区块和 Mimosa 区块部分井也有应用。

本节着重介绍电潜泵的工作原理、系统组成、地面控制、管柱结构、乍得油田常见电潜泵检泵故障及作业施工操作规程。

一、电潜泵工作原理及系统组成

1. 电潜泵工作原理

电潜泵是由多级叶导轮串接起来的一种电动离心泵，除了其直径小、长度长外，其工作原理与普通离心泵没有多大差别：当潜油电机带动泵轴上的叶导轮高速旋转时，处于叶轮内的液体在离心力的作用下，从叶轮中心沿叶片间的流道甩向叶轮四周，由于液体受到叶片的作用，其压力和速度同时增加，在导轮的进一步作用下速度能又转变成压能，同时流向下一级叶轮入口。如此依次通过多级叶导轮的作用，流体压能逐次增高，而在获得足以克服泵出口以后管路阻力的能量时而流至地面，达到石油开采的目的。

2. 电潜泵系统组成及作用

电潜泵采油系统由井下和地面两部分组成，如图 10-2-1 所示。

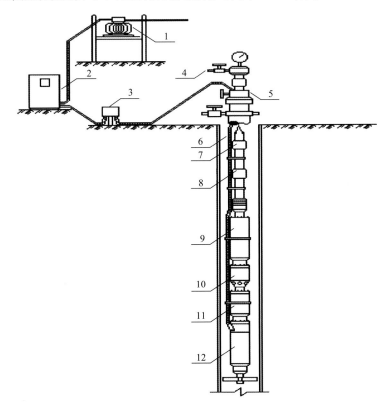

图 10-2-1 电潜泵采油系统组成图

1.变压器；2.控制柜；3.接线盒；4.出油干线； 5.井口；6.电缆；7.泄油阀；8.单流阀； 9.泵；10.分离器；11.保护器；12.电机

1) 井下系统组成及作用

电潜泵井下系统主要由电机、潜油泵、油气分离器、保护器、动力电缆、扶正器、单流阀、泄油阀和测压装置等组成。

(1)电机。

电潜泵电机是电潜泵机组的原动机,一般位于管柱最下端。与普通电机相比,它具有机身细长的特点,一般直径 160mm 以下,长度为 5～10m,有的甚至更长。

潜油电机由定子、转子、止推轴承和机油循环冷却系统等部分组成。

潜油电机的型号:

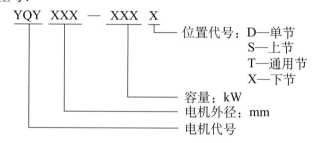

(2)潜油泵。

① 潜油泵结构。

潜油泵为多级离心泵,包括固定和转动两大部分。固定部分由导轮、泵壳和轴承外套组成;转动部分包括叶轮、轴、键、摩擦垫、轴承和卡簧。电潜泵分节,节中分级,每级就是一个离心泵,结构组成如图 10-2-2 所示。

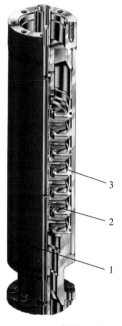

(a) 潜油泵剖面

(b) 叶轮

(c) 导壳

图 10-2-2　潜油电泵剖面及重要部件

1.泵壳;2.叶轮;3.导壳

② 潜油泵的型号及性能参数

潜油泵的型号：

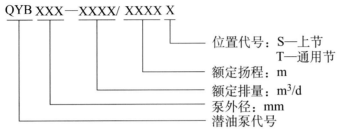

QYB XXX—XXXX/ XXXX X

位置代号：S—上节
　　　　　T—通用节
额定扬程：m
额定排量：m³/d
泵外径：mm
潜油泵代号

乍得油田潜油泵基本参数如表 10-2-1 所示。

表 10-2-1 乍得油田潜油泵参数

序号	泵型号	外径/mm	最佳排量范围/(m³/d)		
			36Hz	40Hz	50Hz
1	QYB101-30/1000、1300	101	16～36	18～40	22～50
2	QYB101-80/1000、1300、1500	101	40～88	44～98	55～122
3	QYB101-100/1000、1300、1500	101	61～120	68～133	85～166
4	QYB101-200/1000、1300、1500	101	104～198	115～220	144～275
5	QYB101-320/1000、1300、1500	101	144～324	160～360	200～450
6	QYB101-500/1000	101	189～505	210～562	262～702

(3)油气分离器。

分离器如图 10-2-3 所示。

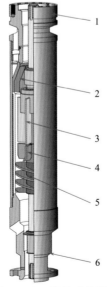

图 10-2-3 旋转式分离器

1.顶部；2.旁通管；3.转子；4.导叶轮；5.进口段；6.基座

215

油气分离器有两个基本作用：一是作为井液进入潜油泵的吸入口；二是当混气液体进入离心泵之前，先通过分离器进行气、液两相分离。被分离出的气体进入油、套管环形空间，液体则进入潜油泵内，这样就可以避免气体对泵产生气蚀，减轻气体对潜油泵工作性能的影响，从而提高泵效及延长泵的使用寿命，使潜油电泵机组能够正常运转。

油气分离器的型号：

(4)保护器。

保护器的作用是通过隔离井液和电机润滑油保护潜油电机。目前，国内外在潜油电泵机组中所使用的保护器种类很多，但从其原理来看，使用比较普遍的有两种，即沉淀式和胶囊式保护器。乍得油田采用胶囊式保护器，如图10-2-4所示。

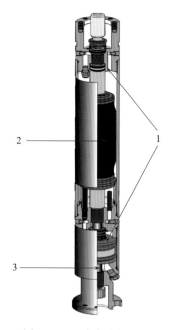

图 10-2-4　胶囊式保护器

1.机械密封；2.胶囊；3.止推轴承

保护器器的型号：

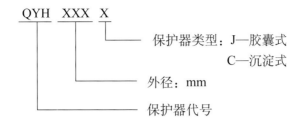

(5)潜油电缆。

① 潜油电缆结构。

潜油电缆包括动力电缆和潜油电机引接电缆。动力电缆分为圆电缆和扁电缆(俗称大扁)，电机引接电缆只有扁电缆(俗称小扁)一种。无论动力电缆是圆电缆还是扁电缆，都是由导体、绝缘层、护套层、编织层和钢带铠装组成。潜油电缆结构如图10-2-5所示。

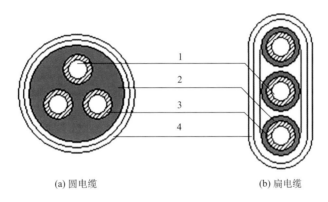

(a) 圆电缆　　　　　　　(b) 扁电缆

图 10-2-5　潜油电缆结构示意图

1.导体；2.护套层；3.绝缘层；4.钢带铠装

② 潜油电缆特点。

潜油电缆作为潜油电泵机组输送电能的通道部分，长期工作在高温、高压和具有腐蚀性流体的环境中。为使潜油电泵机组长期正常运行，要求与之相配套的潜油电缆具有较高的电气性能，耐高温、高压和耐腐蚀。

(6)扶正器。

扶正器主要用于斜井，位于电机尾部，使电机居中，并使电机外部过流均匀，散热环境好，防止电机局部高温而损坏。

(7)单流阀。

单流阀的作用主要是保护足够高的回压，使泵在启动后能很快在额定点工作，防止停泵以上流体回落引起机组反转脱扣，便于生产管柱验封。一般安装在泵出口1～2根油管处。

(8)泄油阀。

泄油阀一般安装在单流阀以上1～2根油管处，它是检泵作业上提管柱时油管内流体的排放口，以减轻修井机符合和防止井液污染平台甲板和环境。

2) 地面系统组成及作用

（1）变压器。

潜油电泵所用的变压器与普通变压器原理相同，常用的为空气自冷干式或自冷油浸式三相自耦变压器。其作用是将电网电压转为潜油电动机所需电压及照明、清蜡和控制系统所需的电压。

（2）控制柜。

控制柜是对潜油电泵机组的启动、停机及在运行中实行一系列控制的专用设备，可分为手动和自动两种类型。它可随时测量电动机的运行电压、电流参数，并自动记录电动机的运行电流，使电泵管理人员及时掌握和判断潜油电动机的运行状况。

3) 电潜泵井口

电潜泵井口与自喷井采油树井口大致相同，区别仅在于其压帽和油管挂有所差别，如图 10-2-6 所示。

图 10-2-6　电潜泵井

二、潜油电泵配套工艺技术

乍得油田目前采用的电泵配套工艺技术有如下。

1. 测试工艺技术

乍得油田采用如下方法进行测试：①在潜油电泵机组下端连接一个专门的测试仪器，进行井下压力和温度的测试，并通过动力电缆将测试信号传递到地面二次仪表，进行记录和读数；②利用双频道回声仪测量潜油电泵井的动静液面。

2. 定向井潜油电泵采油工艺技术

乍得 2.2 期油井均为定向井，在定向井中应用潜油电泵采油，由于井眼轴线存在曲率变化，给潜油电泵现场安装施工带来很大困难。在下井过程中，当潜油电泵机组通过弯曲井段时，将会遇阻碰撞，油管及电缆与套管之间的挤压和摩擦，将产生附加载荷，严重时将会导致电缆被挤坏和刮坏，甚至使潜油电泵机组卡死在井中。因此，在潜油电泵机组下井以前，必须使用充分通井，保证畅通无阻后，方可下泵。

为了使潜油电泵机组在施工过程中能够顺利下井，减少机组与套管之间的摩擦，防止电缆及电缆头挤坏或刮坏，在施工过程中，需要对潜油电泵机组采取保护措施。其保护措施包括电缆扶正器、电缆头保护器及机组扶正器等部件。

3. 变速泵工艺技术

目前乍得油田使用的电潜泵可无级变速，变速泵是运用变频控制柜和普通的潜油电泵机组配套的一项潜油电泵配套工艺技术。该技术一是可以扩大潜油电泵的应用范围，提高它的适应能力；二是可以使潜油电泵机组在最佳条件下运行，减少机组的磨损和电气绝缘的老化，提高其使用寿命。

三、电潜泵检泵常见故障

乍得油田电潜泵检泵常见故障主要有潜油泵轴断、电缆不绝缘、泄油阀打开、潜油泵阻卡、泵轴不灵活等。统计 2015 年以来电潜泵检泵故障见表 10-2-2。

表 10-2-2　电潜泵检泵故障

序号	电泵故障汇总	井号	作业次数	完井日期	检泵日期	检泵故障	检泵周期/天
1	电泵轴断	Baobab C1-6	1	2016-2-17	2016-5-22	起出原井 ESP 生产管柱检查发现下节保护器上部花键轴在花键套底部处断	95
2	电缆不绝缘	Baobab NE-15	1	2013-3-21	2015-10-6	起出检查电缆无绝缘	929
		Baobab NE-18	1	2014-4-16	2016-6-29	起出电泵管柱发现泄油阀上部 1 根油管处电缆被击穿	805
		Baobab NE-17	1	2013-12-29	2016-7-12	起出电泵管柱发现泄油阀上部 1 根油管处电缆被击穿，在 104~105 根油管处电缆破损严重，另外还有大约 5 处电缆有小破损	926
		Phoenix 1	1	2016-9-10	2017-2-14	检测电缆三项无绝缘	157
		Baobab S1-6	1	2014-3-21	2017-3-3	检测电缆三项无绝缘	1078
		Prosopis C3-1	1	2015-10-30	2017-3-20	检测电缆绝缘低	507
		Phoenix 1-5	1	2016-9-22	2017-4-13	检测电缆绝缘低	203

续表

序号	电泵故障汇总	井号	作业次数	完井日期	检泵日期	检泵故障	检泵周期/天
3	泄油阀打开	Baobab 2-1	1	2014-5-4	2015-5-24	ESP 检泵，起出原井管柱发现卸油阀铜棒断导致不出液	385
		Baobab S1-4	1	2014-2-16	2015-6-10	起出原井管柱发现卸油阀铜棒断导致不出液，该井上部 30 根油管结蜡	479
4	泵阻卡	Baobab NE-14	1	2014-2-1	2015-10-2	起出检查，泵有阻卡，电机保护器正常	608
		Baobab N1-16	1	2013-12-13	2015-7-16	起出原井管柱发现单流阀及其上部油管底部有少量泥浆沉淀，下刮削管柱在 1452.43m 遇阻，冲下至 PBTD、返出物为泥浆	580
5	泵轴不灵活	Baobab S1-22	1	2014-5-1	2016-11-17	泵轴不灵活	931
		Baobab S1-18	1	2013-12-29	2016-11-22	泵轴不灵活	1059
6	分离器吸入口堵	Baobab SE-1	1	2017-1-3	2017-4-7	分离器及泵的吸入口有泥浆沉淀物，该井为 2010 年老井，试油后完井，钻井时有污染	94

四、电潜泵井下作业施工操作规程

电潜泵井作业内容主要包括编写作业工程设计和预算(AFE)、接井、作业准备、作业过程和作业完成后验收等。施工过程的主要包括热洗、压井、起原井管柱、通井、刮削、冲砂、连接井下工具、下管柱、装井口、试运转和交井等。

1. 编写作业工程设计和预算

作业前必须编写作业工程设计和预算，并通过公司管理层审批，方可开始进行作业。乍得项目修井作业均为日费模式，井上生产安排以监督根据作业工程设计发出的指令为准，必须严格执行作业工程设计，并确保该井成本控制在预算内。

2. 接井

从采油厂接井。

3. 作业准备

(1)井位勘察。乍得油田修井机采用大包搬迁模式，在搬迁之前必须确认两井之间的搬迁距离，由乙方测量，监督进行复查并签字确认。

(2)井场修建。主要对生产井场进行平整，以方便摆放修井机等作业设备。

(3)物资准备。根据作业工程设计，监督确认本次作业所需设备、工具和物资。

(4)搬迁、安装。

4. 施工过程

1）热洗、压井

用热水反循环将死油死蜡替出，然后用相应的压井液压井。热洗、压井按标准《SY/T 5587.3—2004 油气井压井、替喷、诱喷》规定执行。

2）起原井管柱

若为自喷转抽作业，按作业工程设计要求起出原井管柱；若原井为电潜泵井，则按如下步骤起泵。

（1）起机组前的准备。

① 拆井口前必须切断电源，并将井下电缆从接线盒的接线端子上拆下来。

② 起油管前应检查一次井下电缆，机组绝缘电阻及直流电阻。

③ 起油管前应向井下投直径 35～40mm、长 2.5m 的金属棒，砸断泄油阀上的泄油销子。

（2）起出油管及电缆。

① 起油管时，应随时注意指重表悬重，提升悬重不可超过正常悬重 12kN。

② 起出电缆时，施工人员必须仔细检查记录电缆的损伤情况(打扭、变形、断、磨损、起泡腐蚀等)和位置，并做好标记。

③ 电缆应在滚筒上排列整齐，严禁电缆打扭、打卷。

④ 应剪断油管和机组上的电缆卡子。

⑤ 必须检查记录整个管柱上电缆卡子缺少的数量,由现场技术人员确定缺少原因和处理措施。

（3）起出机组。

① 卸下泵头以后，应盘轴检查整套机组转动的灵活性。

② 拆卸过程中，应分别对各节泵、分离器、保护器、电动机进行盘轴检查和外观检查，如内部结垢、腐蚀情况、含砂情况、部件损坏情况等。

③ 拆卸电缆头时，应保证井液、水、杂质不进入电动机引线口和电缆头内。电缆和电动机分开后，应分别测量电动机和电缆的绝缘电阻、直流电阻。测量完毕后应及时给电缆头和电动机引线口带上护盖。

④ 拆电动机以前,应先从传感器或星点上的放油孔将电动机内的液体放出,若有水、油污或不干净的电动机油出现，则必须将其放干净。

⑤ 泵、保护器、分离器、电动机、传感器在拆机组时，必须逐节拆开后下放装箱，严禁两节及两节以上连在一起下放装箱。

（4）起出设备评价和运回设备。

① 起出的泵、分离器、保护器、电动机和传感器，都必须装上运输护盖。

② 对起出设备力神专业技术人员做出评价及确定是否可以重新下井。

3）通井、刮削、探砂面

4)洗井

5)连接组配井下工具

6)下管柱

(1)井下机组下井前的地面检查。

① 电动机检查。

a. 打开电动机运输护盖进行盘轴检查，盘轴应轻快无卡阻。

b. 用兆欧表测量电动机绕组相间及对地的绝缘电阻，应达到规定的要求，新电动机绝缘电阻应大于 $500M\Omega$。

② 泵、分离器和保护器等的检查。

泵、分离器和保护器等均应打开运输护盖进行盘轴检查，盘轴应轻快无卡阻。

③ 电缆检查。

a. 卸下电缆头护盖，用兆欧表测量相间及对地绝缘电阻。电缆绝缘电阻应大于 $500M\Omega$。

b. 当发现电缆有损坏时，应立即修复，否则不许下井。

(2)井下机组连接。

① 机组备件要逐节起吊下井，不能在地面上连接后再起吊下井。最后一节泵必须用提升短节安装，严禁先接到油管上后再起吊下井。

② 拆卸机组备件运输护盖时，要保护法兰面，保持干净清洁不受损伤。

③ 安装机组时，所有连接部位上的 O 形密圈、阀体及丝堵的铅垫都必须更新。

④ 传感器、电动机、保护器之间的对接及电缆头与上接电动机的对接，必须保证对接法兰面清洁。

⑤ 随着机组逐节下井，对每一节电动机、保护器、分离器、泵都要随时盘轴，确保轴转动灵活，切忌花键套用错规格或放错方向。

⑥ 每完成一节机组连接程序和电缆头与电动机连接前后，都要测试电动机和电缆的绝缘电阻与直流电阻，并和下井前的测量数值相比较，如数值变化异常，必须查清原因并予纠正否则应停止施工。

(3)电动机保护器注油。

① 应在清洗注油泵管路和注油阀后，方可将注油泵注油接头接到注油阀上。

② 应按制造厂规定的注油程序给电动机和保护器注油，注油速度要缓慢。

③ 当放油孔、排气孔、连通孔或上端运输护盖处有电动机油连续流出时应停止注油 $10\sim15min$，之后再缓慢注油，并注意观察使油，溢出所需注油机转数。重复上述步骤，直到不足一转就可以注满油并引起油溢出为止。

(4)相序检查。

电缆头与电动机连接完毕应进行相序检查，保证开机时井下机组转向正确无误。

(5)电缆安装和下井。

① 电缆下井过程中，作业机起车、停车和运行操作必须平稳，必须有专人管理电缆滚筒。

② 保护器和泵侧面的扁电缆及电缆护罩必须与机组中心线平行，并避开防倒块，扁电缆不允许有弯曲或缠在机组上。

③ 油管上的电缆必须与油管中心线平行，严禁电缆在油管上缠绕。

④ 每根油管应打两个电缆卡子，一个打在油管接箍上方 0.5m 处，另一个打在油管接箍下方 0.5m 处。

⑤ 严禁在电缆连接包上打电缆卡子，但应在电缆连接包上方 0.3m 和下方 0.3m 处各打一个电缆卡子。

⑥ 严禁电缆连接包和油管接箍重合。

⑦ 严格控制下油管的速度，一般下油管速度不得超过 5m/min。

⑧ 下生产管柱时，每下 10 根油管必须测量一次电缆的直流电阻和绝缘电阻，并与上次测量结果进行比较，发现数值变化异常，必须查明原因并消除异常。

(6) 单流阀和泄油阀的安装。

① 潜油电泵井必须使用单流阀和泄油阀。

② 使用单流阀和泄油阀之前应予检查，单流阀之阀芯、泄油阀的泄油销子和铅垫都必须更新。

③ 单流阀应安装在泵出口以上第 1 根油管接箍处，泄油阀一般装在单流阀以上第 1 根油管接箍处。

(7) 泵挂深度。

潜油电泵机组一般都应下在射孔井段以上。乍得油田在泵扬程允许范围内，尽量将泵下深一点，一般在射孔段以上 50m 左右，保证泵长期有一定沉没度，从而保证正常生产。

7) 井口安装

(1) 安装井口开剥电缆铠装时，不得损伤电缆绝缘。通过萝卜头的三根电缆线芯要包两层绝缘带，再涂上黄油后安装到四通内。

(2) 井口安装完成后，必须对井口进行整体试压，试压至井口额定工作压力的 70%。

8) 试抽

(1) 对地电阻、直流电阻应达到规定要求，泵机组运行电流、电压达到正常要求。

(2) 一般新井完井需试抽出 15m^3 纯油，停抽；老井检泵见纯油后即可停抽。试抽产出的原油用油罐车拉至 CPF 卸油台卸掉；抽出的压井液、废水用油罐车拉至 WMC 卸掉。

9) 交井

待试抽正常后与油井管理单位进行交接后，正常投产。

第十一章

注水井作业

第一节 注水工艺原理

乍得油田目前有注水井 23 口，主要分布在 Baobab 区块、Mimosa 区块和 Ronier 区块，油田目前注水采用油笼统注水。油田 1 期注水井吸水剖面显示：单层或小层突进明显，有必要实施分注，控制强吸水层注水，加强弱吸水层注水。分层注水工作预计将于 2017 年年底开始。

一、分层配水的理论依据

同井分层配水是在同一口注水井中，利用封隔器将多油层分隔为若干层段，使之在加强中、低渗透率油层注水的同时，通过调整井下配水嘴的节流损失，降低注水压差，对高渗透率油层进行控制注水，以此调节不同渗透率油层吸水量的差异。

配水原理可由下式表达：

$$Q_{配} = K \Delta p_{配}$$

$$\Delta p_{配} = p_{井口} + p_{水柱} - p_{管损} - p_{嘴损} - p_{启动}$$

式中，$Q_{配}$ 为分层控制注水时注入量，m^3/d；K 为地层吸水指数，$m^3/(d \cdot MPa)$；$p_{井口}$ 为井口注水压力，MPa；$p_{水柱}$ 为静水柱压力，MPa；$p_{管损}$ 为注入水在油管中的流动阻力损失，MPa；$p_{嘴损}$ 为配水嘴压力损失，MPa；$p_{启动}$ 为地层开始吸水时所需的井底压力，MPa；$\Delta p_{配}$ 为配水嘴压差，MPa。

由此可知，当 $p_{井口}$、$p_{水柱}$ 和 $p_{启动}$ 不变时，$Q_{配}$ 仅随 $p_{嘴损}$ 变化，而 $p_{嘴损}$ 可选用不同直径的配水嘴产生不同的节流损失来调节。即通过选用不同直径的井下配水嘴来改变井底注水压差，使之达到地层所需的配水量，实现分层配水。

调整选择水嘴的公式为

$$d = bd_{测}\sqrt{\frac{Q_{配}}{Q_{测}}}$$

式中，d 为所求水嘴直径，mm；b 为层性系数，加强层为 1.1，控制层为 0.9；$Q_{配}$ 为配水注水量，m^3/d；$Q_{测}$ 为实测注水量，m^3/d；$d_{测}$ 为测注水量时的水嘴直径，mm。

一般选择水嘴的步骤如下：

(1)根据各配注层段相对吸水剖面百分数和全井指示曲线，做出分层指示曲线图。

(2)在分层指示曲线上查出各层段配注量所需的注水压力。

(3)根据全井配注量和油管长度计算出 $p_{管损}$。

(4)确定配注井口压力。

(5)求出配水嘴压力损失(即嘴损)：$p_{嘴损} = p_{井口} - p_{层段} - p_{管损}$。

(6)根据分层配注量和 $p_{嘴损}$，在水嘴实验曲线($p_{嘴损}$ 与配注量关系曲线)上，查出所需水嘴尺寸。

二、分层注水层段划分和配注原则

分层注水层段的划分和水量配注方案的制订，应根据油层的地质特征和生产动态的实际反映来确定。

(1)中低含水阶段，由于对油层的认识不够，层段的划分可少一些。根据油砂体特征和油层渗透率的高低，大体可分为限制层(大面积分布的高渗透油层)、接替层(中低渗透层条带砂体)和加强层(低渗透薄油层)三种类型。

(2)中、高含水阶段，要把主要的高含水、高产水层与相应注水井对应连通的层位单卡出来，并对其他油层根据不同的含水、压力、产能作相应的细分调整，按油井实际的生产状况进行配水。压力低、产量低、含水也低的层段方向要加强注水。反之，压力高、产量高、含水也高的层段方向要控制注水或停注。总原则是处理好层间和平面的差异。

(3)同一注水层段内要相对平均，尽量避免和减少注水过程中的层间干扰。

(4)在一口注水井中，注水层段不能分得过多，因为层段过多，封隔器级数增加，密封的可能性减少，施工作业起下油管的难度增大，容易造成生产事故，甚至造成注水井的报废。

(5)加强注水层段在通过增注措施以后，仍不能完成配注水量，而其他注水井对应连通的层段吸水能力允许，可以增加水量，保证注够这类油层总的水量。

第二节　注　水　管　柱

注水管柱分为笼统注水管柱和分层配水管柱。

一、笼统注水管柱

乍得油田目前采用笼统注水管柱。笼统注水管柱主要用于不需要分层、不能分层的注水井，是注水管柱中最简单的一种。

1. 结构

笼统注水管柱主要由油管和喇叭口构成，如图 11-2-1 所示。

2. 技术要求

由于后续下五参数(压力、温度、流量、自然伽马、深度)组合测井仪测正对注水层测吸水剖面，乍得油田将喇叭口下在注水层以上 10～15m。

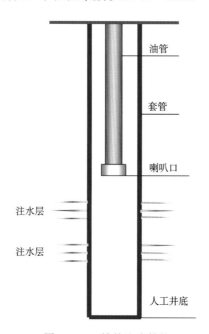

图 11-2-1　笼统注水管柱

二、分层配水管柱

分层注水是在注水井中下入封隔器，将各油层分隔，在井口保持同一压力的情况下，加强对中低渗透层的注入量，而对高渗透层的注入量进行控制，防止注入水单层突进，实现均匀推进，提高油田的采收率。

1. 油套分注注水管柱

乍得油田 Baobab 北部区块两口井均采用油套分注管柱。

1）结构

油套分注注水管柱由油管、水力锚，封隔器和喇叭口组成，如图 11-2-2 所示。

2）缺点

（1）只能分注两层，且井下封隔器失效后地面不易判断是否失效。

（2）如果注入水质易结垢，很可能导致下次起钻卡钻，必须动管柱洗井。

（3）由于套管环空注水是一个动态的注入过程，对套管的损伤大。

（4）下入的 Y221-115 型封隔器钢体内径为 48mm，与 2 7/8″EUE 油管连接存在缩径，不方便五参数组合测井仪入井测吸水剖面。

（5）若管柱不带水力锚，管柱轴向蠕动，会致使封隔器解封。

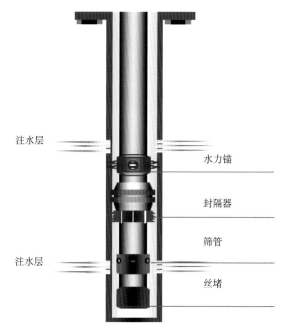

注水层　　　　　水力锚

封隔器

筛管

注水层　　　　　丝堵

图 11-2-2　油套分注注水管

2. 桥式偏心配水管柱

乍得油田 Baobab 北部区块于 2017 年年底将采用桥式偏心配水管柱实施分层注水，目前正在准备分注工艺方案，同时进行封隔器、配水器等工具采购工作。

1）结构

主要由桥式偏心配水器、压缩式封隔器、球座和油管组成，其结构如图 11-2-3 所示。

2）特点

（1）桥式通道设计，测调时不影响其他层段注水。

（2）钢丝投捞或电缆测调。

（3）分注级数无限制。

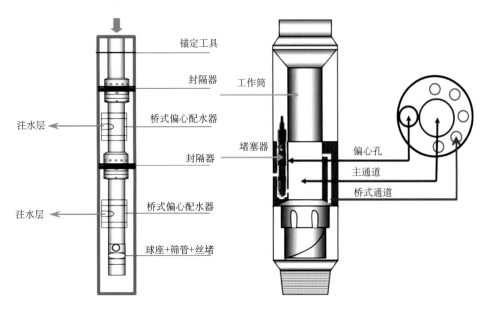

图 11-2-3　桥式偏心配水管

第三节　试注与转注

试注是注水井完成后，在正式投入前注水之前，进行试验性注水，确定地层启动压力和吸水能力，为油田开发方案提供依据。试注主要有三个步骤：排液、洗井、试注。转注是根据开发方案将油井改为注水井。

一、转注前的准备工作

1. 排液

对未投产而急需转注的新井，其排液量最少要排出井筒容积的两倍以上的液体，方可转注。乍得油田注水井均为油井转注水井，在采油过程中已排液，故转注时不用再进行该部分工作。

2. 井身结构符合注水要求

在正常注水情况下，注水井的井筒所承受的压力始终比油井在生产过程中承受的压力大。因此，要保证注水工作的顺利进行，就必须有完好的井身结构，不能将套管漏失、破裂、严重变形、井壁坍塌、管外窜槽等井转注，否则，会给以后进行分层配注造成许多困难。注水井的井口装置比油井井口装置耐压程度要高，在转注的施工过程中，应换上承受高压的井口装置，同时还要符合改注后进行不放喷作业和分层配注后进行反洗井的要求。根据注水井注水压力确定注水井口承压级别。

Baobab 区块注水井预计注水压力见表 11-3-1。注水井口见图 11-3-1。

表 11-3-1　Baobab 油田注水井最大井口注水压力

序号	井号	油藏中深/m	地层破裂压力/MPa	最大井口注水压力/MPa	90%地层破裂压力/MPa	最大井口注水压力/MPa
1	Baobab N1-2	1089.46	17.31	8.18	15.58	5.9
2	Baobab N1-3	1058.81	16.83	7.74	15.14	5.58
3	Baobab N1-9	1262.94	20.07	9.75	18.06	6.95
4	Baobab N1-19	1553.7	24.69	11.3	22.22	8.09
5	Baobab N-13	1569.41	24.94	11.18	22.45	7.88
6	Baobab N-14	1285.31	20.43	8.93	18.38	6.41
7	Baobab NE5	1485.93	24.49	11.88	22.04	8.75
8	Baobab NE8	1543.56	25.44	11.14	22.9	8.25
9	Baobab NE13	1444.25	23.8	9.59	21.42	7.14
10	Baobab NE21	1565.05	25.79	10.52	23.21	7.73
11	Baobab NE22	1681.85	27.72	10.96	24.95	8.15

油田目前的注水井口承压 3000psi，满足注水需求。

图 11-3-1　注水井

3. 注水系统完善

注水管线要提前铺好，保证通畅无阻；计量仪表要安装到位，否则会陷入下入试注管柱后，既不能很快转注，又不能继续生产的被动局面。

二、注水井转注时注意事项

1. 注入水要干净

转注前必须用干净水对水所流经的容器、管线、井筒、井底进行彻底冲洗，水质符合标准后方可转注。

2. 转注要有足够的注水压力

改注时必须有足够的注水压力，尽可能使所有的油层都能注进水；同时，高压注水也可能把钻井、压井和洗井过程中漏入井壁附近地层中的脏物推到远离井壁的地层里去，从而增大渗滤面的吸水能力。

3. 操作要平稳

在洗井、注水的过程中，开关闸门一定要平稳缓慢，洗井时控制进出口排量或提高排量，不能猛关或猛开闸门。洗井合格转注时，要提前做好准备工作，一旦改注后不能随便停注，不准放溢流，防止注入水在地层形成倒流，把井底附近死油、蜡和其他脏物带出来，堵塞渗滤面，这样会严重影响试注效果。

三、转注施工操作规程

转注作业内容主要包括编写作业工程设计和预算、接井、作业准备、作业过程和作业完成后验收等。施工过程的主要包括压井、起原井管柱、通井、刮削、冲砂、连接井下工具、下管柱、替喷、装井口、洗井、试注和交井等。

1. 编写作业工程设计和预算

转注作业前必须编写作业工程设计和预算，并通过公司管理层审批，方可开始进行作业。乍得项目修井作业均为日费模式，井上生产安排以监督根据作业工程设计发出的指令为准，必须严格执行作业工程设计，并确保该井成本控制在预算金额内。

2. 接井

从采油厂接井。

3. 压井

转注井对压井液性能及压井时的操作要求都比较严格，整个施工过程要做到保护油层，尽量减少对油层的伤害和污染。

1)压井液的选择

根据地质设计中油层静压或地层压力系数，确定合理的压井液密度。乍得油田油井转注时地层压力系数一般为 0.6～0.8，压井液采用清水即可，但井场要常备一些氯化钾压井材料。

2）压井方式及操作

目前乍得油田一般采用正压井，因为正压井时压井液是从油管进套管出，油套环空截面积大于油管内的截面积，所以压井液返出时的流动阻力小，这样可以减少压井液漏失对油层的侵害，同时还可避免油管不通憋压时造成对地层的严重污染。

4. 起出原井生产管柱

5. 套管通井、刮削

清除套管壁上的死油和结蜡。

6. 下笼统注水管柱

注水管柱深度应在射孔段顶界以上 10～15m。

7. 替喷

若压井液不是清水，下入注水管柱后，加深油管，用井筒容积 2 倍的清水替出压井液，起出加深油管，油管的完成深度应在射孔井段顶界以上 10～15m。替喷的目的是保证试注时不把脏水注入地层。

8. 交井

替喷合格后，将井交给采油厂。由采油厂组织进行后续试注工作。若注水井因注水难、注不进水需实施增注措施，作业队再进行增注作业。

9. 试注

1）注水操作

（1）注水方式采用油管正注水。

（2）注水操作。把井口流程改为正注水流程，在配水间根据配注量选择大小合适的注水挡板并安装好；在配水间控制上流闸门改正注水，开闸门时操作要平稳、缓慢，逐步提高注入量和注水压力。

2）测吸水剖面

注入量稳定后，即可测吸水剖面。乍得油田目前采用五参数组合测井仪测吸水剖面。五参数组合测井仪包括井温仪、磁定位、自然伽马仪、压力计、涡轮流量计，分别测取注水井段的温度、自然伽马、流量、压力、深度等参数曲线，综合确定各注水段的吸水情况，如图 11-3-2 所示。

图 11-3-2　五参数组合测井仪

3）测指示曲线，求吸水指数

指示曲线是注入量与注入压力之间的关系曲线。测指示曲线时，泵压要稳定，先放大注水，稳定后采用降压法测试，测试点不能少于 4 个。地层吸水能力的大小通常用吸水指数 K 来表示，它是指注入压力每增加 1MPa 时的每天注入量，它反映注水井的吸水能力，吸水系数为

$$K = \frac{Q_2 - Q_1}{p_2 - p_1}$$

式中，K 为吸水指数，$m^3/(d \cdot MPa)$；p_1 为提高压力前的注水压力，MPa；p_2 为提高压力后的注水压力，MPa；Q_1 为在压力 p_1 下的注入量，m^3/h；Q_2 为在压力 p_2 下的注入量，m^3/h；

10. 增注

试注过程中，由于有的注水井具有较高的渗透率，而且试注前的排液、洗井等工作比较彻底，所以，一经试注很快就能达到预计的注入量。但也有不少井，虽然经过了强烈排液和反复洗井，试注仍得不到良好的效果，对于这些井可采取酸洗、酸化等或其他增注措施，以改善和提高低中渗透层、堵塞层的吸水能力。如 Baobab N1-19 井采用笼统注水方式单注下层系，注水层位 PI_4 砂层组；2016 年 6 月 29 日开始注水，7 月 1 日注水压力 13.8MPa 时无法注入，累计注入量 62m³，分析认为近井地带有污染，目前准备采用复合射孔进行解堵。

第十二章

酸化工艺技术

酸化是油(气)井增产、水井增注重要的手段之一。目前乍得项目正在开展砂岩储层酸化作业技术研究工作,利用酸液的化学溶蚀作用及向地层挤酸时的水力作用,解除油层堵塞,扩大和连通油层孔缝,恢复和提高油层近井地带的渗透率,从而增加油井的产量和注水井的注入量。计划 2017 年年底进入现场施工阶段,先期进行 11 口井作业,其中 Baobab 油田有 9 口,Mimosa 油田有 2 口。

第一节 储层伤害原因及酸化机理

一、储层伤害原因

储层伤害的原因有以下几个方面:①固体颗粒对空隙的堵塞;②化学沉淀,盐水或原油中的固体沉淀于地层中,会引起严重的地层伤害;③流体的伤害,由于流体自身的变化而非岩石渗透率的变化也可导致地层的伤害。如油相黏度的变化,这类伤害可认为是暂时的,因为流体是可流动的,而且从理论上讲,都可以从近井地带排除,但有时伤害也难以解除;④机械伤害,近井地带的地层因物理破碎或压实作用而受到伤害;⑤生物伤害,部分井尤其是注水井,细菌本身或与有机物形成的沉淀会堵塞空隙造成伤害。

一般来讲,油水井在钻井和生产期间导致的伤害情况有以下几种。

1. 钻井伤害

钻井时,由于钻井液中的颗粒及滤液侵入地层会引起伤害,钻井液引起的伤害有时比较严重。

2. 完井伤害

完井作业时，对地层的伤害可能是完井液侵入地层、注水泥、射孔或增产措施引起的。完井液的主要目的是维持井筒内的压力高于地层压力，因此把完井液部分挤入地层，如果完井液中含有固体成分或化学上与地层不配伍的物质，则可能会产生类似钻井泥浆引起的伤害。

3. 生产伤害

生产过程中的伤害有胶质、沥青质沉积损害地层。颗粒运移时，伊利石、蒙脱石、绿泥石等黏土水化膨胀及生成铁沉淀等造成储层损害。

4. 注入伤害

由于注入水与地层的不配伍性产生的沉淀，或细菌的生长会导致注入井的地层伤害。酸化时不配伍的酸液易损害地层，如形成 Na_2SiF_6、K_2SiF_6 及 $Fe(OH)_3$ 等。

了解地层伤害的原因后，通过对施工井地质结构、油层内黏土矿物种类、储层矿物成分、胶结物含量、油藏流体特性等进行调查分析，判定施工井存在以上哪一种或几种堵塞及损害因素，然后在制定合理的酸化措施。

二、酸化机理

砂岩地层是由砂粒和粒间胶结物组成的。砂粒的主要成分是石英和长石，胶结物主要由黏土和碳酸盐矿物组成。除石英外，其他矿物的化学分子式都十分复杂。在砂岩中最常见矿物的化学分子式如表 12-1-1 所示。

表 12-1-1　砂岩中常见矿物的化学分子式表

成分	矿物	化学分子式
石英		SiO_2
长石	正长石	Si_3AlO_8K
	钠长石	Si_3AlO_8Na
	斜长石	$Si_{2-3}Al_{1-2}O_8(Na, Ca)$
云母	黑云母	$(AlSi_3O_{10})K(Mg, Fe)_3(OH)_2$
	白云母	$(AlSi_3O_{10})KAl_2(OH)_2$
	绿泥石	$(AlSi_3O_{10})Mg_5(Al, Fe)(OH)_8$
黏土	高岭石	$Al_4(Si_4O_{10})(OH)_8$
	伊利石	$Si_{4-x}Al_xO_{10}(OH)_2K_xAl_2$
	蒙脱石	$(1/2Ca,Na)0.7(AlMg,Fe)_4(Si,Al)_3O_{20}(OH)_4nH_2O$

续表

成分	矿物	化学分子式
碳酸盐	方解石	$CaCO_3$
	白云石	$CaMg(CO_3)_2$
	铁白云石	$Ca(Fe,Mg)(CO_3)_2$
硫酸盐	石膏	$CaSO_4 \cdot 2H_2O$
	硬石膏	$CaSO_4$
其他	盐	$NaCl$
	氧化铁	FeO、Fe_2O_3、Fe_3O_4

1. 酸-矿物反应的化学反应计量式

砂岩油藏的处理一般采用盐酸与氢氟酸的混合酸或其他能够生成氢氟酸的酸液。通常把盐酸与氢氟酸的混合酸称为土酸。土酸中的盐酸首先同碳酸盐矿物和铁质矿物反应，溶解碳酸盐和铁质。

盐酸与碳酸盐矿物反应：

$$CaCO_3 + 2HCl \longrightarrow CaCl_2 + CO_2 \uparrow + H_2O$$

方解石

$$CaMg(CO_3)_2 + 4HCl \longrightarrow CaCl_2 + MgCl_2 + 2CO_2 \uparrow + 2H_2O$$

白云石

盐酸与铁质矿物反应：

$$Fe_2O_3 + 6HCl \longrightarrow 2FeCl_3 + 3H_2O$$

$$FeS + 2HCl \longrightarrow FeCl_2 + H_2S \uparrow$$

如果土酸中盐酸量不够，不能全部溶解地层中的碳酸盐矿物，就会使氢氟酸同碳酸盐矿物反应，生成氟化钙（CaF_2不溶于水），当酸液浓度降低时，易发生沉淀，堵塞孔道。因此对于碳酸盐含量较高的地层，应在土酸酸化前用足量的盐酸进行预处理。

氢氟酸与碳酸盐矿物反应：

$$CaCO_3 + 2HF \longrightarrow CaF_2 \downarrow + CO_2 \uparrow + H_2O$$

方解石

$$CaMg(CO_3)_2 + 4HF \longrightarrow CaF_2 \downarrow + MgF_2 \downarrow + 2CO_2 \uparrow + 2H_2O$$

白云石

只有足够的盐酸同碳酸盐矿物反应后，才能使氢氟酸同石英、黏土矿物反应，提高地层渗透率。

氢氟酸与石英、黏土矿物反应：

$$SiO_2+4HF \longrightarrow SiF_4+2H_2O$$

石英

$$SiF_4+2HF \longrightarrow H_2SiF_6$$

$$Si_3AlO_8Na+22HF \longrightarrow NaF+AlF_3+3H_2SiF_6+8H_2O$$

钠长石

$$Al_4(Si_4O_{10})(OH)_8+36HF \longrightarrow 4H_2SiF_6+4AlF_3+18H_2O$$

高岭石

钠长石、高岭石与氢氟酸反应生成的氟硅酸溶于水，可随残酸排出地面。

2. 酸化反应产物的沉淀

酸化尤其是砂岩酸化过程中，最主要的问题是酸岩反应的沉淀将产生污染，在有氢氟酸的砂岩酸化过程中，地层中不可避免会有一些沉淀。然而，影响井产量的伤害主要依赖于沉淀的数量和位置，这些因素可以通过合理的酸化设计得到控制。

砂岩酸化中最普遍的沉淀是氟化钙(CaF_2)、硅胶[$Si(OH)_4$]、氢氧化铁[$Fe(OH)_3$]和酸渣。氟化钙是氢氟酸与方解石反应的产物，氟化钙高度不溶于水，因此一旦碳酸盐与氢氟酸反应就会产生 CaF_2 沉淀，在盐酸、氢氟酸系统考虑采用足够的盐酸前置液可以阻止 CaF_2 沉淀。

在砂岩酸化中硅胶的沉淀不可避免，沉淀过程不是瞬时形成的，实际上是一个相当慢的产生过程，沉淀速度随温度的增加而增加。为了使硅胶形成的污染最小化，以相对高的排量注入是较为有利的。因此潜在的沉淀区域将迅速堆至井筒深处。除此之外，在施工完成之后残酸应立即返排，因为短期的关井将引起大量的硅胶沉淀产生在井筒周围。

当铁离子存在时，如果 pH>2，它们将以 $Fe(OH)_3$ 的形式从残酸溶液中沉淀出来。铁离子的出现是由于氧化环境下酸对含铁矿物的溶解而产生的，或者是酸溶液腐蚀油管而产生的。如果在残酸中出现大量的铁离子，应加入螯合剂阻止 $Fe(OH)_3$ 的产生。

在某些油藏中，原油与酸接触将产生酸渣，原油与酸的简单的混合实验表明，当原油与酸接触时有形成酸渣的趋势。当酸渣成为需要解决的问题时，采用芳香族溶剂或表面活性剂用于防止沥青质沉淀。

3. 砂岩储层的酸化增产作用

主要表现以下两个方面。

(1)酸液挤入孔隙或天然裂缝，与储层发生反应，溶蚀孔壁或裂缝壁面，增大孔径或扩大裂缝，提高地层的渗流能力。

(2)溶蚀孔道或天然裂缝中的堵塞物质，破坏泥浆、水泥及岩石碎屑等堵塞物的结构，使之与残酸液一起排出地层，起到疏通流动通道的作用，解除堵塞的影响，恢复地层原有的渗流能力。

为了进一步说明砂岩酸化的增产原理，首先分析井底附近的流动特点。

地层流体从地层径向流入井内时，越靠近井底，流通面积越小，流速越高，流体所受渗流阻力越大，从而克服渗流阻力所消耗的压力越大，压力损耗在井底附近呈漏斗状。

在油井生产中，80%～90%的压力损耗在井筒周围10m的范围内，而气井要损耗90%的压力。井筒附近受伤害和污染时，地层渗透率下降，油气井产量下降，水井注不进水。

总之，地层存在严重污染时，基质酸化一般可获得较好的增产效果。

第二节　酸液及添加剂

酸化所用的酸液是由主酸液和适当的添加剂组成。酸化时必须针对施工井层的具体情况选择适当主酸液和添加剂，选用时应符合以下四个要求。

(1)能与油气层岩石反应并生成易溶的产物。

(2)加入化学添加剂后，配制成的酸液的化学和物理性质能够满足施工要求。

(3)同地层矿物、流体配伍。

(4)施工安全、方便。

一、酸液配方

砂岩酸化中土酸是最经济、最常用的酸液配方，具有溶蚀力强、应用范围广等特点；碳酸盐矿物酸化中盐酸是首选的酸液配方。但它们都存在反应速度快、作用距离短等缺点。除土酸、盐酸外，还有其他酸液配方体系。

1. 氟硼酸

由硼酸(H_3BO_3)、氟化铵(NH_4F)及盐酸配制而成。酸化过程中，与地层矿物反应。对于敏感矿物微粒还有较好的抗失稳特性，应用于砂岩油层，适用温度小于70℃。

2. 连续土酸

交替注入盐酸和氟化铵而生成氢氟酸，氢氟酸生成后立即进行酸岩反应，使氢氟酸的总浓度始终均匀控制在较低水平，延长了反应时间和穿透距离，应用于砂岩油层。

3. 醇土酸

由土酸和异丙醇组成。醇可降低酸岩反应速度，延长作用距离，同时还可以降低酸液表面张力，有利于反应残液返排，主要应用于低渗透砂岩干气层。

4. 缓速酸

在土酸中加入氯化铝，从而降低酸岩反应速度。但存在着氟化铝、氟铝酸盐等伤害性产物过早沉淀的危险，应用于砂岩油层。

5. 有机土酸

有机土酸就是以部分弱有机酸(如甲酸)，代替土酸中的部分盐酸与氢氟酸，延缓酸岩反应速度，对管线有一定保护作用，适用于高温井，成本较高。

6. 自生土酸

将有机脂水解为相应的羧酸，与氟化铵生成氢氟酸。因总酸度不如土酸强，而且氢氟酸逐渐生成，可有效延迟酸岩反应速度，保护注入管线，但存在着易形成氟铝酸盐类沉淀，有机脂水解平衡直接受温度控制而不完全等缺点。

7. 硝酸

粉末硝酸与其他添加剂有机结合产生协同效应，使工作液具有强酸性和强氧化性，与地层反应生成可溶性硝酸盐，可有效解除因钻井液、机械杂质、黏土伤害以及有机质污染等造成的油层堵塞，不产生二次沉淀。与地层反应生成的热可以降低稠油和沥青质的黏度，使该酸液不但可以解除无机堵塞，同时也可以解除有机质堵塞，恢复油层的渗透性。

8. 浓缩酸

浓缩酸是以磷酸为主的酸液配方，磷酸为中强酸，在水中进行三次电离，反应过程中逐步释放氢离子，达到缓速和深部酸化的目的，主要应用在碳酸岩酸化施工。加入氢氟酸可用于砂岩油藏。

9. 自转向酸

自转向酸是近几年发展起来的新型酸液配方，在酸岩反应的过程中具有稠化和自动转向的功能。

随着酸液与油层的反应，酸液的浓度降低，其黏度会显著增大，当 pH 达到 2.0～4.0 时，酸液黏度急剧增加并形成高黏凝胶分布在酸蚀的孔、缝、洞表面，从而产生有效的分流导向和降低酸液滤失的作用，提高酸液的穿透深度和处理范围，提高酸化或酸压改造的效果。

10. 其他配方体系

在土酸、盐酸或其他酸化体系中加入胶束剂、乳化剂、稠化剂、起泡剂和气体等添加剂，就形成胶束酸、乳化酸、稠化酸、泡沫酸酸液体系，这些酸都具有延长酸岩反应时间，增加溶蚀作用距离等特点。稠化酸多用于酸压，胶束酸多用于油井酸化，泡沫酸多用于气井酸化。同时以上配方还可同其他工艺相配合，形成更具溶蚀能力的酸化工艺技术，如热气酸酸化、水力脉冲酸化等。

二、主要酸液添加剂

酸液作为一种通过井筒注入地层并能改善储层渗透能力的工作液体，必须根据储层条件和工艺要求加入各种添加剂，才能使其性能得到完善和提高，以保证措施的效果。常用的有缓蚀剂、铁离子稳定剂、洗油剂、暂堵剂、表面活性剂等。

1. 缓蚀剂

缓蚀剂是酸液中最重要的添加剂。无论哪一种酸液体系中的酸对钢材都具有很强的腐蚀作用。为保证施工安全，保护油(气)、水井的井口装置、井下管柱及套管，酸液对钢材的腐蚀速度必须控制在允许的安全标准内，同时使酸液中的含铁量保持在最低限度，降低对地层污染。因此，必须在酸液中加入缓蚀剂。缓蚀剂有以下两种类型。

1)吸附膜型缓蚀剂

吸附膜型缓蚀剂含有氮、氧或硫元素，这些元素最外层均有未成键的电子对，它们可进入金属结构的空轨道形成配位体，从而在金属表面产生缓蚀剂分子的吸附层，控制金属的腐蚀。主要有烷基胺、六亚甲基四胺、烷基三甲基氯化铵、戊二醛等。

2)"中间相"型缓蚀剂

"中间相"缓蚀剂是通过"中间相"的形成起缓蚀作用。主要有辛炔醇、甲基丁炔醇、甲基戊炔醇、苄基丁炔醇等。

实际使用的缓蚀剂多是以上两种类型缓蚀剂的多种物质复配的产品。

2. 铁离子稳定剂

钢铁腐蚀产物如氧化铁、硫化亚铁和含铁矿物(菱铁矿、赤铁矿)都可在酸中溶解，在残酸中产生 Fe^{2+} 和 Fe^{3+}。

残酸的 pH 一般为4～6，而 Fe^{3+} 在此时易重新生成沉淀(或称二次沉淀)，堵塞地层。因此，残酸中只有 Fe^{3+} 存在稳定问题，为使 Fe^{3+} 稳定在残酸中，可用铁离子稳定剂。铁离子稳定剂分以下两类。

1)络合剂和螯合剂

这类铁离子稳定剂可与 Fe^{3+} 络合或螯合，使之在残酸中不发生水解。主要有乙酸、草酸、乳酸、柠檬酸、次氮基三乙酸、二乙烯三胺五乙酸、乙二胺四乙酸二钠盐等。

2)还原剂

可将 Fe^{3+} 还原成 Fe^{2+}，在残酸的 pH 下可达到稳定铁离子的目的。常用的还原剂有甲醛、硫脲、联氨、异抗坏血酸等。

3. 黏土稳定剂

在酸化过程中，为了防止黏土矿物发生膨胀、运移而堵塞油层，影响酸化效果，在酸液中添加黏土稳定剂。黏土稳定剂可固定黏土颗粒。使用的黏土稳定剂分有机、无机两大类。无机类有 KCl、NH_4Cl 等，有机类为阳离子聚合物等。

4. 洗油剂

为了清除地层中胶质和沥青质的伤害，在酸液中添加洗油剂。洗油剂主要以低碳烃类为主。

5. 暂堵剂

应用于暂堵酸化中，对高渗透层的炮眼及近井地带进行封堵，而后在地层环境中溶解，随返排残酸排出。暂堵剂可分为水溶性和油溶性、固体和液体。

6. 表面活性剂

表面活性剂有很多种类，在酸液中的作用也多种多样，有些降低酸液界面张力，有些防止酸液乳化，有利于酸液返排的表面活性剂等。

除以上这些常规添加剂以外，还有一些特殊添加剂，如胶束剂、稠化剂、发泡剂等，按相应比例加入酸液中，可形成胶束酸、稠化酸、泡沫酸等。

三、酸液选择方法

酸化主要是消除近井地带的污染，所选择的酸液要求在有效消除储层原伤害的同时，不会对储层造成二次伤害。

1. 伤害类型

储层的伤害主要包括固相颗粒和滤液浸入、黏土膨胀和微粒运移、地层结垢（$CaCO_3$、$CaSO_4$、$BaSO_4$ 等）、有机沉积物、乳化堵塞、润湿性改变、细菌、水锁等，对于不同伤害类型的储层，要选择相应的酸液体系。

2. 储层矿物成分及物性

酸液优选时必须综合考虑储层的矿物成分、矿物的敏感性、盐酸的溶解性、黏土含量、储层内流体特性和储层的渗透率等因素。

3. 常用酸液特点

常用酸液的主要特点及其适用条件如表 12-2-1 所示。

表 12-2-1 常用酸液主要特点及适用条件

酸液	优点	缺点	适用条件
盐酸	溶蚀能力强，价格低，货源广	反应速度快，腐蚀严重	广泛用于碳酸盐岩地层，以及碳酸盐含量高于 20%的砂岩地层酸化
甲酸、乙酸	反应速度慢，腐蚀性小	溶蚀能力弱，成本高	碳酸盐岩高温深井酸化

酸液	优点	缺点	适用条件
土酸	溶蚀能力强	反应速度快，腐蚀严重，残酸易产生污染	砂岩地层常规酸化
氟硼酸	反应速度慢，处理半径大，有效期长	水解反应速度受温度影响较大	低渗透砂岩地层深部处理
地下生成酸	腐蚀性小，反应速度慢，处理范围大	地下生成的酸量有限，成本高	高温地层酸化
泡沫酸	缓速效果好，滤失小，对地层污染小	成本高	低压、低渗、水敏性强的碳酸盐岩油气层酸化
稠化酸	缓速效果好，滤失量小	残酸不易返排	碳酸盐岩地层酸化
胶凝酸	缓速效果好，滤失量小	热稳定性差，处理后未破胶的凝胶对地层伤害大	碳酸盐岩地层酸化
乳化酸	缓速效果好，腐蚀小	摩阻大，排量有限	碳酸盐岩地层酸化
多组分酸	酸穿透距离长	成本高	

4. 酸液用量

每米油层的酸液用量如表 12-2-2 所示。

表 12-2-2　每米油层酸液用量　（单位：m³）

半径/m	岩石孔隙度							
	10%	15%	20%	22%	24%	26%	28%	30%
0.25	0.02	0.029	0.039	0.043	0.047	0.051	0.055	0.059
0.5	0.079	0.118	0.157	0.173	0.188	0.204	0.220	0.236
0.75	0.177	0.265	0.353	0.389	0.424	0.459	0.495	0.530
1.0	0.314	0.471	0.628	0.691	0.754	0.817	0.880	0.942
1.5	0.707	1.060	1.414	1.555	1.696	1.838	1.980	2.121
2.0	1.257	1.885	2.513	2.765	3.016	3.267	3.519	3.770
2.5	1.963	2.945	3.927	4.320	4.712	5.105	5.498	5.891
3.0	2.827	4.241	5.655	6.220	6.786	7.351	7.917	8.482
3.5	3.848	5.773	7.697	8.467	9.236	10.00	10.78	11.55
4.0	5.027	7.540	10.53	11.06	12.06	13.07	14.07	15.08
5.0	7.854	11.78	15.71	17.28	18.85	20.42	21.99	23.56
6.0	11.31	16.97	22.62	24.88	27.14	29.41	31.67	33.93
7.0	15.39	23.09	30.79	33.87	36.95	40.02	43.10	46.18
8.0	20.11	30.16	40.21	44.23	48.25	52.28	56.30	60.32
9.0	25.45	38.17	50.89	55.98	61.07	66.16	71.25	76.34
10.0	31.42	47.12	62.83	69.12	75.40	81.68	87.97	94.25

5. 酸化用酸指南

砂岩酸化一般由前置酸、主体酸和后冲洗液三部分组成，每一部分酸都有其特殊作用。

1）前置酸

前置酸一般采用 5%～15% 的盐酸，主要作用是溶解地层岩石中的钙质胶结物，防止钙质胶结物与主体酸中的氢氟酸反应生成氟化钙沉淀；其次是将近井地带的地层水推向地层深处，避免地层水中的钾、钠、钙离子与氢氟酸接触形成不溶性氟硅酸盐沉淀；同时可以溶解盐垢等堵塞物，并降低地层温度。前置酸选择标准如表 12-2-3 所示。

表 12-2-3　前置酸选择标准

矿物		渗透率		
微粒	黏土	$>100\times10^{-3}\mu m^2$	$20\times10^{-3}\sim100\times10^{-3}\mu m^2$	$<20\times10^{-3}\mu m^2$
$<10\%$	$<10\%$	15%盐酸	10%盐酸	7.5%盐酸
$>10\%$	$>10\%$	10%盐酸	7.5%盐酸	5%盐酸
$>10\%$	$<10\%$	10%盐酸	7.5%盐酸	5%盐酸
$<10\%$	$>10\%$	10%盐酸	7.5%盐酸	5%盐酸

注：选择标准适用于所有温度；对 4%～6% 菱铁矿/绿泥石，用小于 $20\times10^{-3}\mu m^2$ 的标准和用 5% 的乙酸；对大于 6% 菱铁矿/绿泥石，用 10% 的乙酸作前置酸；对小于 2% 沸石，用 5%～10% 的乙酸作前置酸；对大于 2% 沸石，不用盐酸作前置酸，用 10% 的乙酸作前置酸和后冲洗液。

2）主体酸

主体酸的主要作用是清除地层伤害，并部分溶解储层矿物，降低表皮系数和提高近井地带的渗透率。对于易出砂地层，使用低酸量、低浓度酸，对含有大量绿泥石的储层采用有机酸。主体酸选择标准详见表 12-2-4。

表 12-2-4　主体酸选择标准

矿物		渗透率		
微粒	黏土	$>100\times10^{-3}\mu m^2$	$20\times10^{-3}\sim100\times10^{-3}\mu m^2$	$<20\times10^{-3}\mu m^2$
$<10\%$	$<10\%$	12%盐酸，3%氢氟酸	8%盐酸，2%氢氟酸	6%盐酸，1.5%氢氟酸
$>10\%$	$>10\%$	13.5%盐酸，1.5%氢氟酸	9%盐酸，1%氢氟酸	4.5%盐酸，0.5%氢氟酸
$>10\%$	$<10\%$	12%盐酸，2%氢氟酸	9%盐酸，1.5%氢氟酸	6%盐酸，1%氢氟酸
$<10\%$	$>10\%$	12%盐酸，2%氢氟酸	9%盐酸，1.5%氢氟酸	6%盐酸，1%氢氟酸

注：选择标准适用于所有温度；对 6%～8% 菱铁矿/绿泥石，土酸加 5% 的乙酸作主体酸；对大于 8% 菱铁矿/绿泥石，用含 10% 乙酸的有机土酸；对 2%～5% 沸石，用含 10% 乙酸的土酸作主体酸；对小于 5% 沸石，用乙酸作前置酸和后冲洗液，用 10% 的乙酸作前置酸和后冲洗液，并用 10% 的柠檬酸/氢氟酸作主体酸。

3）后冲洗液

后冲洗液的主要作用是保持近井地带的低 pH，避免酸岩反应产物的沉淀。典型后冲洗液有：①3%～8%氯化铵盐水；②弱酸（3%～10%盐酸）；③柴油（仅对油井使用，仅在弱酸后使用）；④氮气（仅对气井使用，仅在弱酸后使用）。

第三节　酸 化 工 艺

酸液和添加剂确定后，还必须根据具体的措施井条件，选择合适的酸化工艺与之相配套。酸化工艺按注入方式分常规酸化和酸压，按酸化对象分笼统酸化和分层酸化。

一、常规酸化

常规酸化就是通常所说的普通酸化，也叫基质酸化。它是通过泵注把酸液挤入地层，并通过近井地带孔隙、裂缝向地层深部渗透，同井下污染物、地层岩石发生反应，扩大孔隙、裂缝的过流半径，提高近井地带的渗透率。常规酸化一般用酸量较少，作用半径小于 3m，动用设备少，是目前油气田生产中最常用的酸化技术。

二、酸压

酸化压裂简称酸压，是碳酸盐岩油藏一种有效的油层改造措施，酸压通常是以足够大的压力，将地层压开或打开已有的天然裂缝，将酸液挤入地层，由于地层非均质性及裂缝壁面的不平整性，当酸液沿裂缝流动时，对裂缝壁面形成不均匀的溶蚀，产生许多酸蚀沟槽，当裂缝闭合后，这些酸蚀沟槽保留下来，成为油气水过流通道。酸压不使用支撑剂。

三、笼统酸化

笼统酸化就是指全井进行酸化的工艺方法。这种工艺方法主要应用于全井射开层位较少，射开厚度较小，层间渗透率差别不大的油（气）、水井。能够使酸液进入射开各层中，与其充分反应，提高全井的近井地带或层内渗透率。

四、分层酸化

分层酸化是通过井下工具或采用暂堵工艺，迫使酸液进入目的层的工艺方法。这种方法可以使酸化施工更具有针对性，保证被污染层或低渗透层得到有效处理。

五、动管柱酸化

动管柱酸化是采取作业的方法，起出原井管柱，下入酸化管柱，进行酸化的工艺方法。可根据需要，选择笼统酸化管柱及分层酸化管柱。分层酸化管柱多用于吸液能力相差悬殊的多油层油气藏。采用封隔器等井下工具，使酸液注入低渗透和伤害严重的地层。同时可采用投球或上提管柱等措施实现一趟管柱分别酸化处理多个油层。

六、不动管柱酸化

不动管柱酸化是指利用原井管柱进行酸化作业，具有施工简单、周期短、成本低等优点。自喷油(气)井、笼统注水井可采用从油管直接正挤酸液、注入地层的方法进行施工。分层注水管柱，采用投捞水嘴的方法，酸化层位捞出堵塞器，不酸化的层位投入死嘴子，而后从油管挤入酸液，注入目的层，可实现分层酸化的目的；或者利用封隔器的洗井通道，采用套管环空注入酸液的方法，达到施工的要求。油气井中如装有提液设备，可采用套管环空注酸液的方法，实现不动管柱酸化。

七、配套工艺

在酸化施工中还有一些工艺技术与酸化工艺相配套，保证酸化施工达到预期的效果。

1. 暂堵工艺

暂堵工艺应用于笼统酸化和分层酸化中的厚层及卡不开的地层。在酸化施工的一定时机，向井内投入暂堵剂，暂时封堵高渗透层的炮眼或近井地带，迫使酸液改向，进入低渗透层，达到提高酸化处理厚度或酸化低渗透层的目的。暂堵剂是在油层条件下可溶的化学物质，也可是炮眼球。排残液时可将暂堵剂不溶部分和炮眼球带出或落入井底。在施工过程中，必须保持施工连续，防止中途停泵造成暂堵剂或炮眼球脱落，保证暂堵工艺的实现。

2. 残酸返排工艺

残酸返排工艺是酸化施工的重要组成部分。残酸的及时返排可携带出近井地带在酸岩反应中形成的沉淀、运移和脱落的颗粒及其他反应生成物，尽可能降低对地层的伤害。通常酸化施工后，井口放喷，利用地层能量进行残酸返排。但对于能量不足的油层或有特殊技术要求的井，则必须采用强制返排措施。较常用的强制返排技术有气举强排酸技术、注液氮助排技术等。

3. 不排液酸化工艺

近年来新发展的酸化配套工艺，是在采用油井不动管柱酸化工艺的基础上，在顶替液中加入残酸处理剂，待酸岩反应结束后，直接起抽进行生产的施工工艺。这种工艺的实施可大大地缩短施工周期，降低施工成本，杜绝残酸的外排，从而起到保护环境的作用。

八、酸化设计

完善的酸化施工设计应包括以下内容。

(1)油气水井的基本数据包括酸化井的基本数据、酸化层位数据和生产数据。

(2)施工的目的及依据：说明酸化施工的层位及采取的工艺方法。

(3)施工参数计算及方案优化结果：优化设计计算的过程和结果包括污染指数、酸化半径、施工压力和预测效果等。

(4)工作液配方及主要性能：给出酸液中的主要成分和用量，对地层岩心的溶蚀能力和对井下套管和工具的腐蚀情况等。

(5)施工步骤注意事项：说明施工的工序及技术关键，保证施工的有序进行。

(6)施工准备和分工：说明施工各方对本次施工应承担的义务和责任。

(7)安全注意事项：施工中对井控、安全、环保等方面的要求和做法。

(8)设备、材料及施工费用预算：施工中所需设备、材料清单和费用预算表。

(9)附图：包括井下管柱图、设备摆放流程图等。

第四节　酸　化　施　工

酸化施工是一项工序繁多的系统工程，当施工设计确定之后，应严格按照设计要求组织施工，确保酸化施工的效果。

一、施工准备

施工准备包括井场、井口装置、施工装备、井下管柱及工具、试压、工作液及地面流程管线的准备过程。

1. 井场

(1)井场必须平整、坚实，能容纳并承受所有设备(包括车装设备和罐类设备)的摆放和正常工作。

(2)入口必须宽敞，能保证施工装备自由出入。

(3)车载设备摆放位置至少应离井口 15m 以上。

(4)有容积足够的废液池。废液池应能容纳所有排出井口的洗井液和地层返排的工作液废液。若没有废液池，应准备罐车等设备把洗井液和废液运到指定位置排放、处理。

(5)进入井场的公路应平整坚固，满足施工作业车辆通行。

2. 井口装置

(1)主要包括采油(气)井口的套管四通、油管挂和总闸门等，必须与设计的施工压力

(或平衡压力)相适应,试泵检查,不允许超压作业。

(2)应进行仔细检查,如发现套管四通偏磨,应测量剩余厚度并按最薄部位进行强度校核。必要时应进行超生测厚或 X 射线探伤。

3. 洗井、压井、起下管柱

(1)高压井动井口前必须先压井。压井液必须经室内实验证实不对油气层产生伤害。

(2)压井作业前应完成必要的测试工作,如压力测试,液面、砂面测试和井下取样等。

(3)起出原井管柱。

(4)施工前必须探人工井底,并按设计要求冲砂、填砂或打塞。

(5)通井,为了避免套管变形或破裂造成井下工具阻卡、刮坏封隔器胶筒等事故发生,必须用通井规通井。

(6)酸化前必须彻底洗井,洗井至返出水质合格。

(7)施工管柱入井前必须进行地面丈量并记录。

(8)施工用油管入井前必须通过试压检查,压力至少为施工承受工作压差的 1.1～1.2 倍。30min 无压降为合格。油管接箍螺纹应用生胶带缠绕,保证高压下不刺不漏。下井工具必须经检测合格,方可入井。

(9)下入井工具管柱的操作要求:① "慢",管柱入井速度小,应控制在 5m/min 以内;② "稳",平稳下入,不准猛提猛放;③ "不转",下入和上螺纹过程均不得转动已入井的油管柱;④ "净",油管内无落物,油管外无脏物。

(10)封隔器坐放位置要求:胶皮筒高于射孔孔眼顶界 15～20m;胶皮筒、卡瓦和水力锚爪应避开套管接箍和上次施工时的坐放位置。

4. 试压

施工管柱下入完毕,安装井口装置。连接泵车、罐车管线,安装连接好后,还应进行试压检验。试压的要求如下:①高压管线,设计工作压力的 1～1.2 倍;②平衡管线,平衡压力的 1.2～1.5 倍;③低压管线,压力为 0.4～0.5MPa;④所有管线不刺不漏为合格。

5. 配液、配酸

一般要到准备工作基本就绪,施工条件已具备之时,才正式进行配液、配酸工作,以便尽可能地缩短酸液配成后在储罐中的存放时间。

(1)配液和配酸的用水必须清洁且满足设计要求(特别是对低渗透储层的供水质量更应严格控制),机械杂质含量低于 0.1%,取样化验证明水矿化度和 pH 均能符合要求。

(2)配酸、储酸容器必须耐酸腐蚀,配酸、储酸前必须清洗干净。

(3)按设计逐项检查所有化学药品。要求品种全,数量足,质量符合要求,包装无破损。

(4)按设计要求计算各种药品的加入量,配酸应严格按照设计要求的方法和程序逐罐配制各种酸液。每配制完一罐液体，都应分别从罐的上部、中部、底部取样，并检查质量指标。对酸液，必须测定酸液浓度和密度指标。如果某种工作液分几罐配制，还应分别从每罐中取一定数量的液体组成混合样，并现场测定混合样的质量指标。

(5)填写现场配液质量报告单。报告单上应填写每种液体配成数量和实测质量指标，经施工方技术人员和甲方代表签字认可后，方可入井。

二、施工过程

在正式施工前，应对照设计逐一检查各项准备工作是否落实，必须待全部准备工作就绪后，方可开始正式施工。施工一般分以下几步。

1. 替酸

用酸液或前置液(设计的前冲洗液)充满井筒油管和封隔器以下套管环空的替置过程俗称为替酸。在此过程中，井内油管中原充满的液体(一般为清水)应通过油套环形空间排出地面。因此，在整个低压替酸过程中封隔器不能启动。如施工使用的封隔器为水力扩张或水力压缩式时，应严格控制替液排量，以井口泵压表不起压为准。

2. 坐封封隔器

替酸完成后，应及时使封隔器正常工作，密封油套环形空间。否则，油管内的酸液会因密度差产生的压差而流入环形空间，并腐蚀套管，或进入其他不酸化层位，影响酸化效果。

3. 挤酸

当判明井下封隔器已工作正常后，就应将泵注排量快速安全地提高到设计水平。并调节好同时泵入的添加剂的加入速度，使之达到设计要求。施工中应注意以下两个问题：

(1)注入排量，注入排量一定要尽可能控制在设计规定的范围内，并保持稳定。

(2)液体的交替，当一次施工须注入几种工作液(前置液、酸液和后冲洗液等)或几罐工作液时，在连续注入的前提下，切换注入液体应注意控制好两点：一是不可使两种液体混合太多，而使液体切换失去意义；二是避免供液不足引起的排量下降，甚至出现"走空泵"现象。

4. 顶替

注完酸液后，应当严格按设计要求注入顶替液。一般酸化施工的顶替液量都会超过井筒体积(某些解堵、清垢型酸化例外，具体的顶替液量由于地层和工艺方法的不同，在设计时经计算和经验确定)，其目的是将井内所有的酸性液体都顶入地层直至反应完毕。

在进行上述步骤时，如设计中有混氮、投球、加暂堵剂等工序时，应按设计要求顺序进行。

5. 关井反应

关井反应是保证施工效果的重要步骤。关井反应是为保证酸液同地层堵塞物和地层矿物进行充分反应，最大限度发挥酸液的活性。关井反应时间依据酸液的不同和地层温度确定。

6. 酸液返排

(1) 关井反应后应尽快换装成排液井口或直接接通排液管线。关井反应完毕后，应立刻进行酸液返排。只要施工设计无特殊要求、地层不出砂、不存在坍塌等危险，开井速度可适当加快，以利用快速放喷形成的抽汲效应把尽可能多的残酸排出地层。

(2) 做好排液计量和残液分析工作，保证残酸能够及时、彻底排出地层。

(3) 特别注意酸液返排位置和液量。如井场没有排酸条件，可用罐车把残酸拉走，处理后排放到指定位置，以保护周围的环境不受污染。

(4) 如地层压力不足，也可采取洗井排酸方法，利用洗井液带出残酸。

(5) 设计中如要求进行气举排酸，气举进出口管线必须用油管连接，不得使用软管线连接，出口不得接弯头。出口应有一定的空地或连接一个缓冲器，保证返排液不污染其他地方。

(6) 可采用抽汲方法进行排液。

三、资料录取

齐全准确地录取酸化施工全过程的资料是施工质量的检验指标之一。酸化施工应录取的资料包括下列内容。

1. 配液资料

配液资料包括所配成的各种工作液总量、使用的各种化学添加剂的数量、配成液体的质量检验报告单及现场取样的测试数据等资料。

2. 入井管柱资料

入井管柱资料包括油管尺寸、钢级、下入数量及单根记录，入井的工具型号、尺寸，封隔器胶皮筒位置及油管鞋的位置等。

3. 施工泵注资料

施工泵注资料包括施工压力曲线、瞬时停泵压力、泵注完毕后的压力降落曲线和各种工作液的注入量等。

4. 关井反应资料

关井反应资料包括施工关井时间、关井反应时间和关井反应井口压力变化等。

5. 排液资料

排液资料包括开井时间、定时测得的排出液量及相对应点的残酸浓度、黏度、表面张力、含盐量和 pH 等。

第五节　酸化施工井的效果分析

酸化施工井效果分析可分施工前、施工时和施工后三个阶段。每一阶段的分析对施工的成功和增产和增注措施的经济效果都是非常重要的。

一、施工前

增产、增注作业前可进行系统试井测量油藏压力、渗透率和表皮系数。表皮系数为正值表示井筒有污染，改善时表皮系数为负值，当井未污染时表皮系数等于零。目前，常通过井史资料及油水井生产情况、连通状况，依靠选井选层原则，确定污染类型，采取相应解堵措施。

二、施工时

最近几年，已开发了确定处理过程中表皮系数变化的技术。目前常利用施工曲线检查施工是否达到工艺要求。

解堵现象在施工曲线上反应的特点是：施工初始，在一定排量下，挤酸压力会上升到一定值，然后压力突降，呈解堵反应。这种曲线表明酸化起到了沟通裂缝的作用，酸化效果一般比较理想，详见图 12-5-1。如果施工初始到结束，在一定排量下，挤酸压力一直上升，一般施工效果不明显，详见图 12-5-2。

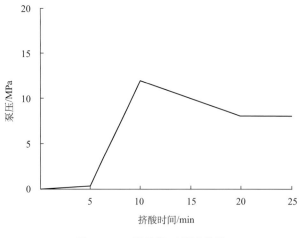

图 12-5-1　酸化施工解堵曲线

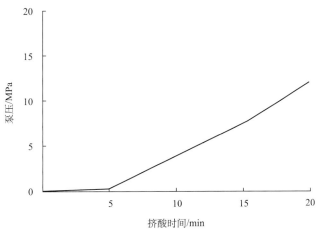

图 12-5-2 酸化解堵不明显曲线

三、施工后

酸化后，井投入生产就须作详细记录，若油井产量较高，水井增注，则初步表明酸化成功。同时应对油井返排液进行取样分析，在最后的分析中，若增产带来的收入减去增产费用之后可接受，则认为施工是成功的。

(1)观察酸化关井反应期间压力的变化情况，分析酸化效果。酸化关井反应期间，井口压力一般逐渐下降，当井口压力下降较快，直到和地层压力平衡后回升，说明解堵效果明显。如果井口压力开始下降很慢，甚至上升(由于盐酸与地层反应的二氧化碳气体聚集井口)，一般表明酸化效果不好，详见图 12-5-3。

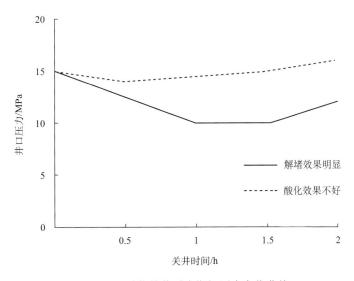

图 12-5-3 酸化关井反应期间压力变化曲线

(2)分析酸化前后压力恢复曲线,评估酸化效果。将酸化前后实测压力恢复曲线叠和起来加以对比,对比的方法是看关井初期压力的恢复情况,如果酸化后关井初期阶段压力上升的速度(单位时间压力恢复数值)比酸化前上升快,说明酸化后地层渗透性变好,出现这种情况,说明酸化效果比较好,详见图 12-5-4。

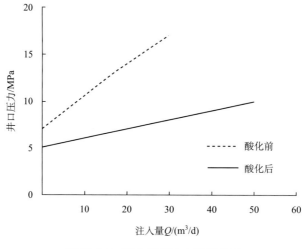

图 12-5-4 酸化前后注水指示曲线

(3)通过分层测试资料判断酸化效果,通过酸化前后分层测试结果对比,判断酸化效果好坏。

(4)酸化前后油水井增产、增注量,对比酸化效果。通过油水井酸化前后井口增产、增注量,对比酸化施工效果。水井通过酸化前后分层测试结果确定酸化后吸水层变化情况,进而确定酸化施工效果。

第十三章

封堵作业

乍得油田封堵作业包括挤水泥封堵无效层、套管内水泥塞或桥塞封层上返试油、裸眼内水泥塞或裸眼桥塞封层上返试油。

第一节　水泥承留器挤水泥封堵工艺

一、水泥承留器结构

为保证挤水泥一次成功和降低挤水泥作业插旗干及灌香肠的作业风险，乍得油田引进水泥承留器，在 5 1/2″和 7″套管内使用。该工具主要用于对油、气、水层进行临时、永久性封堵。水泥承留器结构如图 13-1-1 所示。

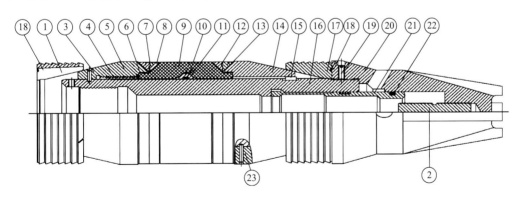

图 13-1-1　水泥承留器结构图

1.上端卡瓦；2.释放栓；3.销钉；4.锁环；5.上锥体；6.挡环；7.外背圈；8.内背圈；9.橡胶套；10.承留器；11.O 形密封圈；12.内背圈；13.外背圈；14.下锥体；15.键；16.中心管；17.下端卡瓦；18.O 形密封圈；19.内六角紧定螺钉；20.套阀；21.密封阀体；22.O 形密封圈；23.销钉

二、水泥承留器机械坐封工具

机械坐封工具用于水泥承留器的下入和坐封及挤水泥作业，在该工具没有脱开水泥承留器前，可以通过上提管柱来关闭阀体，下坐打开阀体。下放时阀体始终处于打开状态，保证油管内充满液体，便于工具的下放，水泥承留器座封后试压时，可关闭阀体，从而一趟管柱完成坐封、试压和挤水泥作业。坐封工具与水泥承留器连接如图 13-1-2 所示。

<table>
<tr><td>(a) 坐封工具</td><td>(b) 水泥承窗器</td></tr>
</table>

图 13-1-2 与水泥承留器的连接

三、入井及坐封过程

工具串下放时速度不超过 20～25 柱/h，尽量避免顿钻情况。当下放到预定坐封位置后，先将工具上提 0.6m，右旋管柱 10 圈以上，将控制螺母从中心管上的螺纹上旋出，同时也将控制套释放出来。再次下放管柱到预定坐封位置，此过程上卡瓦里的弹簧片可使上卡瓦紧贴在套管壁上，从而将上卡瓦从坐封套里推出来。坐封水泥承留器参数参照表 13-1-1。

表 13-1-1 坐封水泥承留器所需拉力

工具尺寸规格	最小拉力/kN	最大拉力/kN
4 1/2″～5 3/4″	125	133
6 5/8″及 6 5/8″以上规格	200	222

四、挤水泥作业

缓慢下放管柱，插入插管，打开阀体，在水泥承留器上下压 40～80kN，向油管打压验封求吸水。根据施工设计，开始混浆并挤注水泥，挤完水泥后，相对于承留器上提 0.5m 左右，即可关闭阀体，反洗井替出管柱内多余的水泥浆。

五、钻除

乍得油田使用螺杆钻具+磨鞋(钻头)钻除水泥塞和水泥承留器，具体参数需根据实际情况调整。

六、水泥承留器挤水泥注意事项

（1）下井前，上卡瓦上的卡箍在下井前一定要去掉。下放过程中不得正转管柱，每下10柱，1个人用48″管钳（左旋）反转，感觉到扭矩明显增大即可。

（2）水泥承留器坐封工具在下井前必须进行重新保养，除非使用间隔很短。

（3）入井前需手动确认锁紧螺母在初始位置，并上提确认键槽顺畅。

（4）水泥承留器坐封工具起出后应立刻进行拆解保养，并涂黄油对其进行保护。

（5）水泥承留器挤封施工中，水泥浆用量和挤注压力变化有直接的关系，原则上要以设计用量为准，但在实际作业中如果设计用量打完后，挤注压力没有变化，应适当增加水泥浆用量，直至挤注压力有所增加（一般增加2～4MPa），说明地层近井地带水泥浆达到饱和。

七、挤水泥封层水泥配方

目前乍得油田常用挤水泥配方：G+1.6%G60S+0.1%G603+0.2%CF40L+0.8%CA903S+44%清水。其中，G 为 G 级油井水泥，G60S 为降失水剂，G603 为消泡剂，CF40L 为分散剂，CA903S 为早强剂，必要时加 BXR 缓凝剂调节稠化时间。水泥浆性能要求见表13-1-2。

表 13-1-2　水泥浆性能指标要求

试验项目	性能指标
密度/（g/cm^3）	1.85～1.90
失水量	6.9MPa/30min 实验条件下，低渗透地层允许失水量为100～200mL；高渗透地层允许在50～100mL，裂缝性地层失水量控制在200～500mL
稠化时间	≥施工总时间+60min
初始稠度/Bc	≤20
过渡时间/min	≤45
抗压强度/（MPa/24h）	≥14
抗压强度/（MPa/24h）	≥21

6.9MPa/30min 实验条件下，挤水泥作业中失水量不超过150mL。乍得油田常用降失水剂 G60S 和分散剂 CF40L 一起配合使用，其物理性能指标如表13-1-3所示，水泥浆性能如表13-1-4所示。

表 13-1-3　G60S 的物理性能

项目	性能指标
外观	浅红褐色粉末
密度（20℃±2℃）/（g/cm^3）	1.70±0.10

表 13-1-4　加入 G60S 的水泥浆性能

项目	技术指标
失水量(70℃)/mL	≤100
初始稠度/Bc	≤25
40～100Bc 的时间/min	≤30
稠化线形	正常
稠化时间(70℃，40MPa)/min	≥60
游离液/%	≤1.0
抗压强度(92℃，20.7MPa，24h)/MPa	≥14.0

乍得油田常用缓凝剂为 BXR，其理化性能如表 13-1-5 所示，水泥浆性能如表 13-1-6 所示。

表 13-1-5　BXR 的理化性能

项目	技术指标
外观	黄色液体
密度(20℃±2℃)/(g/cm³)	1.06±0.02
pH(1%水溶液)	2.0～3.0

表 13-1-6　加入 BXR 的水泥浆性能

项目	技术指标
初始稠度/Bc	≤25
40～100Bc 的时间/min	≤30
稠化线形	正常
稠化时间(78℃，50.0MPa)/min	≥120
游离液/%	≤1.4
抗压强度(98℃，20.7MPa，24h)/MPa	≥14.0

八、挤封设计

1. 选择前置液和后置液配方、计算数量

选择前置液和后置液类型时，在化验室做相容性实验，按照前置液或后置液：管内流体：水泥浆=1：1：1 的比例混合，混合后流动性良好，满足表 13-1-7 的流性指标要求。

表 13-1-7　流性指标要求

流性指数 N	稠度指数 K	塑性黏度/(mPa·s)	屈服值/Pa
>0.6	<300	<16	<6

例如，前置液和后置液在环空的高度按 150m 计算。

前置液量(m^3) = 钻具外环空容积$(L/m)\times 150(m)\times 10^{-3}$

后置液量(m^3) = 钻具外环空容积$(L/m)\times 150(m)\times 10^{-3}$

2. 计算挤入量、水泥浆量、顶替液量、作业管柱循环量、备水量和施工总时间(表13-1-8)

表 13-1-8 计算公式

序号	计算项目	计算公式
1	挤入量/m^3	封固段环空容积+ 地层吸入量
2	水泥浆量/m^3	(井筒内水泥塞量+挤入量)×(1+附加系数)
3	顶替液量/m^3	钻具内容积×$\left(\text{钻具下深}-\dfrac{\text{水泥浆量}}{\text{钻具外环空容积}+\text{钻具内容容积}}-100\right)\times 10^{-3}$
4	作业管柱循环量/m^3	(钻具内容积+钻具外环空容积)×1.5×10^{-3}
5	混配水用量/m^3	水泥浆量×水泥浆密度×水灰比/(水灰比+1)
6	备水量/m^3	混配水用量+前置液和后置液量+备用量(20m^3)
7	施工总时间	注水泥时间 + 替钻井液时间 + 起钻时间 + 循环时间 + 关闭井口时间 + 挤水泥时间

注：附加系数取 20%～40%。

第二节 可钻式桥塞封隔工艺

一、桥塞结构

乍得油田套管完井分层试油时，通常采用可钻桥塞封层上返试油。

可钻桥塞利用坐封工具(电缆传输爆破或油管传输液压)产生的推力作用于上卡瓦，拉力作用于释放栓，通过上下锥体对密封胶筒施以上压下拉，在一定拉力范围内，桥塞上下卡瓦破裂并镶嵌在套管内壁上，胶筒膨胀并密封，完成坐封。当拉力持续上升达到一定值时，释放栓被拉断，坐封工具与桥塞脱离，完成丢手。桥塞结构如图 13-2-1 所示。

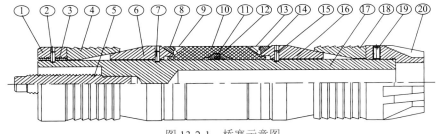

图 13-2-1 桥塞示意图

1.锁环背圈；2.销钉；3.锁环；4.下端卡瓦；5.释放栓；6.上锥体；7.销钉；8.外背圈；9.内背圈；10.橡胶套；11.承留环；12.O形密封圈；13.内背圈；14.外背圈；15.销钉；16.下锥体；17.中心管；18.下端卡瓦；19.内六角紧；20.引鞋

二、入井前的准备工作

(1)桥塞座封工具的选择，稠油井、大角度斜井和高压井使用液压坐封工具，直井和低压井采用电缆坐封。

(2)将桥塞与坐封工具连接。

三、入井及坐封过程

1. 用液压座封工具座封

(1)下入过程中如果遇阻，下放钻压不超过 2t；多次上提下放无法通过的情况，取出检查。

(2)下至坐封位置，投球打压坐封，打压时压力每升高 5MPa，稳压 3～5min，当压力达到最大坐封压力时桥塞丢手。若未能丢手，可采用稳压上提管柱方式直至丢手，上提与打压配合关系如表 13-2-1 所示。

表 13-2-1　上提与打压配合表

上提管柱拉力/lb		液体压力/psi		最大剪切力/lb
0		4600 (32.2 MPa)		60000 (27.2t)
10000(4.54t)		3820 (26.7 MPa)		60000 (27.2t)
20000(9.07t)	+	3050 (21.4 MPa)	=	60000 (27.2t)
30000(13.6t)		2290 (16.0 MPa)		60000 (27.2t)
40000(18.14t)		1525 (10.7 MPa)		60000 (27.2t)

注：1000lbs=0.454kg。

(3)桥塞坐封后，探塞加压不超过 3t。

(4)根据设计要求进行验封。

2. 用电缆座封工具坐封

(1)采用电缆传输，其速度不宜超过 60m/min，匀速下放，避免急停。如果发现遇阻立即上提活动电缆，待正常后继续下放。接近预定深度 50m 左右时放慢速度，到位后按设计要求进行校深。

(2)校深无误后点火座封，然后上提电缆，以判断桥塞是否正确坐封，缓慢上提电缆 5～10m，如悬重正常，则起出电缆坐封工具。

四、工具钻除

参照水泥承留器及水泥塞钻除工艺。

五、桥塞+倒灰配合使用

桥塞封堵也有其局限性：①封堵效果取决于胶筒，由于胶筒的时效性导致长期封堵不可靠；②桥塞坐封来自卡瓦对套管壁的支撑固定，坐封效果依赖于套管抗内压强度。

为了加强桥塞在井筒中长期封堵的有效性，完成桥塞坐封后，在其顶部进行倒灰作业，能更好的保证桥塞长期的密封性。在乍得油田 Baobab C-2 井试油施工中，第一层、第二层、第三层测试结果均为水层，选择常规可钻桥塞+倒灰的工艺，确保封层效果。

倒灰筒倒灰作业分为撞击式和爆炸式两种倒灰方式，现场采取的是撞击式倒灰方式。以 Baobab C-2 井倒灰为例：①下桥塞前对套管进行刮削；②下桥塞坐封。由测井队连接下入并校深、点火坐封。起出电缆后桥塞试压，试压标准如表 13-2-2 所示。

表 13-2-2 桥塞试压标准要求

桥塞规格 /in	通用套(油)管外径	适用套管内径范围 /mm	试压压力/MPa	试压时间/min	压力变化/MPa
2 7/8″	73mm	2 7/8″ 57.9~62.0	15	30	<0.2
3 1/2″	88.9mm	3 1/2″ 72.8~82.8	15	30	<0.2
4″	101.6mm	4″ 84.8~94.8	15	30	<0.2
5″	127.0mm	5″ 99.6~115.8	15	30	<0.2
5 1/2″	139.7mm	5 1/2″ 116.3~128.2	15	30	<0.2
7″	177.8mm	7″ 142.1~161.7	10	30	<0.2
9 5/8″	244.5mm	9 5/8″ 214.7~230.2	8	30	<0.2

1. 倒灰

1）灰筒的连接

一般倒灰筒是根据倒灰厚度需要由若干节空管连接组装而成。5 1/2″套管井使用的是 3 1/2″倒灰筒（图 13-2-2、图 13-2-3），内径为 85mm，单位内容积 5.7L/m，一般使用 5 节，每节长 2m，长度共 10m，可携水泥浆 57L。

2）倒灰筒入井

将组装好的灰筒和磁性定位器连接后，下入井内，倒灰筒上口下到与井口平齐或高于井口，便于灌浆的高度，停车等待灌水泥浆。

3）配浆及灌浆

使用 G 级油井水泥直接在钻台配制泥浆 57L，密度为 1.85g/cm^3，往倒灰筒中灌入配好的水泥浆，要注意减少灰筒中气泡。

图 13-2-2　连接倒灰筒　　　　　　　　图 13-2-3　倒灰筒下卸灰口

4）灰筒下井、倒灰

灰筒下井过程中速度为 4000m/h，通过磁性定位确定深度，下至桥塞顶部 25～30m，然后以 5000～6000m/h 的速度下放、撞击，剪切销钉剪断后，滑套打开并被锁定，灰浆倒出。然后分别缓慢上提高度 0.5m、2.0m 和 3.0m 并分别静止 3min，直至倒灰筒中的灰浆全部流入井筒，将倒灰筒起出井口。

5）起出倒灰筒，侯凝

完成倒灰操作后，快速起出倒灰筒，关井侯凝。

2. 试压

侯凝完成后，试压按照桥塞的试压参数标准执行。试压合格，成功完成了整个倒灰作业。

桥塞和倒灰作业配合使用，在乍得油田作业实践中一次成功率为 100%。

第三节　可捞式桥塞封隔工艺

使用可钻式桥塞封层的缺点是在完井投产作业中钻除桥塞需要时间较长，尤其是连续钻除几个桥塞时，需要时间更长。为了节省作业时间和成本，对试油完成后短时间内需投产的井，应用可取式桥塞（图 13-3-1）。

该桥塞将回收颈和平衡阀组合在一个多元封隔系统上，在桥塞下部装有锁环制动装置。位于多元封隔系统下的双向卡瓦牢牢地将桥塞锚定在套管上，可以承受较大的上下压力。该桥塞的坐封简单方便，只需将电缆或液压座封工具与桥塞连接在一起后，一同送入井下预定坐封位置，点火或打压上提油管即可实现丢手。打捞时下入打捞工具，充分冲洗打捞头即可捕捉打捞颈，完成解封动作。

(a)　　　　　　　　　　　　　　　　　　　　　(b)

图 13-3-1　可取式桥塞(b)及回收工具(a)示意图

一、可捞桥塞结构

可取式桥塞示意图见图 13-3-2。对图中各部件的解释如表 13-3-1 所示。

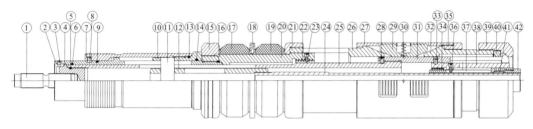

图 13-3-2　可取式桥塞示意图

表 13-3-1　可取式桥塞部件注释

序号	数量	名称	序号	数量	名称	序号	数量	名称	序号	数量	名称
1	1	释放螺栓	12	1	上平衡管	23	1	内六角圆柱头螺钉	34	1	上棘爪
2	1	阀体	13	1	O 形密封圈	24	1	下平衡管	35	1	螺母
3	1	剪切销	14	1	O 形密封圈	25	1	上中心管	36	1	内六角圆柱头螺钉
4	1	顶塞	15	1	调整环	26	1	上锥体	37	1	棘爪体
5	1	O 形密封圈	16	1	O 形密封圈	27	1	卡瓦套	38	1	支撑座
6	1	O 形密封圈	17	1	中间胶套	28	1	内六角螺钉	39	1	棘爪套
7	1	回收颈	18	1	隔环	29	4	卡瓦	40	2	隔环
8	1	剪切销	19	1	中间胶套	30	4	复位弹簧	41	1	上锁环
9	1	O 形密封圈	20	1	衬套焊接总成	31	1	棘爪体	42	1	挡圈
10	1	阀盖	21	1	导环	32	1	下锥体			
11	1	连接键	22	1	锁环	33	1	剪切销			

二、操作规程

1. 下井前准备工作

为保证乍得油田井控安全，一般都采用油管传输液压坐封。入井前井筒通洗井合格，坐封位置避开套管接箍。

2. 下井

(1)将可取式桥塞与液压坐封工具和油管连接。

(2)工具入井：油管传输要控制下钻速度，严禁顿钻、溜钻，应匀速缓下。

3. 坐封

下至设计坐封位置，投球打压 10MPa 稳压 3～5min,然后每递增 5MPa 稳压 3～5min, 当压力达到工具丢手压力时桥塞丢手，若未丢手，则继续打压至最高打压压力丢手。

4. 解封

解封回收桥塞需用 SJS 专用打捞工具，当打捞工具到位后，在桥塞以上 2m 时大排量反循环洗井；充分洗井后下放管柱，当工具下至桥塞打捞颈，慢慢下放加压 20kN，完成捕捉桥塞打捞颈。

等待 5～10min 后上提管柱，当上提拉力超过约 10.8kN(2300lbs)时，打捞颈上的铜剪切销剪断，捞获桥塞(如果上提负荷无增加显示，重复该步骤)；上提管柱约 7cm，打开平衡阀，稳定 3～5min 保证桥塞上下压力平衡；然后轻轻下放 7cm，安全关闭平衡阀，此时桥塞应该仍处于坐封状态。

再次上提管柱约 7cm，重新打开平衡阀，此动作剪断下端剪切销，打捞颈向上运动，举升套爪支承套，套爪体缩回，桥塞解封；桥塞解封后，上提管柱 3m，稳定 5min 保证卡瓦、封隔元件充分回缩。慢慢下放管柱 4m，指重表显示负荷不变说明桥塞已解封，若负荷持续降低说明未完全解封，重复解封动作。

乍得油田在 Phoenix 1-5 井、Baobab C-2 等井分层试油时均使用可捞式桥塞，投产依次捞出桥塞，下完井管柱生产，作业方便、快捷。

第四节　注水泥塞封隔技术

由于套管内封层上返试油可使用套管内桥塞，所以在裸眼桥塞开发以前，乍得油田裸眼段封层上返试油均采用注水泥塞技术。

一、施工步骤

(1)根据井下压力、温度等井况，制定切实可行的注灰方案。由施工单位根据设计做水泥稠化试验，确定水泥浆的初、终凝时间(为确保安全，井下漏失严重的井初凝时间尽可能短一些)。

(2)将注塞管柱(一般为光油管)下至预计灰塞以下 0.5～2m 处，并充分循环洗井冷却。严禁用带大直径工具的管柱或钻杆注水泥塞。

(3)按设计要求配好水泥浆，并按隔离液、水泥浆、顶替液的次序注入井内。上提注灰管柱至要求灰面顶部以上 0.5m 处，反洗井，洗出多余水泥浆。

(4)上提管柱 6 柱或更多，关井候凝 24h。

(5)缓慢加深管柱探灰面，重复试探 3 次，加压 20~30kN，确定水泥塞面后，上提管柱至灰面以上 5m。坐好井口，装压力表，对水泥塞进行试压。试压标准同套管试压。

二、有关计算

(1)一般在现场的计算公式如下：

$$V = qHk$$

式中，V 为水泥浆体积，L；q 为单位长度套管容积，L/m；H 为水泥塞高度，m；k 为附加系数，一般为 1.3~1.5。注水泥塞常见套管(裸眼)容积见表 13-4-1。

表 13-4-1　注水泥塞常见套管(裸眼)内容积

套管规范/mm	壁厚/mm	内径/mm	内容积/(L/m)	1m³ 相当于管内长度/m
5 1/2″	7.72	124.26	12.13	82.44
7″	8.05	161.7	20.53	48.71
	9.19	159.42	19.95	50.1
8 1/2″裸眼			37	27
6 1/8″裸眼			19	53

(2)干水泥量计算：

$$T = V\rho_{干水泥}(\rho_{水泥浆} - \rho_水)/(\rho_{干水泥} - \rho_水)$$

式中，$\rho_{干水泥}$ 为干水泥密度(一般取 3.15kg/cm³)；$\rho_{水泥浆}$ 为水泥浆密度，g/cm³；$\rho_水$ 为水的密度，g/cm³；V 为水泥浆体积，m³；T 为干水泥质量，t；

(3)清水量计算公式：

$$Q = 1.465(1 - 0.317\rho_{水泥浆})V$$

式中，Q 为实际配水泥浆的清水量，kg；$\rho_{水泥浆}$ 为所用水泥浆相对密度；V 为所用水泥浆的体积，L。

(4)顶替量的计算公式：

$$V = \frac{\pi}{4}D^2H$$

式中，V 为顶替量，m³；D 为注塞管柱内径，m；H 为管柱下深与所注水泥浆在套管内的实际高度之差，m。

三、注水泥塞的质量标准

(1)设计的水泥塞厚度应在 10m 以上。

(2)水泥塞底面与被封堵层顶界的距离必须大于 5m。

(3)配水泥浆的清水用地表井水，$Cl^- = 60ppm$，$pH = 7$。

(4)注水泥塞井段夹层小于 10 m 时，注水泥塞管柱可进行磁定位校正长度。

第五节　裸眼桥塞封隔技术

乍得潜山油藏主要集中在 Bongor 盆地北部斜坡带，岩性以花岗岩为主，储层裂缝发育。储集空间主要为构造裂缝、构造-溶解缝、破碎粒间孔及溶孔。孔隙度为 3%～5%，渗透率为 0.01～5mD。潜山油藏采取裸眼完井，除了进行裸眼全井段笼统试油外，一些潜山裸眼段会进行分层试油作业，上返试油时采取打悬空水泥塞的做法。打悬空水泥塞存在的问题如下。

(1)裸眼段裂缝发育，导致灰塞面控制困难。

(2)裸眼段经常出现漏、涌并存现象，井筒状况复杂，致使打水泥塞施工风险较大。

(3)有些井裸眼段分层试油夹层薄，小于 10m，灰塞厚度难以满足要求。有时为了达到上返的目的，不惜把下边的已试层多封上几米。

(4)上返跨隔试油，若采用 MFE 裸眼测试工具，需用悬空水泥塞作为新的井底支撑点，由于管柱悬重大，会使灰塞下滑，导致测试失败。

为了提高潜山裂缝油藏打水泥塞成功率，乍得项目部采取了一些办法，如填砾石注灰工艺，但该工艺只能抬高井底，满足 MFE 测试工具支撑尾管长度需要，没有从真正意义上解决水泥浆漏失问题。通过对潜山花岗岩油藏的分析，认为潜山花岗岩地层是硬脆性、高抗压强度的中硬地层，裸眼井壁不光滑，利于铸铁卡瓦锚定。借鉴常规套管桥塞经验，研制出适用于潜山花岗岩地层的新型裸眼可钻桥塞。通过室内试验及现场应用，证明该工具完全能够满足裸眼封层上返试油要求，达到预期效果。

一、裸眼桥塞设计技术难点及解决方案

1. 技术难点

裸眼井存在井壁不规则、硬度差异大、非均质性强及钻井过程存在扩径等问题。

2. 解决思路

(1)潜山花岗岩地层是中硬地层，改进卡瓦实现锚定及满足承重技术指标。

(2)裸眼井井壁不规则且非均质性强，可通过增加胶筒的长度有效封隔不规则井壁。

（3）井壁硬度差异大，为了能够满足锚定要求，增大卡瓦的热处理工艺要求，提高卡瓦牙表面硬度，以满足硬度高井壁的要求。

3. 具体优化措施

（1）优化卡瓦尺寸。因存在井眼扩大率（1%～5%），所以优化卡瓦的厚度尺寸，以增加径向移动量，满足径向扩张的要求，能够安全锚定在扩大的井眼。

（2）优化卡瓦的轴向锚定面积。通过增长卡瓦的轴向尺寸来增加锚定面积，提高锚定性能。

（3）优化胶筒尺寸。适当增加胶筒的径向及轴向尺寸，满足非均质井壁的坐封要求，胶筒采用 V 形口设计，满足裸眼井要求。

二、裸眼桥塞结构组成及工作原理

1. 结构组成

裸眼桥塞实体图见图 13-5-1；裸眼桥塞坐封工具实体图见图 13-5-2；裸眼桥塞结构示意图见图 13-5-3，主要由中心管、卡瓦、胶筒、释放螺栓等 11 个部件组成。

图 13-5-1　裸眼桥塞实体图

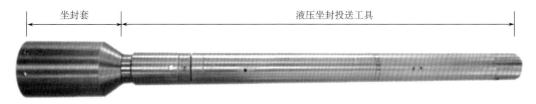

图 13-5-2　裸眼桥塞坐封工具实物图

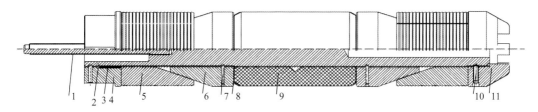

图 13-5-3　裸眼桥塞结构图

1.释放螺栓；2.中心管；3.锁环；4.挡；5.卡瓦；6.锥体；7.剪钉；8.护碗；9.胶筒；10.螺钉；11.下接头

(1)释放螺栓：与液压坐封工具连接，在裸眼桥塞正常坐封后实现释放，完成液压坐封工具与裸眼桥塞本体的脱手。

(2)中心管：携带及支撑胶筒、卡瓦等构件，传递坐封力。

(3)锁环：棘齿螺纹机构，使卡瓦单向移动，坐封后锁定卡瓦，保持坐封载荷。

(4)挡环：下井过程中保护卡瓦。

(5)卡瓦：实现对裸眼井壁的双向锚定，承受较高的上下压差。

(6)锥体：为卡瓦的径向扩张和坐锚提供内支撑。

(7)剪钉：防止裸眼桥塞在下井过程中，挡环及锥体出现轴向位移，导致裸眼桥塞中途坐封。

(8)护碗：胶筒的防突保护。

(9)胶筒：实现裸眼桥塞上下液体介质的密封，并能承受上下压差。

(10)螺钉：防止下井过程中，下接头与中心管脱扣。

(11)下接头：限位及引鞋功能。

2. 工作原理

裸眼桥塞连接示意图如图 13-5-4 所示。

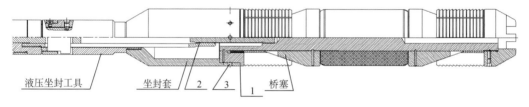

液压坐封工具　　　坐封套　2　3　1　桥塞

图 13-5-4　裸眼桥塞连接示意图

1.接触面；2.连接螺纹；3.螺钉孔

1）与坐封工具的连接

(1)将液压坐封工具与坐封套通过螺纹顺时针旋转连接，旋紧；上好 M10X15 内六角锥端紧定螺钉(钢质，每套工具装一只)。

(2)将液压坐封工具与桥塞通过 2 处螺纹顺时针旋转连接，直到接触面 1 相抵或靠近时，调整 3 处螺钉孔的位置与桥塞挡环上的槽对应，上好 M12X15 螺钉(H62 材质，每套工具装两只)，至此连接完成。

2）坐封

在下裸眼桥塞的过程中，控制下放速度不超过 25 根/h。

裸眼可钻式桥塞下到设计位置，向管柱内投入钢球(Φ32mm)，待钢球至液压坐封工具上部分流开关密封面处，通过水泥车向油管内打液压，当压力达到 4MPa、8MPa、12MPa 时，各稳压 3～5min，在打压过程中，坐封套抵住裸眼桥塞外部各组件，而拉杆提拉桥塞中心管，这个动作使卡瓦坐卡，胶筒胀大，裸眼桥塞被压缩坐封。继续打液压，当压力达到 17~22MPa 时，压力突然降为 0，此时释放螺栓被拉断，坐封工具与坐封套可以从井中取出。

3)验封

桥塞坐封后，上提管柱 3~5m，然后缓慢下放，实探塞面钻压不大于 50kN。在坐封过程中，指重表可能会有两次跳动：一次跳动是剪钉被剪断，另一次是释放螺栓被拉断。

在桥塞坐封后，须在桥塞上堆积 3m 高的砂，能防止震动对桥塞的损坏。若需在桥塞上注灰，可直接用原管柱进行注灰。

4)解封

向井内下入铣磨工具，钻磨桥塞，实现解封。

三、室内试验

经过多次室内试验和改进，获得适用于 8 1/2″裸眼的可钻桥塞，产品技术规格如表 13-5-1 所示。

1. 产品规格

8 1/2″裸眼可钻桥塞的产品规格如表 13-5-1 所示。

表 13-5-1　产品规格表

参数	参数值
型号	KZQS-208
总长度/mm	1207
最大外径/mm	Φ208
胶筒长度/mm	300
适用裸眼/mm	Φ216~227
座封压力/MPa	12~15
丢手压力/MPa	17~22
工作压差/MPa	35
工作温度/℃	120
承重载荷/kN	200
连接螺纹	M28×3

2. 产品突出特点

与常规套管桥塞相比，该产品具有以下特点。

(1)适用于中硬裸眼地层分层试油、压裂、堵水、注水泥等工艺中。结构简单、易下入、液压坐封。

(2)可暂时或永久封堵下部高压油、气和喷、漏等层位，操作方便，安全可靠，承压能力高。

（3）裸眼桥塞坐封后，可直接用原管柱及坐封工具在桥塞上注灰。

（4）可实现裸眼段定位封堵。若封堵层段上部夹层长度小，裸眼桥塞的定位封堵作用将更加明显。

（5）卡瓦及胶筒的尺寸优化，保证桥塞在裸眼井中仍具有较强的锚定力和密封性能。

（6）棘轮锁环保持坐封载荷，保证泄压后仍能可靠密封。

（7）坐封力设计适中，保证裸眼井壁不会受到过大坐封应力影响。

（8）铸铁结构容易钻除。

四、现场应用

经过前期大量准备工作后，开始将裸眼可钻桥塞应用到现场，分别在乍得油田 Baobab C1-5、Baobab C2-1 和 Rahpia SW-2 井使用，收到很好的效果。裸眼桥塞在裸眼段坐封后，为了确保长期封层效果，在桥塞上用原坐封管柱注灰。从封层后上返层试油结果来看，裸眼桥塞+倒灰工艺成功封堵下部水层，实现定位封层目的，解决了花岗岩裸眼井漏失严重井段打水泥塞封层施工难度大的问题，保证了施工成功率。

通过三口井的裸眼封层施工，也说明裸眼桥塞适用于中硬花岗岩地层封堵作业，可以推广应用到其他诸如碳酸盐岩地层裸眼井中。该工具已获得国家专利，专利号：ZL 2015 2 0876614.6。

第十四章

典型试修井作业案例

作业部试修团队在开展试修作业工作过程中，根据现场遇到的各类情况及问题，认真分析，总结经验、教训，编写了许多具有借鉴和指导意义的案例分析材料，本章收集、整理了其中部分典型案例。

第一节　试油、射孔作业案例

一、Ronier 4 井 APR+TCP 试油

1. Ronier 4 井基本情况

在 Ronier 4 井进行测试之前，Ronier 区块已经完钻了三口井，并且对其中两口井进行了试油，均未获得高产油气流。2007 年项目公司对 Ronier 区块进行三维地震及解释后发现几个独立的区块储层可能存在不同的液性，决定对 Ronier 4 井进行测试，通过测试认识该区块几个新地层的液性及产量，为下步井位部署提供依据。

Ronier 4 井基本数据如表 14-1-1 所示。

表 14-1-1　Ronier 4 井基本数据

开工日期	完钻日期	表层套管	生产套管	完钻井深
2008-1-9	2008-2-4	9 5/8″×288.41m	7″×1377.60m	1838.00m

Ronier 4 井计划试油 4 层，该井采用 APR+TCP 的测试工艺，测试层位数据如表 14-1-2 所示。测试管柱如图 14-1-1 所示。

表 14-1-2　Ronier 4 井测试层位数据

层序	地层	油顶/m	油底/m	总厚度/m	净厚度/m	孔隙度/%	含水饱和度/%	电测解释	测试目的
测试 4	K 层	1218.00	1225.70	7.70	4.80	19.00	60.00	可疑油层	液性
测试 3	M 层	1452.80	1459.00	6.20	5.00	21.00	40.00	油层	液性、产量
		1474.60	1486.40	11.80	6.40	21.00	38.00	油层	
测试 2	M 层	1520.80	1522.00	1.20	1.20	21.00	40.00	油层	液性、产量
		1525.60	1532.60	7.00	3.20	21.00	40.00	油层	
		1542.40	1551.00	8.60	5.10	21.00	30.00	油层	
测试 1	M 层	1778.00	1780.80	2.80	2.20	24.00	38.00	油层	液性、产量

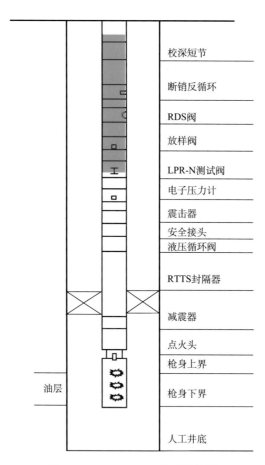

图 14-1-1　APR+TCP 测试管柱图

2. 施工过程(以测试 3 为例)

APR+TCP 管柱下到位后,进行校深,调整测试管柱,坐封 RTTS 封隔器,环空加压打开测试阀,投棒点火射孔。

2008 年 6 月 14 至 19 日对测试 3 进行测试,测试采用了"三开二关"的工作制度(射孔井段为 1452.8～1459.0m、1474.6～1486.4m,射厚 18m)。分别采用了 12/64″、20/64″和 28/64″固定油嘴求产,产量、油压、流压均保持稳定,关井 24h 测完压力恢复后,继续用 32/64″固定油嘴求产,该油嘴生产后期,流压和油产量有轻微下降,而天然气产量稍有增大,总流动时间 56.07h。产量及压力数据参见表 14-1-3。

表 14-1-3 Ronier 4 井测试 3 稳定试井数据表

油嘴/ in	油压	井底流压 /MPa	测试压差 /MPa	Q_o /(m³/d)	Q_g /(m³/d)	BSW /%	Sand /%	GOR/ (m³/m³)	原油 /API	气相对密度
12/64	560psi/3.861MPa	13.795	0.169	37.709	2124	0	0	56.326	34.8	0.732
20/64	600psi/4.137MPa	13.326	0.638	128.714	5890	0	0	45.760	33.4	0.719
28/64	560psi/3.861MPa	12.745	1.219	215.799	11752	0	0	54.458	33.8	0.722
32/64	520psi/3.585MPa	12.154	1.810	279.865	14781	0	0	52.815	34.3	0.708

注:平均油藏压力 p_i 为 13.964MPa;压力计下深为 1416.61m;BSW 表示含水量;Sand 表示含砂量;GOR 表示汽油比。

3. 试油结论及效果

(1)32/64″油嘴生产时油产量和流压有轻微下降、天然气产量稍有增大,其余油嘴生产时的流动压力、油压、产量均比较稳定。

(2)控制测试压差较小,最大测试压差仅为 1.81MPa,油井生产潜力较大。

(3)压力恢复极快,油藏能量充足。

(4)APR+TCP 测试工艺是成熟的测试工艺,对于套管井尤其操作方便,数据可靠。

(5)该井测试的成功预示着项目公司对 Ronier 区块油藏有了全新的认识,也是项目公司开始进行试油作业后第一口自喷高产井。该井试油的发现为日后油田的蓬勃发展起到了至关重要的作用。

二、Raphia S-11 井 MFE 试油

1. Raphia S-11 井基本情况

1)基本数据

Raphia S-11 井是乍得 Bongor 盆地的一口勘探井,基本数据如表 14-1-4 所示。

表 14-1-4　Raphia S-11 井基本数据

开工日期	完钻日期	表层套管	技术套管	裸眼段	完钻井深
2013-3-8	2013-4-6	9 5/8″×278.60m	7″×1408.00m	1408～1680m	1680.00m

2）施工目的

测试的目的是了解潜山裸眼地层的液性和油水界面。采用 MFE 裸眼测试工具测试。

3）测试层段（表 14-1-5）

表 14-1-5　Raphia S-11 井测试井段数据

测试序号	层位/m	油层厚度/m	渗透率/mD	孔隙度/%	含水饱和度/%	测井解释	测试目的
DST-2（裸眼）	1412.00～1414.36	2.36	246.22	20.64	59.54	油层	液性、产量
	1415.13～1426.56	11.43	65.2	12.82	68.23	油层	
	1427.48～1461.16	33.68	10.43	9.45	50.77	油层	
	1462.22～1466.48	4.26	1.92	8.07	83.94	油层	
	1467.86～1474.87	7.01	1.25	7.57	46.93	油层	
DST-1（裸眼）	1515.10～1559.14	44.04	1.64	8.59	74.13	可疑油层	液性
	1563.57～1593.14	29.57	0.63	6.96	81.21	可疑油层	
	1597.70～1602.89	5.19	0.78	7.83	61.46	可疑油层	

2. 施工准备

1）坐封位置的选择

根据双井径曲线图和测井解释报告，选择岩性致密坚硬光滑，井径规则变化不大的位置。确定 DST-1 测试管柱上、下封隔器坐封深度分别为 1495m 和 1612m，DST-2 测试管柱上、下封隔器坐封深度分别为 1399m 和 1497m。

2）工具的准备

（1）绘制测试管柱图，按照测试管柱图，配备清点工具和变扣。

（3）根据封隔器胶筒的坐封吨位及跨距等要求，计算出测试所需要的钻铤和钻杆。决定采用 4 3/4″钻铤和 3 1/2″钻杆相组合的管柱设计，最大化满足测试的要求。

（3）根据管柱图，对井下支撑的钻具进行力学计算，确保钻具强度满足测试要求。

3）井眼准备

分别对套管进行刮削及裸眼段进行通井划眼并用比重为 1.06g/cm³ 的压井液进行洗井。

4）地面准备

（1）测量工具，钻杆及油管长度，确保封隔器座封在规定位置。

(2)检查钻杆端面及油管丝扣，校对指重表。

(3)防喷器及压井管线按规定试压 5000psi 至合格。

3. 测试过程

2013 年 6 月 18 至 20 日，进行 DST-1 的测试，该层测试总时间为 45h(包括起下钻)，测试时间为 14.5h。测试制度为一开一关，结果为水层，测试成功。

2013 年 6 月 20 至 23 日，进行 DST-2 测试，该层测试总时间为 68h(包括起下钻)，测试时间为 16.7h。测试制度为二开二关，测试结果为油层。用 32/64″固定油嘴求产原油日产量为 2153bbl/d，测试获得成功。测试结果如表 14-1-6 所示。

表 14-1-6 Raphia S-11 井 MFE 测试数据表

测试序号	跨隔测试层段/m	跨距/m	井底支撑/m	工具入井总时间/h	工具测试时间/h	测试制度	地层产液	产量/(bbl/d)
DST-1	1494.444~1612.278	117.834	67.722	45	14.3	一开一关	水	
DST-2	1399.307~1497.755	98.448	182.245	68	16.7	二开二关	油	2153

4. 案例提示

(1)MFE 测试工具可以解决 APR 工具无法在裸眼段实现测试的问题。

(2)MFE 测试工具在井下的测试时间不宜过长，标准要求控制在 16h 内，以免发生封隔器无法解封、井壁坍塌埋住管柱等严重井下事故。

三、Ronier C-1 井 APR+泵控泵(PCP 泵)试油

1. Ronier C-1 井基本情况

(1)Ronier C-1 井基本数据(表 14-1-7)。

表 14-1-7 Ronier C-1 井基本数据

开工日期	完钻日期	表层套管	生产套管	完钻井深/m
2008-4-21	2008-5-7	9 5/8″×360.68m	7″×1772.52m	1800.00

(2)施工目的。

Ronier C-1 井测试 2(测试层段：734.0~739.3m，742.9~744.2m，745.4~750.3m，754.0~756.0m，757.3~760.6m，763.4~770.5m)进行常规 APR+TCP 测试射孔后产出稠油(抽汲折合日产量约 15.0m³/d)，下抽汲工具困难，无法连续排液，为取得更好的排液效果，决定改下 PCP 泵配合 APR 测试工具进行测试。

2. 工具准备

PCP 泵一套（型号：GLB300-21）包括驱动头、转子、定子和 1″抽油杆及扶正器；5″APR 测试工具一套，包括 RD 循环阀、液压旁通、安全接头、7″ RTTS 封隔器、压力计托筒（2 内 2 外，共 4 个压力计）、变扣接头及地面设备一套。

3. 施工过程

（1）入井管柱结构图（图 14-1-2）。

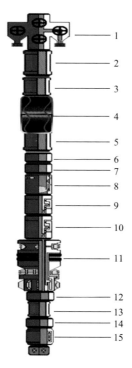

图 14-1-2 PCP+APR 测试管柱图

1.驱动头；2.3 1/2″EUE 油管；3. 提升短节；4.PCP 泵组；5. 止动环；6.变扣；7. 变扣；8.RD 循环阀；9. 液压旁通；
10. 安全接头；11. RTTS 封隔器；12. 变扣；13.3 1/2″EUE 油管；14. 压力计托筒；15. 管鞋

（2）工具检查。入井前检查工具的规格、型号是否和设计一致。

（3）PCP 泵测试前准备工作：①2008 年 7 月 8 日开始下入测试工具，调整好管柱方余高度，坐封 RTTS 封隔器；②下入转子及抽油杆，接光杆，调防冲距，管柱试压 150psi，试压合格；③安装驱动头，连接地面变频柜，调试合格。

（4）PCP 泵测试过程：①2008 年 7 月 9 日 1:00 开泵，以 20r/min（即频率为 5Hz）转速启泵排液，出口见液；②逐渐提高转速至 164r/min，驱动头有轻微抖动，将转速降到 160r/min 后抖动消失，稳定求产 4h，折合原油日产量为 63.36m³/d，泵效 92.5%，原油 API60=16.2。逐渐降低转速，停泵，结束本层测试，主要测试数据如表 14-1-8 所示。

表 14-1-8　Ronier C-1 井测试 2 螺杆泵测试主要数据

序号	转速/ (r/min)	测试时间/h	井底压力/psi	井底温度/(°)	井口压力/psi	井口温度/(°)	原有日产量 /(m³/d)
1	20	1.42	971.68	52.56	0	25	
2	32	2.00	872.11	52.56	0	28	
3	44	1.00	810.32	52.55	0	29	
4	56	2.00	741.01	52.57	100	30	18.12
5	68	1.50	679.35	52.59	100	32	22.66
6	84	1.00	614.49	52.55	100	29	27.66
7	100	2.00	510.15	52.56	100	36	37.44
8	120	4.00	445.15	52.68	0	39	45.84
9	132	0.50	421.96	52.67	0	38	51.60
10	140	0.50	407.14	52.68	0	37	52.80
11	148	0.50	382.57	52.67	0	37	57.36
12	156	0.50	365.54	52.69	0	37	61.20
13	164	0.75	343.06	52.72	0	34	64.08
14	160	4.00	324.67	52.77	0	30	63.36

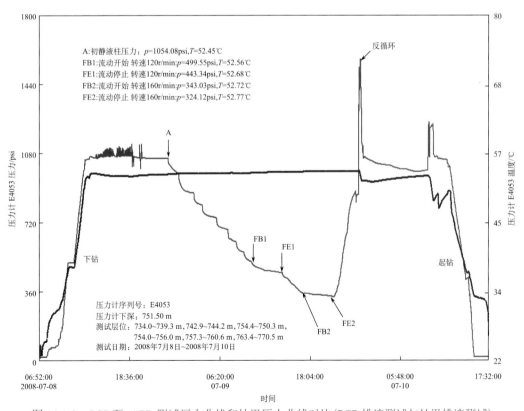

图 14-1-3　PCP 泵+APR 测试压力曲线和抽汲压力曲线对比(PCP 排液测试与抽汲排液测试)

4. 效果对比

(1)从图 14-1-3 中可以看出，采用 PCP 泵+APR 工具测试求得的流动压力、产量均比较稳定；用抽汲排液方法求得的流动压力波动较大，产量不稳定连续。

(2)测试总共求产时间为 21.25h，远低于抽汲求产求得稳定产量所用的时间。

(3)压力恢复极快，油藏能量充足。

5. 案例提示

(1)稠油井试油建议选用 PCP+APR 测试工艺，其操作方便，数据可靠。

(2)合理的参数选择是螺杆泵保持高泵效的关键。

四、Baobab C2-1 井 APR+NAVI 泵试油

1. Baobab C2-1 井基本情况

(1)Baobab C2-1 井基本数据见表 14-1-9。

表 14-1-9　Baobab C2-1 井基本数据

开工日期	完钻日期	表套	技术套管	裸眼段
2016-8-18	2016-8-26	13 3/8″×252.55m	9 5/8″×628.5m	8 1/2″×（628.5～869.65）m

(2)施工目的及要求。

Baobab C2-1 井是一口稠油试油井，设计要求对 628.5～732.2m 裸眼段测试排液，由于邻井测试产出的稠油具有黏度高、流动性差的特点，为取得更好的排液效果，决定在该井采用 NAVI 泵配合 APR 测试工具进行坐套测裸的工艺，代替抽汲排液，并用动力水龙头作为纳维泵工作的动力源。

2. 工具准备

(1)NAVI 泵一套，包括上短节、单螺杆泵、万向轴总成和传动轴总成(图 14-1-4)。

(2)动力水龙头和动力源，包括动力水龙头一套及动力源、辅助设备。动力水龙头本体结构图见图 14-1-5。液压动力水龙头主要是集机械、液压、气动于一体的装备，它由液压站、动力水龙头本体和辅助控制系统三大部分组成。

(3)APR 测试工具：5″APR 工具一套(RTTS 封隔器为 9 5/8″套管封隔器)。

3. 施工过程

(1)设计交底，入井管柱结构图见图 14-1-6。

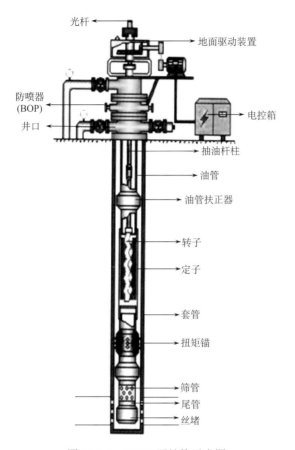

图 14-1-4　NAVI 泵结构示意图

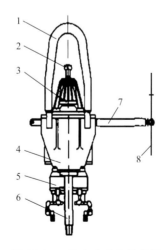

图 14-1-5　动力水龙头结构图

1.提环；2.鹅颈管；3.冲管总成；4.减速器；5.液压马达；6.主轴；7.扭矩臂；8.绷绳

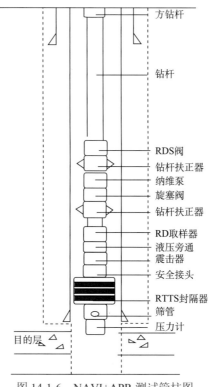

方钻杆

钻杆

RDS阀
钻杆扶正器
纳维泵
旋塞阀
钻杆扶正器
RD取样器
液压旁通
震击器
安全接头
RTTS封隔器
筛管
压力计

目的层

图 14-1-6　NAVI+APR 测试管柱图

　　(2)纳维泵工作前的准备工作：①工具入井；②下到设计位置后调整方余，坐封 RTTS 封隔器；③正转管柱，扭矩为 3kN·m，纳维泵剪切销剪断，纳维泵进入工作状态。

　　(3)纳维泵测试过程：①开泵并逐步将转速提高至 50r/min，运转 1h，计量出液量(液垫水)1.91m³，泵效为 97.9%；将转速提升至 60r/min，运转 15min，出液量(液垫水)0.48m³；②将转速提高到 80r/min 运转 150min 见纯油；将转速降至 60r/min，继续运转纳维泵 780min，出油 48.33m³，含水量为 0；将转速分别提至 70r/min、80r/min，各工作 4h，分别产纯油 18.26m³、20.94m³，关井。具体排液数据见表 14-1-10。

表 14-1-10　Baobab C2-1 井 NAVI 泵测试求产主要数据表

日期	起止时间	运行时间/min	转速/(r/min)	出液量/m³	油/m³	BSW/%	API60	水/m³	折算产量/(m³/d)
2016-12-15	18:30～19:45	45	20-50	1.91		100		1.91	45.84
2016-12-15	19:45～20:00	15	60	0.48		100		0.48	46.08
2016-12-15	20:00～22:30	150	80	6.83	2.72	100～3	17.02	4.14	53.07
2016-12-15 至 2016-12-16	22:30～11:30	780	60	48.326	48.33	0	16.96		89.22
2016-12-16	11:30～15:35	245	70	18.26	18.26	0	17.36		103.12
2016-12-16	15:35～19:35	240	80	20.94	20.94	0	17.39		125.64
共计		1475		96.746	90.24		68.73	6.53	

4. 结论与认识

（1）从图 14-1-7 中可以看出采用 NAVI 泵+APR 工具测试求得的流动压力、产量均比较稳定；用抽汲排液方法求得的流动压力波动较大，产量不稳定连续。

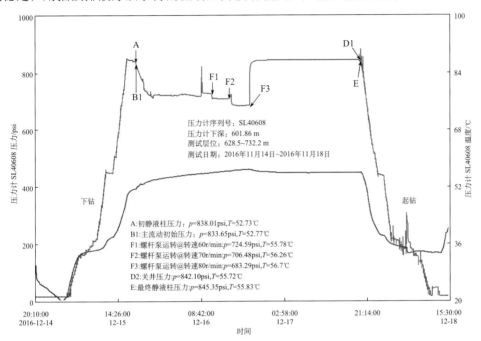

A:初静液柱压力：p=838.01psi,T=52.73℃
B1:主流动初始压力：p=833.65psi,T=52.77℃
F1:螺杆泵运转@转速60r/min:p=724.59psi,T=55.78℃
F2:螺杆泵运转@转速70r/min:p=706.48psi,T=56.26℃
F3:螺杆泵运转@转速80r/min:p=683.29psi,T=56.7℃
D2:关井压力:p=842.10psi,T=55.72℃
E:最终静液柱压力:p=845.35psi,T=55.83℃

压力计序列号：SL40608
压力计下深：601.86 m
测试层位：628.5~732.2 m
测试日期：2016年11月14日~2016年11月18日

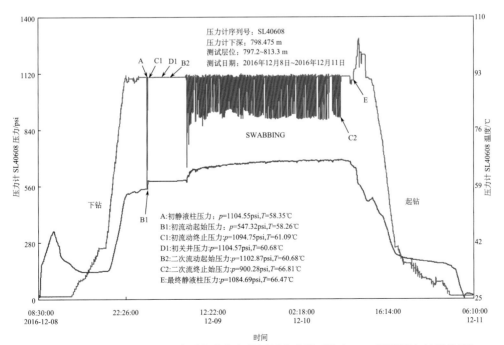

A:初静液柱压力：p=1104.55psi,T=58.35℃
B1:初流动起始压力：p=547.32psi,T=58.26℃
C1:初流动终止压力:p=1094.75psi,T=61.09℃
D1:初关井压力:p=1104.57psi,T=60.68℃
B2:二次流动起始压力:p=1102.87psi,T=60.68℃
C2:二次流动终止始压力:p=900.28psi,T=66.81℃
E:最终静液柱压力:p=1084.69psi,T=66.47℃

压力计序列号：SL40608
压力计下深：798.475 m
测试层位：797.2~813.3 m
测试日期：2016年12月8日~2016年12月11日

图 14-1-7　NAVI 泵+APR 测试压力曲线和抽汲压力曲线对比（NAVI 泵排液与抽汲排液）

(2)稠油井试油推荐采用 NAVI+APR 测试工艺，其操作方便，数据可靠。

(3)纳维泵排液与抽汲排液相比，能够连续不间断地排液，可以在较短时间内求得地层稳定的产量，大大缩短测试周期，节约成本。

五、Baobab N-1 井复合射孔案例

1. Baobab N-1 井基本情况

1)基本数据

Baobab N-1 井为乍得项目 2.1 期 Great Baobab 区块 N 区第一口重点探井，该井钻进至 883.4m 发生溢流，至井深 1036m 共发生三次溢流，共溢出原油约 $20m^3$。井的基本数据见表 14-1-11。

表 14-1-11　Baobab N-1 井基本数据

开工日期	完钻日期	表层套管	生产套管	完钻井深
2010-10-23	2010-11-7	9 5/8″×288.41m	5 1/2″×1377.60m	1380.00m

2)施工目的及要求

施工目的是改善井筒附近地层流通能力，求取真实的地层产量和压力。

第三层(主力油层，测试层段：928.5～1027.7m)试油过程中普通射孔后畅喷求产，日产原油仅为 613bbl。与录井、测井结果及钻井实际情况均有较大出入。决定使用复合射孔对该层进行措施改造并优选该层中两个较厚的层段(995.6～1015.6m 和 958.4～978.4m)进行复合射孔+APR 测试。

2. 施工过程

2010 年 11 月 30 日压井后，下入复合射孔枪进行地层措施改造。采用的复合射孔枪参数为：枪型为 102mm，孔密为 15 孔/m，相位为 90°，气体药饼密度为 15 孔/m。考虑到可能对套管产生的损坏等因素，实际装弹量为每米 10 发射孔弹加 9 个气体药饼的布局。分两次下井，每次 20m。最后下测试管柱替喷求产，畅喷求产最高产量为 4741bbl/d，基本达到施工的目的。

3. 效果对比

通过普通射孔和复合射孔后测得的压力曲线(图 14-1-8、图 14-1-9)可以看出，普通射孔后进行测试，二关井压力恢复后地层压力为 1708psi，未能恢复到一关井压力(原始地层压力)，井筒附近堵塞严重。

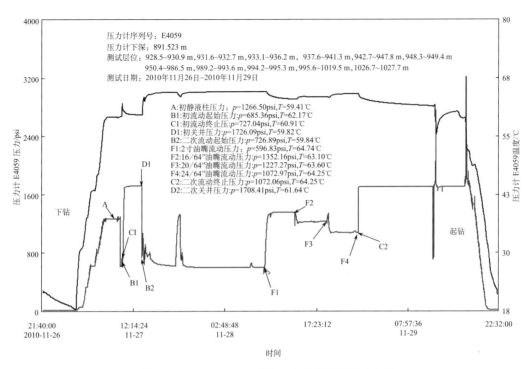

图 14-1-8　Baobab N-1 井第三层普通射孔压力曲线

A:初静液柱压力：p=1266.50psi,T=59.41℃
B1:初流动起始压力:p=685.36psi,T=62.17℃
C1:初流动终止压力:p=727.04psi,T=60.91℃
D1:初关井压力:p=1726.09psi,T=59.82℃
B2:二次流动起始压力:p=726.89psi,T=59.84℃
F1:2寸油嘴流动压力:p=596.83psi,T=64.74℃
F2:16/64″油嘴流动压力:p=1352.16psi,T=63.10℃
F3:20/64″油嘴流动压力:p=1227.27psi,T=63.60℃
F4:24/64″油嘴流动压力:p=1072.97psi,T=64.25℃
C2:二次流动终止压力:p=1072.06psi,T=64.25℃
D2:二次关井压力:p=1708.41psi,T=61.64℃

压力计序列号：E4059
压力计下深：891.523 m
测试层位：928.5~930.9 m,931.6~932.7 m,933.1~936.2 m, 937.6~941.3 m,942.7~947.8 m,948.3~949.4 m
950.4~986.5 m,989.2~993.6 m,994.2~995.3 m, 995.6~1019.5 m,1026.7~1027.7 m
测试日期:2010年11月26日~2010年11月29日

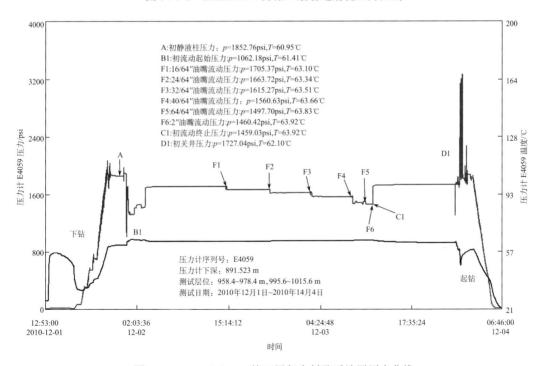

图 14-1-9　Baobab N-1 第三层复合射孔后地层压力曲线

A:初静液柱压力：p=1852.76psi,T=60.95℃
B1:初流动起始压力:p=1062.18psi,T=61.41℃
F1:16/64″油嘴流动压力:p=1705.37psi,T=63.10℃
F2:24/64″油嘴流动压力:p=1663.72psi,T=63.34℃
F3:32/64″油嘴流动压力:p=1615.27psi,T=63.51℃
F4:40/64″油嘴流动压力：p=1560.63psi,T=63.66℃
F5:64/64″油嘴流动压力:p=1497.70psi,T=63.83℃
F6:2″油嘴流动压力:p=1460.42psi,T=63.92℃
C1:初流动终止压力:p=1459.03psi,T=63.92℃
D1:初关井压力:p=1727.04psi,T=62.10℃

压力计序列号：E4059
压力计下深：891.523 m
测试层位：958.4~978.4 m,995.6~1015.6 m
测试日期：2010年12月1日~2010年14月4日

复合射孔后进行求产，井底压力明显高于普通射孔求产时的井底压力，复合射孔对井筒附近的污染地带改造成功。二关井压力恢复后求得的井底压力为 1727psi，高于普通射孔后求得的井底压力，措施取得成功。

产量方面，普通射孔后求产，畅喷（128/64″油嘴）的日产量约为 600bbl/d，复合射孔后求产，畅喷（128/64″油嘴）的日产量超过 4750bbl/d，日产量有了大幅提高。

4. 案例提示

（1）测试施工中对没有达到测试目的的测试层，要结合测录试资料进行综合分析，从而采取措施并取得满意的测试结果。

（2）复合射孔解除近井地带污染作用明显。

（3）进行复合射孔时合理的参数设计是保证施工效果和减少套管伤害的关键。

六、Raphia SW-2 井裸眼桥塞使用

1. Raphia SW-2 井基本情况

1）基本数据

Raphia SW-2 井是 PSA 模式下的一口潜山探井，基本数据见表 14-1-12。该井于 2017 年 2 月 27 日至 2017 年 3 月 12 日进行裸眼测试施工，测试层段为 969.00～1038.80m，层厚 57.22m/13 层。

表 14-1-12　Raphia SW-2 井基本数据

开工日期	完钻日期	表层套管	技术套管	裸眼段	完钻井深
2013-6-24	2013-7-13	9 5/8″×275.11m	7″×970.00m	970～1300m	1300.00m

2）施工目的及要求

落实潜山油藏的液性及产量，并确认该井潜山段的油水界面。在进行裸眼测试前需要封堵 1038m 以下裸眼层段，设计采用裸眼桥塞坐封于 1045m，并在裸眼桥塞上部倒 7m 灰塞达到封堵下部裸眼地层的目的。测试采用 APR 测试工具座套测裸工艺。

2. 施工准备

为防止裸眼桥塞在下入过程中遇阻、遇卡，在下入裸眼桥塞之前对裸眼段进行了划眼通井处理。2017 年 3 月 5 日下入通井划眼管柱对裸眼段进行通井、划眼，探人工井底，人工井底深度为 1284.214m。用清水 43m³ 反循环洗井至进出口液性质一致，起出通井划眼管柱。

3. 施工过程

2017 年 3 月 6 日连接裸眼桥塞及坐封工具（图 14-1-10），然后下井至坐封位置，记

录管柱悬重为12t。

图 14-1-10　装配好的桥塞及坐封工具

连接井口及地面管线；投球；从油管依次打压 5MPa→10MPa→15MPa，打至 15MPa 后稳压 5min，泄压；上提管柱，悬重增加，说明裸眼桥塞已经坐封；继续打压至 16MPa →22MPa 试图丢手，未成功；上提至悬重增加为 15t，油管打压 22MPa，反复打压多次 均未成功丢手；上提至悬重为 18t，油管打压 25MPa，也未能成功丢手；此时打压压力 和上提悬重均已超过厂家提供的最高丢手压力和悬重数据（表 14-1-13）。

表 14-1-13　厂家提供的参数和现场施工对比

参数	坐封压力/MPa	丢手压力/MPa	丢手上提吨位/t
厂家参数	12~16	16~22	3~5
实际操作	15	33	8

上提管柱悬重至 20t（超拉 8t），刹住刹车后全部人员撤下钻台，用固井泵往油管打压，打压至 33MPa 时可见管柱轻微上弹，同时环空管线出口有返液，丢手成功。下探桥塞深度为 1045.00m，坐封成功。

泵入水泥灰浆 600L，灰浆密度为 1.85g/cm³，清水 4.11m³ 进行顶替，然后上提管柱 4.05m（两根短节的长度），反洗井洗出多余的灰浆。拆水泥头及管线，起钻，施工顺利结束。

4. 案例提示

（1）下坐封管柱前需要对裸眼井段进行彻底的划眼通井，防止遇阻遇卡等事故的发生。

（2）在倒灰作业中，需要井队和固井队配合默契，提前做好各种衔接工序的准备工作，包括管线试压、游车系统的试车、泵及管线的试车、各种接头的准备。防止倒完灰后不能及时开泵及上提管柱造成"插旗杆""灌香肠"等严重后果。

（3）固井泵打压的压力高，上提吨位大，在丢手作业期间钻台上严禁站人，上提管柱后刹车，全部人员应撤离钻台。

（4）裸眼桥塞实现定位封堵，避免了因潜山裸眼段裂缝发育，水泥浆漏失导致无法控制灰面现象。

七、Baobab N1-25 井射孔（油管代替夹层枪）

1. 基本情况介绍

1）基本数据

Baobab N1-25 是乍得项目 2.1 期一口开发井，井的基本数据如表 14-1-14 所示。

表 14-1-14　Baobab N1-25 井基本数据

开工日期	完钻日期	表层套管	生产套管	完钻井深
2010-10-23	2010-11-7	9 5/8″×288.41m	5 1/2″×1377.60m	1380.00m

该井设计射孔 11 层共 94.94m，其中第 102 号和第 105 号层间夹层为 26.9m（表 14-1-15）。若采用常规射孔排炮设计，该夹层将使用盲枪进行连接。为节约射孔成本，本井采用油管代替盲枪进行作业。

表 14-1-15　Baobab N1-25 投产射孔段数据

编号	顶深/m	底深/m	储层厚度/m	有效厚度 m	测井结果
100	1456.96	1458.56	1.60	1.29	油层
101	1459.48	1460.39	0.91	0.61	油层
102	1461.00	1473.04	12.04	11.96	油层
105	1499.94	1503.52	3.58	2.75	油层
106	1507.03	1519.83	12.80	12.04	油层
107	1523.03	1525.77	2.74	2.74	油层
108	1531.18	1542.99	11.81	10.67	油层
109	1544.67	1545.51	0.84	0.84	油层
110	1546.04	1570.04	24.00	23.93	油层
111	1570.58	1583.46	12.88	12.50	油层
112	1584.14	1595.88	11.74	11.74	油层
储层厚度总计/m				94.94	

2）施工目的及要求

该井的施工目的是射开目标层，并对该层进行投产。油管代替盲枪作为夹层枪，油管下部射孔枪采用压力点火起爆，油管上部射孔枪采油投棒点火起爆。

2. 施工过程

1）施工前射孔枪及下井工具的准备

对射孔枪、短节和油管按照下井顺序进行排序及编号。

2）下井过程及质量控制

为保证施工一次成功，除了保证管串连接顺序及数量准确，现场还对所用点火头、接头的密封圈逐项检查，确保密封到位。

2016 年 5 月 29 日，该井开始下射孔管柱进行射孔。下井过程中现场监督和承包商工程师同时在井口核实下井管柱及编号。管柱下到预定位置后进行校深及管柱调整，环空打压 9MPa 引爆底部射孔枪，确认起爆成功后投棒起爆上部射孔枪成功。压井后起出射孔枪(图 14-1-11)，检查射孔发射率为 100%，施工获得成功。

图 14-1-11　起出的射孔枪

3. 结论与认识

(1)该井如果按照常规射孔枪的方式，需要盲枪 25.41m。采取油管代替夹层枪，一趟管柱分段射孔，节约射孔费用 2.4 万美元。

(2)油管代替夹层枪只适用于单个夹层。

(3)该技术适用于新井射孔完井，对于老井因存在射孔孔眼，无法进行加压起爆。

八、Baobab C1-1 井填砂试油案例

1. Baobab C1-1 井基本情况

Baobab C1-1 井是 Baobab 区块的一口开发井，在投产前按照设计要求对裸眼段进行试油确定液性及油水界面。基本数据如表 14-1-16 所示。

该井裸眼测试两段，测试 1 深度为 1247.00～1420.00m，测试 2 深度为 1430.00～1713.50m。

表 14-1-16　Baobab C1-1 井基本数据

开工日期	完钻日期	表层套管	生产套管	完钻井深
2014-3-15	2014-4-19	13 3/8″×236.25m	9 5/8″×1246.20m	1713.50m

从图 14-1-12 可以看出，该井完钻井深为 1713.5m，采用 MFE 跨隔测试，封隔器以下所需支撑尾管长度达 284m，远超过行业标准《常规地层测试技术规程》（SY/T 5483—2005）中规定的 150m。

准备采用砾石充填抬高井底进行裸眼封隔器井底支撑测试。

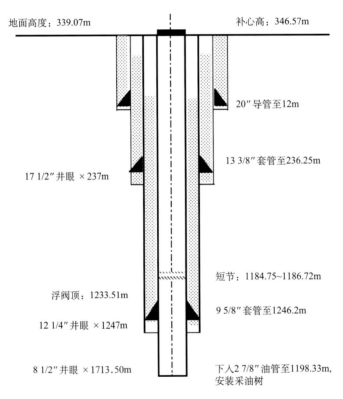

地面高度：339.07m　　　　　补心高：346.57m

20″导管至12m

13 3/8″套管至236.25m

17 1/2″井眼 ×237m

短节：1184.75~1186.72m

浮阀顶：1233.51m

9 5/8″套管至1246.2m

12 1/4″井眼 ×1247m

8 1/2″井眼 ×1713.50m

下入2 7/8″油管至1198.33m，安装采油树

图 14-1-12　Baobab C1-1 井井深结构图

2. 施工准备

1）砾石的筛选

施工采用砾石粒径为 10～15mm、圆度适中的鹅卵石为材料进行充填。

2）充填高度和充填方案

准备充填 150m，需砾石量为 6～7m³（考虑 8 1/2″井眼扩大和最后井底压实）。充填砾石后，尾管支撑点在 1563.50m，尾管长度约 140m，满足 MFE 工具裸眼测试标准要求；整个测试管柱悬重约 47t，满足 XJ450 修井机大钩载荷要求。砾石充填后，测试管柱图如图 14-1-13 所示。

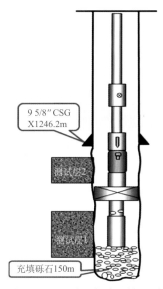

图 14-1-13　砾石充填后效果图

为防止在测试层段上部形成砂桥，现场采用下油管分段填充的工艺。

3）井筒准备

分别通洗套管段和裸眼段，洗井至进出口水色一致。

3. 施工过程

2015 年 8 月 12 日 18:00 开始进行砾石充填作业，共填砂 5.50m³，耗时 94h。

2015 年 8 月 17 日下入裸眼通井管柱，进行通井并实探砂面，钻压 320kN，砂面深度为 1570.60m，实际砾石充填高度为 142.90m。

2015 年 8 月 20 日 20:00 开始进行 DST-1 的测试。测试制度为二开二关，结果为干层，测试成功。

4. 案例提示

(1)砾石充填可以解决 MFE 裸眼测试中裸眼段和支撑尾管长度过长的问题。

(2)砾石充填后要反复压实井底，避免测试时井底不实导致封隔器下滑，解封。

(3)用油管进行砾石充填时间较长，效率相对较低。

第二节　修井作业案例

一、Baobab 2-1 井 ESP 加深换大泵

1. 基本情况

1）概况

该井为 Baobab 区块一口侧钻井，于 2014 年 2 月 2 日完钻。2014 年 5 月 4 日，完井

投产,日产液 21m³/d。第一次检泵修井作业时间 2015 年 5 月 24 日,检泵原因是卸油阀被打开。目前该井不产液,分析原因供液不足,停产前日产液 12.8m³/d。上次下 ESP 深度在造斜点上部,泵体及管柱未进入侧钻井段,泵挂深度为 733.23m。

2) 基本数据

人工井底深度为 1455.11m,完钻井深(侧钻)为 1471.0m;生产层位深度为 1373.14~1419.04m,18.68m/7 层;造斜点位于 786.0m,最大倾斜度为 26.71°;生产套管为 5 1/2″×1468.39m;生产管柱:分离器位置为 724.312m,扶正器位置为 732.472m。

3) 井深结构图

井深结构如图 14-2-1 所示。

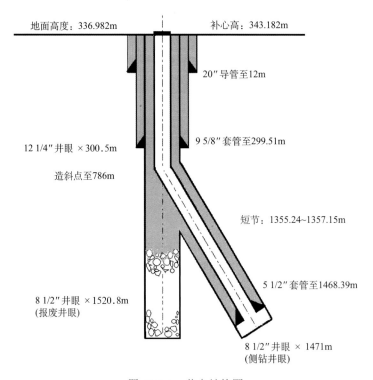

图 14-2-1 井身结构图

4) 施工目的

起出目前井内 ESP 管柱,加深泵挂下 ESP 投产。

2. 监督要点

(1) 开工验收合格后方可开工。

(2) 要求电泵现场工程师按照 ESP 起下操作标准执行施工,尤其要防止电缆卡子人为落井。

(3) 该井压力系数较低,防止严重漏失污染地层。

（4）检查起出 ESP 各部件。

（5）新下 ESP 机组地面测试合格，下井装好电缆保护器（应用于斜井内，图 14-2-2）。

（6）完井后试抽达到采油要求。

图 14-2-2　斜井电缆保护器

3. 过程监督

（1）开工验收严格逐条核对，对不合格项，要求立即整改，全部项目合格后方可开工。

（2）洗井。投棒打开卸油阀，正洗井。减少对地层的回压。

（3）安装 BOP，功能试验合格，清水试压合格。

（4）起 ESP 管柱。二层台滑轮固定牢靠，打好保险绳。要求电泵工程师按照 ESP 起下操作标准执行施工。起出的油管检查内壁无结蜡，有结蜡及死油的油管要用锅炉车进行刺洗。

（5）起出电泵机组，逐个部件检查无异常。

（6）下刮削管柱。结构为 5 1/2″刮削器+2 7/8″油管至人工井底，管柱加压 20kN 连探 3 次，深度一致，起出放入，清水循环洗井，至清水返出。

（7）下 ESP 完井管柱。电泵机组下井前，地面测试合格。电机及保护器按标准程序注润滑油。电泵机组入井后，测试电缆三相直阻及对地绝缘均合格。对卸油阀、单流阀试压合格。完井管柱下完，泵挂深度为 1293.95m，安装井口采油树，电缆穿越密封试压，采油树试压合格。

（8）试抽。连接 VSD 撬电源，起泵试抽。频率为 40~45Hz，电流为 21.0~21.5A，井底压力为 12.5~5.6MPa，井底温度为 65.0~79.0℃，回收清水 16.5m³，原油 2.5m³。出口为纯油，试抽合格。按照设计及现场采油监督要求转至生产管线生产。

4. 本井特点

由于该井为侧钻井，且完井泵深在斜井段，所以对造斜点上部附近及以下的电缆保护采用专用的电缆保护器，有效的保护电缆在通过造斜点时，接箍与造斜点的过度摩擦和磕碰对电缆造成的破坏。该井共使用的电缆保护器 104 个(图 14-2-2)，电缆绑带 62 个。

5. 修后产量

该井加深后，已恢复正常产能，生产参数：频率为 48Hz，电流为 21.8A，井底压力为 4.79MPa，井底温度为 79.1℃，日产液为 58.2m³/d，日产气为 1779.0m³/d。

二、Baobab C-2 井打电缆桥塞、倒灰施工

1. 基本情况

1)概况

该井为试油井，共五层。第一层对裸眼段进行座套测裸，其余四层为套管内射孔测试联作。每层测试结束后，打电缆桥塞封层上返试油。为保证桥塞在井筒中长期密封效果，在桥塞顶部倒灰。

2)基本数据

人工井底深度为 2200.0m，裸眼段为 1425.75～2200.0m，生产套管为 5 1/2″×1430.0m。测试层位数据如表 14-2-1 所示。

表 14-2-1　测试层位数据

测试次数	测试层位	射孔层段/m	枪尺寸/mm	射孔弹名称	相位/(°)	射孔密度/(枪数/m)	总枪数
测试 2	潜山基岩段	1278～1280	102	SDP44RDX38-1	90	8	16
测试 3	潜山基岩段	1039～1041	102	SDP44RD X38	90	8	16
测试 4	潜山基岩段	868～870	102	SDP44RD X38	90	8	16
测试 5	潜山基岩段	550～552	102	SDP44RD X38	90	8	16

2. 施工过程

(1)下桥塞前应对套管进行刮削。确保井筒内壁清洁，清除套管内壁上水泥、结蜡、盐垢及炮眼毛刺等，避免桥塞胶筒受损伤。

(2)下桥塞坐封。由测井队连接下入。通过下放、上提到设计深度减去工具长度，监督和测井队计算深度互相确认无误，点火座封。

(3)试压。起出座封工具，关 BOP，对电缆桥塞试压 15.0MPa，稳压 30min，合格。

(4)倒灰。①灰筒的连接。一般倒灰筒是根据倒灰厚度，由若干节空管连接组装而成。

该井套管尺寸为 5 1/2″，使用 3 1/2″倒灰筒，内径为 85mm，共 5 节，每节 2m，总长度 10m，内容积 57L。检查倒灰筒内壁，确保干净，确认底部卸灰口销钉是否安装。图 14-2-3 连接倒灰筒。②倒灰筒入井。将组装好的灰筒和磁性定位器连接后，下入井内，倒灰筒上口下到与井口平齐，或高于井口便于灌浆的高度，停车等待灌水泥浆。③配灰浆。由修井队人员执行。使用 G 级油井水泥。由于用量较少，直接在钻台配灰浆，方便往倒灰筒内灌浆。配制水泥浆 57L，密度为 1.85g/cm³。带班队长测量密度，监督旁站监督。④灌浆进倒灰筒。⑤灰筒下井、倒灰。灰筒下井过程中速度以 4000m/h 为宜，通过磁性定位确定深度，下至桥塞顶部 25～30m，以 5000～6000m/h 的速度下放、撞击，剪切销钉剪断、滑套打开并被锁定，灰浆倒出。然后缓慢上提高度 0.5m、2.0m 和 3.0m，并分别静止 3min，直至倒灰筒中的灰浆全部流入井筒，将倒灰筒起出井口。⑥起出倒灰筒，侯凝。完成倒灰操作后，快速起出倒灰筒，关井侯凝 8h。⑦试压。侯凝后，试压至合格。依据桥塞的试标准。

图 14-2-3　连接倒灰筒

3. 倒灰注意事项

(1)施工前，开安全会，做好分工，各个步骤有专人负责。

(2)水量及干灰量提前计算好。配灰要连续、快速，密度不小于 1.85g/cm³。数量要一次满足使用，避免二次配灰。

(3)灰筒下井速度，撞击成功后移动要分段缓慢上提，并分别静止 3min，以便使灰浆充分、完全被倒出。

三、Baobab N-13 井螺杆钻磨桥塞

1. 基本情况

该井于 2013 年 7 月 5 日射开 1486.01～1562.30m 深度段，41.37m/9 层，下自喷管柱

产液全是水。随后在井内 1475m 和 1545m 分别打桥塞，井口装盲板封井。本次作业使用螺杆钻钻掉两个桥塞，射开 1563.10～1652.80m，49.3m/8 层下自喷管柱投产。

2. 基本数据

人工井底深度为 2027.59m，生产层位为 1486.01～1562.30m，生产套管规格为 5 1/2″×2040.09m，1 号桥塞深度为 1545.0m，2 号桥塞深度为 1475.0m。

3. 施工过程

(1) 起出井内管柱。

(2) 下螺杆钻钻除 2 号桥塞。下井前再次对所有组件进行认真检查、核实。对螺杆钻具进行功能试验，旁通阀开关灵活，驱动头转动正常。检查各工具连接丝扣是否有损伤，清洁丝扣。对几个关键工具丝扣连接处进行点焊施工。

下井钻具组合为： 5 1/2″套铣筒(外径 OD: 113mm)+变扣 XO(211×231)+ 7LZ95 螺杆钻具+变扣 XO(231×2A11)+变扣 XO(2A10×2 7/8″ EUE)+2 7/8″ EUE 提升短节+2 7/8″ EUE 油管 2 7/8″加厚油管 155 根(EUE 表示加大油管扣)，最后一根放入 3.5m，实探桥塞 1475m。上提一根油管开泵正循环，SPP(地面泵压)为 0～20MPa，FR(排量)：50～100L/min，出口返水很少，不能建立循环。上提 8 柱油管，继续正循环，SPP 为 0～20MPa，FR 为 50～100L/min，出口返水很少，不能建立循环。判断螺杆钻具被堵塞，起出钻具检查。

起钻塞管柱至第 50 柱发现油管内有白色泥浆沉淀物堵塞油管，计算井内泥浆沉淀高度为距井口 954m 处，根据上一次完井报告资料显示，在电缆桥塞坐封施工前，反替 17m³ CaCO₃ 压井液(密度 $\rho = 1.22\text{g/cm}^3$，漏斗黏度 $\mu = 50\text{s}$)，如图 14-2-4 所示。

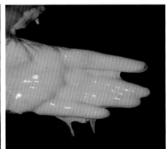

图 14-2-4　起管柱带出的泥浆

起出钻具后下 2 7/8″ EUE 笔尖+5 1/2″ 刮削器+变扣+ 2 7/8″加厚油管 155 根，最后一根放入 8.05 米，实探 2 号桥塞深度为 1475m。上提管柱 2m，分两次正循环替出井内泥浆，返出混合有水的泥浆 10.5m³ 和水 9.5 m³，洗至进出口水色一致后停泵。

井筒清理干净后，下螺杆钻具，实探桥塞深度为 1475m。上提一根油管开泵正循环，出口返液正常。继续平稳下放管柱至 2 号桥塞面进行钻磨作业。钻磨参数：WOB 为

1.0～2.6t，SPP 为 4～6.8MPa，FR 为 300～410L/min。进尺 0.5m，钻具放空，2 号桥塞被钻掉。对 1475.0～1476.0m 划眼三次，管柱悬重正常，2 号桥塞钻磨完毕。

（3）钻磨 1 号桥塞。2 号桥塞钻掉后，继续下管柱钻 1 号桥塞，边下钻和边正冲洗清理井内 CaCO₃ 沉淀物。距离 1 号桥塞深度约 10m 开泵正循环并缓慢下放管柱，出口返液正常，最后一根放入 7.6 米，实探 1 号桥塞深度为 1545m，逐步加压进行钻磨作业。钻磨参数：WOB 为 1.0～8.0t，SPP 为 3～5.2MPa，FR 为 300～350L/min。进尺 0.08m 后长时间无钻进，判断套铣头磨损严重。起出的套铣筒如图 14-2-5 所示，铣齿磨损严重，磨损率为 95%。

更换磨鞋后继续下钻磨铣 1 号桥塞。钻具组合自下而上为：磨鞋（D118mm/0.405m）+XO（211×231）+7LZ95 型螺杆钻 +变扣 XO（231×2A11）+XO（2A10×2 7/8″EUE）+提升短节+2 7/8″加厚油管，最后一根方入 9.066m，遇阻深度：1544.81m。上提一根油管开泵正循环，出口返液正常后，继续平稳下放管柱至遇阻深度进行钻磨作业。钻磨参数：钻压（WOB）为 1～5.5t，SPP 为 4.1～7.1MPa， FR 为 350～520L/min。进尺 0.63m，钻磨完毕，对 1543～1550m 划眼三次，管柱悬重正常，1 号桥塞钻磨完毕。起出钻磨管柱发现磨鞋已严重磨损，如图 14-2-6 所示。

图 14-2-5 套铣筒铣齿

图 14-2-6 磨鞋底面严重磨损

4. 使用螺杆钻具工时分析

螺杆钻具施工数据见表 14-2-2。

表 14-2-2 螺杆钻具施工数据

桥塞	深度/m	钻磨工具	泵压/MPa	排量/(L/min)	钻压/kN	钻磨时间/h	备注
2 号	1475	套铣头	4.1～6.8	350～520	10～55	7.5	2016 年 3 月 3 号 0:00 至 7:30
1 号	1545	磨鞋	4.0～6.8	350～410	10～80	16	2016 年 3 月 5 号 04:00 至 14:00 钻掉 1 号桥塞残留物，14:00 至 20:00 钻掉 2 号桥塞

5. 几点认识

(1)未考虑到 CaCO₃ 压井液在井中时间过长导致泥浆性能失效及产生大量沉淀的问题，导致螺杆钻具被泥浆沉淀堵塞造成返工。

(2)套铣筒的设计有瑕疵，由于套铣筒内管的卡瓦设计不合理，在钻完 1 号桥塞后未能抓获桥塞的中心管导致其掉落 2 号桥塞顶部，增加了钻磨的难度。实际施工中无论是套铣筒还是磨鞋，都会因 1 号桥塞掉落到 2 号桥塞顶部增加了钻磨时间。

(3)未使用钻铤，在钻磨过程中不容易提高钻压。

四、Mimosa 4-3 井 PCP(螺杆泵)检泵施工

1. 基本情况

1)概况

该井是 Mimosa 区块一口生产油井，于 2011 年 5 月 1 日下 ESP 完井投产。2013 年 1 月 3 日第一次检泵，ESP 换 PCP 生产。第二次检泵 PCP 检泵是在 2013 年 10 月 29 日，过载停机，原因是定子脱胶，将转子卡死在胶筒内。检泵后正常生产至 2014 年 3 月 14 日，因 PCP 过载停机，关井。

2)基本数据

人工井底深度为 1315.93m，生产套管规格为 5 1/2"×1333.0m；生产层位为 1168.41～1242.31m，32.73m/7 层；油管压力为 0.6MPa，套管压力为 6.0MPa；热洗阀深度为 879.52m，PCP 深度为 1028.61m。

2. 作业目的

起出井内抽油杆及油管、PCP 工具，查明过载原因。检查、更换不合格油管、抽油杆。油管及抽油杆上如结蜡，用锅炉车刺洗、清除干净。下入新 PCP 恢复生产。

3. 监督要点

(1)开工前做好开工安全分析会，监督各工序施工质量、安全，尤其释放光杆扭矩操作。

(2)起抽油杆及油管过程注意异常现象，如卡杆。检查起出的 PCP 各部件，如转子表面及定子胶筒状况。

(3)工具下井前检查、试压符合标准要求。

(4)完井后的试抽达到采油厂要求，转至集输站(OGM)管线生产。

4. 施工过程

(1)搬迁安装。

(2)热洗井。该井停产时间较长，热洗清蜡及原油，热水 12m³，温度为 85～95℃。泵压为 2.5～3.5MPa。排量为 100～200L/min，洗至出口返出清水。

(3)拆驱动头，安装简易钻台。切断主电源，拆除电机动力电缆。释放扭矩，要缓慢操作，逐步释放。拆除方卡子，移除驱动头及杆 BOP。安装改装后的杆 BOP，安装简易钻台。

(4)起原井抽油杆、油管。上提光杆时，要缓慢同时观察悬重变化。该井上提最大吨位 100kN，后恢复正常，转子有被卡现象。起油管时检查内壁，清洁无结蜡(热洗的效果明显)。对起出的 PCP 工具逐一检查，发现定子胶筒脱胶、老化，部分胶筒破碎成碎块，卡住转子(图 14-2-7)，导致过载停机。是此次检泵原因。

图 14-2-7　定子胶筒脱胶

(5)下完井 PCP 管、杆柱。检查更换不合格的抽油杆及杆扶正器，更换丝扣损坏的井下工具。准确丈量和组配下井管柱。

(6)完井试抽。井口进站管线试压 600psi，测试合格。试抽，频率为 35Hz，电流为 26.5～21.5A，抽出水 7.0m³，原油 0.5m³，折合日产量 19.2m³/d。出口改接生产管线生产。

5. 案例提示

(1)释放扭矩一定要缓慢，逐步进行，避免突然释放伤人。

(2)老井起原井管柱前热洗井，可有效避免起钻时带出大量原油。

(3)对起出的油管、抽油杆及井下工具要逐一检查，更换不合格工具。抽油杆需要摆放在三根管桥上。

五、Phoenix 1-4 井打捞可取式桥塞施工

1. 基本情况

Phoenix 1-4 井试油时，分别在测试层 1665.45～1676.57m 和 975.91～1012.8m 之上打 5 1/2″可回收式桥塞，1 号桥塞深度：1640.0m；2 号桥塞深度：950.0m。本次施工要求，捞出两个可回收电缆桥塞，下 ESP 完井。目前井身结构如图 14-2-8 所示。

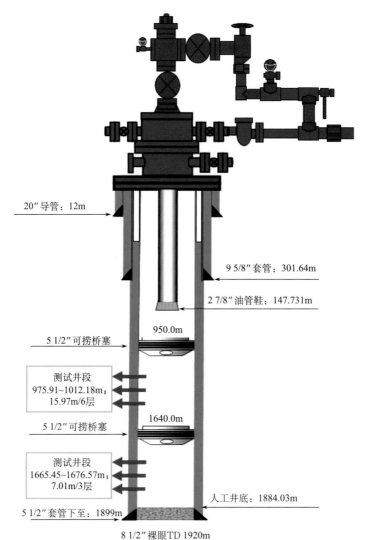

20″导管：12m

9 5/8″套管：301.64m

2 7/8″油管鞋：147.731m

950.0m

5 1/2″可捞桥塞

测试井段
975.91~1012.18m；
15.97m/6层

1640.0m

5 1/2″可捞桥塞

测试井段
1665.45~1676.57m；
7.01m/3层

人工井底：1884.03m

5 1/2″套管下至：1899m

8 1/2″裸眼TD 1920m

图 14-2-8　井身结构图

2. 施工前的准备

（1）工具准备：保养打捞工具，更换卡瓦（图 14-2-9），准备好匹配的接头。

图 14-2-9　可捞桥塞回收工具

（2）向井队施工人员技术交底，讲解打捞回收工具的结构、工作原理、打捞的操作方法及施工过程中的注意事项等。

（3）开工前开安全会。

3．施工过程

（1）打捞 1 号桥塞。

打捞管柱工具组合：打捞工具+变扣接头（2 3/8″EUE×2 7/8″EUE）+ 1 根 2 7/8″EUE 油管短节+ 2 7/8″EUE 油管。

下打捞工具至 946.3m，拆导流管，安装自封封井器，连接弯头和循环管线。

正洗井，清水 15m³，SPP 为 2.3～2.5MPa，FR 为 500～520L/min。用清水边正冲洗边下放油管，排量 530L/min。

下工具至 949.5m，继续用清水正冲洗清洁鱼头。缓慢下放管柱加压 20～40kN，遇阻深度为 949.89m，上提管柱 0.6m，大钩负荷 20～40kN，保持 10min，确保平衡阀打开，平衡桥塞胶筒上下压差。上提大沟负荷 50kN，剪断桥塞下端四根销钉，桥塞解封，保持 10min 让胶筒充分收缩。

缓慢上提和下放管柱从 946.39m 到 965.30m，大钩负荷无变化，确认可回收电缆桥塞解封。起出打捞管柱，检查捞获可回收桥塞。维护保养打捞工具、更换卡瓦。

（2）打捞 2 号桥塞。

施工步骤同上。在可回收桥塞解封，起油管 10 柱后井口出现溢流。清水正循环洗井后关井求压。油压为 1.1MPa，套压为 0.7MPa。

配 25m³KCl 压井液（密度为 1.15g/cm³）。用 25m³KCl 压井液（密度为 1.15g/cm³）压井，回压为 3.5～0MPa，泵压为 5.5MPa，排量为 480L/min。观察出口 30min，无溢流。

起出打捞管柱，检查捞获可回收桥塞。维护保养打捞工具。

4．案例提示

（1）打捞工具在下井前要彻底保养，检查更换卡瓦，保证工具工作安全可靠。

（2）打捞管柱下至鱼顶 5m 处，边循环边缓慢下放，冲洗鱼顶，确保鱼顶无杂物，打捞工具，顺利抓住丢手头。

（3）捞住桥塞后，上提管柱打开桥塞旁通阀，悬停 10min 平衡桥塞上下压差，使胶筒回缩，避免起管柱时产生抽汲效应，该步骤不能省略。

（4）打捞工具起出后，要及时保养，妥善存放，以便重复使用。

六、Phoenix X 井挤灰封层案例

1．基本情况

Phoenix X 为 2011 年 1 月 21 日完成的一口试油井。井内有 5 1/2″桥塞四个，水泥塞一个：厚度为192.8m。本次作业钻掉2号桥塞（bridge plug，BP）后下水泥承留器对981.0～988.7m的水层井段进行挤灰封堵。投产下部主力油层。

2. 施工过程

（1）水泥承留器的下井和坐封。水泥承留器的下井和坐封需要与专用的坐封工具组合（图14-2-10），然后按照设计要求下至预定深度，进行坐封、丢手、验封等程序。2015年8月31日拆分工具，对每个部件进行除锈、清洁、更换密封件，然后重新组装工具，对坐封工具裸露在外的螺孔均涂满黄油，确保工具缝隙被水泥浆浸入。9月1日下井、坐封、验封。严格执行水泥承留器下井和坐封操作程序，水泥承留器坐封位置为965.58m。

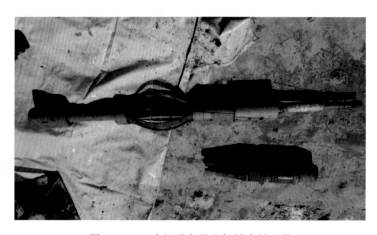

图14-2-10　水泥承留器及机械座封工具

（2）挤灰施工：①试挤。承留器坐封后，拔出插管，清水正洗井一周。插入插管，接固井水泥车管线并试压3000psi/3min，合格。试挤：分别以100L/min、300L/min和500L/min的排量挤入清水，压力分别为9MPa、10MPa和11MPa。②挤灰13:33～14:00泵入前置液5m³清水，排量0.33m³/min，泵压10.5MPa。边混合水泥浆边挤入，挤入6.5m³（密度为1.85g/cm³）水泥浆，排量600L/min，泵压力由10MPa升至12MPa，然后降至9MPa，并有进一步下降的趋势，停泵5min。14:00～14:30正挤入水泥浆9.5m³，排量为330L/min，泵压力由5MPa升至9MPa，然后降至6MPa，停泵10min。14:30～14:40正挤入灰浆至总量到12m³，排量为310L/min。压力由8MPa降至6MPa，最后压力稳定变化趋势不大，停止泵入水泥浆。14:40～14:50顶替清水2.63m³。③洗井。14:50～15:10拔出插管。用清水6m³洗出多余水泥浆。出口返出水泥浆约300L。15:10开始起钻。④起钻、保养工具。起出井内全部管柱。卸下坐封工具，立即对坐封工具拆解保养，清洁各个部件上的灰渣，更换密封件，重新组装好并妥善保存，以备下次使用。

3. 案例提示

（1）水泥承留器坐封工具在下井前必须进行重新保养，更换密封件。

（2）入井前需要手动确认，锁紧螺母在初始位置。并上提确认键保证槽顺畅不发卡。

（3）挤灰施工结束，工具起出后应立刻进行拆解保养，清除工具每个部件上的残留灰渣，并涂黄油保护。

（4）挤灰施工时，挤入灰量要达到设计要求，挤灰最后阶段泵压要起来，同时确保作用在地层的压力不超过地层的破裂压力。

（5）每口井的地层压力、孔隙度、渗透率等物性不同，施工中压力、排量要根据现场实际情况进行调整。

参 考 文 献

[1] 张岩, 向兴金, 鄢捷年, 等. 低自由水钻井液体系[J]. 石油勘探与开发, 2011, 38(4): 490-494.

[2] 刁心飞, 胡睿璘, 张瑜, 等. 河南油田沁阳凹陷基岩钻井技术[J]. 石油天然气学报, 2010, 32(4): 272-274, 290.

[3] 李贵宾, 刘泳敬, 柳耀泉, 等. 堡古1井花岗岩地层钻头优选与应用[J]. 石油钻采工艺, 2011, 33(6): 106-109.

[4] 田辉. 胜利油田滨南古潜山片麻岩油藏钻井技术研究[J]. 长江大学学报(自然版), 2013, 32(10): 111-113.

[5] 羽保林, 王荣, 庞建新, 等. 提高深井硬地层钻井速度技术难点及对策[J]. 石油钻采工艺, 2006, 29(1): 24-26.

[6] 汤历平. 深度硬地层钻头黏滑振动特性及减震方法研究[D]. 成都: 西南石油大学, 2012: 1-10.

[7] Wu X P, Karuppiah V, Nagaraj M, et al. Identifying the root cause of drilling vibration and stick-slip enables fit for-purpose solution[C]//IADC/SPE Drilling Conference and Exhibition, San Diego, 2012.

[8] Jayesh R, Jain L W, Ledgerwood, et al. Mitigation of torsion stick-slip vibrations in oil well drilling through PDC bit design: putting theories to the test[C]//SPE Annual Technical Conference and Exhibition, Denver, 2011.

[9] 查青春. 钻柱系统黏滑振动及涡动分析[D]. 成都: 西南石油大学, 2013: 1-2.

[10] Bashmal S M. Finite element analysis of stick-slip vibrations in drilling string[D]. Dhahran King Fahd University of Petroleum & Minerals, 2005.

[11] Nooraina Bt, Mohamed, Johnnie H P, et al. Promising results from first deployments of rotary steerable technology in Vietnam basement granite[C]//Asia Pacific Oil and Gas Conference and Exhibition, Jakarta, 2009.

[12] Bone G, Jamerson C, Corp A, et al. Maximizing BHA durability/reliability: turbodrill/impregnated bit significantly reduces drilling time in granite wash laterals[C]//SPE/IADC Drilling Conference, Amsterdam, 2013.

[13] Schwefe T, Ledgerwood L W, Jayesh R. et al. Development and testing of stick/slip-resistant PDC bits[C]//IADC/SPE Drilling Conference and Exhibition, Fort Worth, 2014.

[14] Dykstra M, Scheider B, Mote J, et al. A systematic approach to performance drilling in hard rock environments[C]//SPE/IADC Drilling Conference and Exhibition, Amsterdam, 2011.

[15] Chakraborty B, Meghnani M, Saravanakumar M, et al. Offshore automated managed pressure drilling in fractured basement granite reservoir: case study, challenges and solutions[C]//SPE/IADC Managed Pressure Drilling and Under balanced Operations Conference and Exhibition, Kuala Lumpur.

[16] 窦立荣, 魏小东, 王景春, 等. 乍得 Bongor 盆地花岗岩基岩潜山储层特征[J]. 石油学报, 2015, 36(8): 897-904, 925.

[17] 邹德永, 曹继飞, 袁军, 等. 硬地层 PDC 钻头切削齿尺寸及后倾角优化设计[J]. 石油钻探技术, 2011, 39(6): 91-94.

[18] 杨景中, 汪浩源, 马海云, 等. Slimpulse MWD 在潜山充气欠平衡钻井中的应用[J]. 石油钻采工艺, 2013, 35(2): 16-19.

[19] 李云峰, 徐吉, 侯怡, 等. 充气前平衡钻井技术在南堡潜山油气藏的应用[J]. 天然气技术与经济, 2013, 7(4): 43-45.

[20] 张光温, 耿玉刚. 桩西古潜山深井无固相钻井液应用技术[J]. 中国石油和化工标准与质量, 2012(3): 161.

[21] 单素华, 韩玉玺, 耿玉刚, 等. 桩西古潜山区块钻井技术[J]. 钻采工艺, 2008, 31(5): 152-154, 158.

[22] 马俊英. 桩西古潜山超低压碳酸盐岩油藏钻井技术探讨[J]. 石油钻探技术, 2002, 30(2): 13-15.

[23] 李佩武, 裴建忠, 刘同富, 等. 郑王油田古潜山水平井钻井完井工艺[J]. 钻采工艺, 2005, 28(2): 107-108.

[24] 陈鹏, 王玺, 陈江浩, 等. 乍得潜山花岗岩地层欠平衡钻井试验[J]. 石油钻采工艺, 2014, 36(2): 19-22.

[25] 陈旭, 王磊. 兴隆台潜山油气藏钻井技术与方法[J]. 工业技术, 2012(9): 101.

[26] 王敏生. 胜利油田复杂潜山油藏钻井难点及技术措施[J]. 钻采工艺, 2013, 36(10): 111-113.

[27] 田辉. 胜利油田滨南古潜山片麻岩油藏钻井技术研究[J]. 长江大学学报(自然版), 2007, 30(4): 1-4.

[28] 于文平, 刘天科, 裴建忠. 胜利油田古潜山深井侧钻技术[J]. 石油钻探技术, 2002, 30(2): 4-6.

[29] 明杰, 胡楠. 浅析 ZG7-8STD 井边漏边钻钻井技术[J]. 科级之友, 2010, (12): 32-33.

[30] 肖涛, 吕丽娟, 赵佩. 欠平衡钻井技术在文古 3 井华北潜山地层的应用[J]. 内蒙古石油化工, 2012, (7): 87-88.

[31] 朱宽亮. 南堡深层潜山水平井欠平衡钻井技术研究与实践[J]. 石油钻采工艺, 2013, 35(4): 17-21.

[32] 徐吉, 徐小峰, 李云峰. 南堡深层潜山储层水平井欠平衡钻井技术研究与应用[J]. 钻采工艺, 2013, 36(6): 13-16.

[33] 陈思路, 聂桂民, 朱太辉, 等. 辽河潜山低渗油藏欠平衡鱼骨水平井应用实践[J]. 工艺技术与试验, 2010 (1): 121-123.

[34] 聂桂民. 辽河古潜山深水平井钻完井技术研究与应用[J]. 环球市场信息导报(能源), 2012(22): 73.

[35] 王宇. 辽河古潜山欠平衡钻井技术的应用[J]. 特种油气藏, 2004(6): 61-64.

[36] 孙海芳, 冯京海, 朱宽亮, 等. 川庆精细控压钻井技术在 NP23-P2009 井的应用研究[J]. 钻采工艺, 2012, 35(3): 1-4.

[37] 刘伟, 周英操, 段永贤, 等. 国产精细控压钻井技术与装备的研发及应用效果评价[J]. 石油钻采工艺, 2014, 36(4): 34-37.

[38] 石林, 杨雄文, 周英操, 等. 国产精细控压钻井装备在塔里木盆地的应用[J]. 天然气工业, 2012, 32(8): 6-10.

[39] 刘金龙, 马琰, 秦宏德, 等. 简易控压钻井技术在塔中裂缝性储层的应用研究[J]. 钻采工艺, 2015, 38(4): 18-21.

[40] 李云峰, 徐吉, 侯怡, 等. 充气欠平衡钻井技术在南堡潜山油气藏的应用[J]. 天然气技术与经济, 2013, 7(4): 43-45.

[41] 王凯, 范应璞, 周英操, 等. 精细控压钻井工艺设计及其在牛东 102 井的应用[J]. 石油机械, 2013, 41(2): 1-5.

[42] 杨玻, 左星, 韩烈祥, 等. 控压钻井技术在NP23-P2016 井的应用[J]. 钻采工艺, 2014, 37(1): 11-13.

[43] 陈若铭, 胡军, 周强, 等. 欠平衡钻井技术规范第 1 部分:液相: SY/T6543.1, 2008.

[44] 樊宝荣, 郎应虎, 王连勇. 欠平衡钻井技术规范: Q/SY1063. 北京: 中国石油集团公司, 2002.